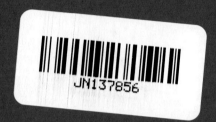

海軍有終会編

幕末以降

帝国軍艦写真と史実

新装版

吉川弘文館

幕末以降

帝國軍艦寫眞と史實

財團法人

海軍有終會

守内
光被

孝生書

序

近代の國防は其の範圍廣汎であるが、四面環海の我帝國に於て、海軍が國防力の基幹たる事言を俟たない所である。

今や國際情勢は混沌として端倪を許さゞるの時機に際會し帝國の使命愈々重く、海軍力の充實整備又一日も忽せにすべからざることは明かであつて、內に我國民が海防に對する認識を深め、克く既往の史實を究めて現下の實情を知得する事緊要なると共に、適切なる指導諸機關の活躍に期待する所頗る大なるものありと感ぜざるを得ない。

茲に多年海防及海軍に關する諸問題を研究し、會員相互の向上に資し、併せて海事思想の鼓吹に努め來つた海軍有終會が、多大の日子と努力を費し、我國幕末以降現代に至る軍艦寫眞帳を編纂し、加ふるに我海軍の沿革其の他重要記事を錦綴して刊行を見るに至つた事は、眞に時宜を得た企てゞあり、滿腔の敬意を表する所であつて、內容の正確なること他の追隨を許さゞるべく、國民海事思想の啓發に裨益する事蓋し甚大なるものあるを信じて疑はざる所である。

茲に聊か所懷を述べ序とす。

昭和十年十月

軍令部次長 海軍中將 子爵 加藤隆義

發刊に臨みて

凡そ事物、事象の興る、固より其の起源と沿革あらざるは無し。我が海軍の今日ある、蓋し又之に洩れざる也。彼の涓々たる細溪の浩々たる大洋に注ぐや、其の間雜艸を潜り、或は岩角に沮まれて紆餘曲折ある如く、我海軍に就ても亦た之れに類するものなくんばあらず即ち、現在の如く、世界三大海軍の一に數へらるるに至れる其の中途には、實に精神、技術、物質三方面に亙つて多大の辛酸と非常の勞苦の存在せしこと、茲に絮説を要せず。

されば温故知新、報恩感謝の意味に於て、今其の詳細なるを歴史を編むこと、固より目下喫緊事なりと信ずるも、之れ頗る大事業に屬す。仍つて本會は先づ其の一端として、學術的且つ興味的なる本書の如きものを刊行せんと欲すること茲に年あり。而して昭和八年末に至り、遂に其の計畫を樹て、爾來奮勵以て之に當りしも事意に任せず、今茲に漸く其の刊行を見るを得たり。然かも斯かる事業が本會としては始めての試みなると、思はざる幾多の支障に當面したる爲め、編纂意に滿たざるもの甚だ多く、自ら衷心忸怩たるものなきにあらざるなり、然るに之を決行せる所以のものは、所謂拙速の意に外ならざる也。補綴訂正は機を得て之を行はんとす、讀者幸に忠言示教を吝まれざらんことを望む。

終りに臨み、本書編纂に當り其の名著「艦船名考」の引用を寛容せられたる東京水交社竝に淺井將秀氏に對し深厚なる感謝の念を捧ぐると共に、或は資料を寄せ、或は編纂に從事し、乃至顧問として盡力せられたる左記諸氏竝に多數貴重の寫眞を貸與せられたる海軍官憲、海軍協會に向つて謝意を表す。

海軍中將大谷幸四郎、　同竹内重利、　同中島資朋、　同造船中將永村清、　同少將武村耕太郎、　同向田金一、　同東林岩次郎、　同大佐廣瀨彦太、　同有馬成甫、　同大宅由耿
同小山與四郎、　同三好七郎、　同西川速水、　同機關大佐藍孝鏡。

昭和十年十月靖國神社例祭の日

財團法人　海軍有終會

凡例

一、寫眞の配列順序は概ね竣工（購入又は戰利收容）の年次に依る。但し寫眞の都合上、姉妹艦を一葉に並列せるものは此の限りにあらず。

二、艦船は年代に依り目次の通り區分配列するも、等級ある艦種は等級高きものを先きにしあり。

三、又同年代の驅逐艦、潛水艦及び水雷艇は最初の艦艇より年次を追うて配列す、其變遷發達を繹ぬるに便するためなり。但し號名に依るものは此の限りにあらず。

四、驅逐艦、潛水艦及び水雷艇は同型艦多數の場合は其型に屬する一、二艦艇の寫眞を揭げ其の他の寫眞を省けり、軍艦、特務艦等も之に準ぜしものあり。

五、日露戰役迄の軍艦にして、現存艦に無きものは、除籍艦艇なり。

六、日露戰爭迄の軍艦は、軍艦（特務艦を含む）驅逐艦、水雷艇、潛水艦の順次に並列しあり。又日露戰役以降の除籍艦艇の部には、建造年代順に依り、軍艦（戰艦、巡洋艦を區別せず砲艦を末尾とす）驅逐艦、潛水艦の順序に配列せり。

七、平面圖の無きは概ね姉妹艦なるを以て之を省略せるものなるも、間々調査未濟の爲め挿入し得ざりしものあり。其の他の空欄亦た之に準ず。

八、寸法等に就いて

（イ）要目中の寸法は現存艦は總てメートル法に依る。水雷艇の部要目中に′″とあるはそれ〲呎、吋の略符合なり。

（ロ）舊時の艦船は其の時代に採用されたる法式に依り强ひてメートル法に換算せず。又當時使用せる栂《サンチ》、珊《サンチ》、糎《サンチ》、機關砲、機砲、機關銃、機銃（此の四者は同一種なり）等の文字は其の儘之を使用せり。又表中、大正を大、昭和を昭と略記せる所あり。

（ハ）馬力は往復動汽機に於ては、汽筒内の壓力と行程とに依る機械の仕事量を測定算出したる實馬力（I・H・P）「タルビン」、內燃機關に於ては推進軸の囘轉によりて爲さるゝ仕事量を測定したる軸馬力（B・H・P）とを以て示す。

（ニ）速力の單位は海里＝浬（ノット）にて之を示す。

（ホ）乘組員數は概數なり。

（ヘ）要目中不詳又は未發表のものは空欄として殘しあり、舊時代の艦には檣數及戰鬪樓の數を示すも、近代のものは之を省略せり。

九、「平面圖」の艦首・艦尾は成るべく寫眞の艏艉と一致せしめあるも、間々然らざるものあり。

一〇、略字、符の解

帆走——帆船

汽——蒸汽船

外車——(推進器にして)舷の兩側にある外車推進器、內車は現在の如き推進器にして唯當時の呼稱によれるのみ、直立三聯機——直立三段膨脹(聯成式)機關

螺旋——現在一般に用ひらるゝ螺旋推進器、單螺は一軸のもの、雙螺は二軸のもの、其の他之に準ず

安式砲——英國アームストング社製の砲、(速)と記しあるは速射砲の略なり。

克式砲——獨逸クルップ社製の砲

安社——英國アームストロング社

毘社——英國ヴヰッカース社

「ズ」式——ズルツァー式、羅式——ラスク式(獨逸のマン社製)

一一、艦船名の由來、卽ち「艦名考」は、昭和三年迄の建造にかゝるものは、昭和三年十二月水交社發行淺井將秀氏著「日本海軍艦船名考」に由る。

一二、艦種欄には多く建造當時の呼稱・等級を用ひ、其の後變更せるものは、記事中に掲記す。但し現存艦艇にありては現在制に依る。

一三、艦歷中、從軍の部に、或は艦艇長の名を脫せるものなきを保せず、之れ調査漏れにして他意あらず、再版の機に補塡せんとす。

一四、記事及び寫眞は成るべく最近(昭和十年十一月)までのものを掲記するに努めたり。たとへば水雷艇鵯の昭和十月二十五日進水、御召艦一覽中、同十一月の今上陛下九州行幸の比叡記事の如き之れなり。

一五、軍艦の要目、外國の固有名詞等にして、同一なるべきに、所々に差違ある數字、呼稱にて表はされあるものあり、出所の異なる爲めにして、敢て修正統一しあらず。

一六、參照書類

日本海軍艦船名考(前記水交社發行)

海軍省公表書類

二十七八年海戰史(海軍々令部編纂)

明治三十七八年海戰史(海軍々令部編纂)

日本近世造船史(造船協會發行)

ブラッセー氏ネヴァルアニュアル(海軍年鑑)

ゼーン氏ファイチングシップ(軍艦寫眞帖)

橫須賀海軍工廠史

其他

目次

第三編　史實一覽

──（終）──

幕末以降

帝國軍艦寫眞索引

一、五十音圖による、二字以下亦た概ね之に同じ。
二、索引による呼稱は假名遣による、たとへば「鳥海」「肇敏」は「テ」の部に揭げあるが如し。
三、頁の下の（　）內は艦種變更により再出のものを示す。
四、番號による潜水艦、掃海艇はそれ〳〵「セ」「ソ」の部に全部網羅せり。

（終）

幕末以降海軍省設置迄の

艦艇

観　光（くわんくわう）

艦　種　軍艦　三檣「スクーナー•コルベット」

艦名考　原名「スームビング」。安政２年(1855年)和蘭國王威廉三世より徳川幕府に贈り「觀光」と名づく。其國の風光を觀るの意なり、易經に「觀國之光利用賓于王」とあり。是れ其の政敎德化は風俗に見はるゝものなれば之を觀て治亂興廢を省察するを得べしとなり。

艦　歴　明治元年４月徳川幕府大政を奉還せる際、之を朝廷に納む。當時既に老朽用を爲さず、同年廢艦となり、石川島に繋留。明治９年３月解體除籍。

――要　　目――

長	170呎	兵　装	砲　6
幅	30呎	起　工	
吃　水		進　水	
排水量	400噸	竣　工	嘉永3年(1850)
機　關	汽、外車	建造所	和蘭フレッシング
馬　力	150噸		
速　力			
乗組人員			
船　材	木		

雷　電（らいでん）

艦　種　二等砲艦　二檣「トップスル・スクーナー」型

艦名考　イカヅチとイナヅマなり、書經周書金縢に天大雷電以風とあり。

艦　歴　舊徳川幕府の軍艦蟠龍(嘉永3年英國に於て建造、安政5年英國女王より徳川幕府へ贈られ、爾來幕府の軍艦たりしが明治維新の時、榎本和泉守品海在泊の艦船を率ゐて脱走せる際此の艦亦其中にありき)、明治2年函館の役に於て官軍の爲め焼かれたりしが、後ち外國人焼殘の船體を補造せり。同6年6月、開拓使該船を購入し、蟠龍丸と名け後ち雷電丸と改む、同10年2月海軍省より沖鷹丸を開拓使に付し、之と交換に雷電丸を海軍省に管す、同10年西南役從軍、同21年1月除籍、同年6月高知縣に讓與す。

―― 要　　目 ――

長	135 呎	兵　裝	12听砲　4
幅	22 呎	起　工	嘉永3年
同　水	8 呎 6 吋	進　水	
排水量	370 噸	竣　工	嘉永3年(1850)
機　關	汽、單螺旋(直動横置)	建造所	英國グラスゴー
馬　力	128		
速　力	7.6		
乘組人員	52		
船　材	木		

筑　波（つくば）【初代】

艦種　軍艦　三檣「シップリッグ・コルベット」

艦名考　山名に採る、筑波山は筑坡山、筑波峰《ツクバネ》の別稱あり、常陸國筑波・眞壁・新治の三郡に跨る、標高 2,892 尺。

艦歴　嘉永４年英領「マラッカ」の内「ムヲルメン」に於て建造、原名「マラッカ」、明治４年７月英國人より購入、筑波艦と名づく、同 10 年西南役從軍、同 27・8 年戰役從軍(横須賀軍港警備)、同 31 年３月三等海防艦に列す、同 37・8 年日露戰役從軍、同 38 年６月除籍、同 40 年１月賣却。

—— 要　目 ——

長	192 呎	兵装	16 拇克砲 9
幅	34 呎		4 听山砲 3
吃水	18 呎	起工	
排水量	1,978 噸	進水	
機關	汽、單螺旋	竣工	嘉永４年(1851)
馬力	350	建造所	英領マラッカ
速力	8		
乘組人員	230		
船材	木		

朝　陽（てうやう）

艦種　三檣「スクーナー・コルベット」

姉妹艦に「咸臨」あり。

艦名考　朝陽はアサヒ又山の東の意、詩經に「鳳凰鳴矣于彼高岡。梧桐生矣于彼朝陽」とあり、此艦名は旭の意に採れるものならん乎。

艦歴　明治元年4月徳川幕府より之を朝廷に納む、而して同2年5月11日、函館の役に於て敵艦蟠龍の彈丸、火薬庫に中り爆發沈沒せり。

安政6年(1856)和蘭にて製造、同5年(1858)長崎に到着、初名エド(江戸)、更めて朝陽と命名す。又之と相前後して和蘭國王より贈らるれたる「觀光」あり、其後英國女王より贈られたる「蟠龍」(前名電電)あり、又外國へ註文して製造し或は既製のものを購入せる諸艦に「富士山」(米國製)、「回天」(普國製)、「開陽」(蘭國製)等あり。是等諸艦に由て幕府の海軍は稍々形式を具へたる編制を見るに及べり、而して當時諸藩に於ても亦幕府の行爲に倣ひ軍艦を有するもの多數に上りたり。

── 要　目 ──

長	163呎	兵装	砲 12
幅	24呎	起工	
吃水		進水	
排水量	300噸	竣工	安政3年(1856)
機關	汽、内車、螺旋推進	建造所	和蘭カンデルク
馬力	100噸		
速力			
乗組人員			
船材	木		

咸　臨 (かんりん)

艦種　三檣「スクーナー・コルベット」
姉妹艦に「朝陽」あり。

艦名考　咸はミナと訓ず、氣の相交り和するの義なり、臨はノゾムと訓ず、咸臨は君臣互に親み厚く、情洽ねきの至なり。易經に「咸臨貞吉」とあり。

艦歴　徳川幕府が和蘭國に註文して製造せる最初の軍艦なり。安政3年(1856)製造、同4年(1857)長崎着。初の名「ジエッパン」(日本)、更めて「咸臨」と命名せり。此の艦は安政7年(1860)遣米使節木村攝津守一行を乗せ桑港へ回航。

―― 要　目 ――

長	157尺9寸	兵装	砲12
幅	25呎3吋	起工	
吃水		進水	
排水量	350噸	竣工	安政3年(1856)
機關	汽、内車	建造所	和蘭カンデルク
馬力	100噸		
速力	6		
乗組人員	76		
船材	木		

乾　行（けんこう）

艦　種　砲艦　三檣「バーク」型

艦名考　乾はツトム又スコヤカと訓ず、行はユク、又オコナフと訓ず、乾行は正道に從ひて健かに彊とめ行ふなり、易經に「同人於野亨利、渉大川乾行也」とあり。

艦　歴　安政6年（1859）英國「リバプール」に於て建造、原名「ストーク」鹿兒島藩の購入にかかり、元治元年（1864）長崎に於て受領す。

此の艦に就き一の挿話あり、1859年建造とあるは蓋し船體を大改造又は大修理の意か、實は此艦は彼の原種論を以て有名なる「ダーウヰン」が南洋探檢の際、坐乘したる英艦「ビーグル」にして、後ち「ストーク」と改名したり、而して「クリミヤ」戰爭にも從軍したる事蹟あり、鹿兒島藩にて購入の際にも彈痕數箇所ありて、英人は頗る之を誇りとし居たりと云ふ。

明治3年6月鹿兒島藩より獻納、其の後ち兵學寮の術業練習船たりしが同14年9月除籍、船體を攝津艦に附屬す、同15年7月船體を東海鎭守府に屬し浦賀永久繫泊と爲せしが同22年3月賣却せり。

――要　目――

長	177呎	兵　裝	砲　6
幅	23呎	起　工	
吃　水	10呎	進　水	
排水量	523噸	竣　工	安政6年(1859)
機　關	汽、單螺旋	建造所	英國リバープール
馬　力	150		
速　力			
乘組人員	144		
船　材	木		

春　日 (かすが) 【初代】

艦種　通報艦　三橋「トップスル・スクーナー」

艦名考　山名に採る、春日山は大和國添上郡春日鄉(今奈良市)の東に峙ち、一邑の主山なり、古より神靈の宅と爲す。北は若草山、南は高圓山、左右に脇侍するものの如し、山下に春日神社あり。

艦歴　文久3年(1863)英國に於て竣工、元來鹿兒島藩の軍艦、明治3年同藩より獻納、明治10年西南役從軍、明治 27 年2月除籍。

—要　目—

長	242 呎	兵　裝	30 听砲　1
幅	29 呎		長 8 拇克砲　2
吃　水	18 呎 1 吋		6 听安式砲　2
排水量	1,289 噸		1 尹ノルデン砲　2
機　關	汽、外車	起　工	
馬　力	1,200	進　水	
速　力	12.39	竣　工	文久3年(1863)
乘組人員	125	建造所	英國カウズ
船　材	木		

富士山（ふじやま）

艦種　三檣「シップリグ」型、「スループ」

艦名考　山名に採る。富士山は駿河國富士・駿東の二郡甲斐國南都留西八代の二郡に跨る。富士郡大宮町より7里30町駿東郡須走村より5里18町、南都留郡上吉田より3里餘にして其山頂に達す。標高12,467尺なり、富士山は別稱36あり、其の中、不二山・芙蓉峰・八葉嶽・四面山等は最も人口に膾炙する所なり。

艦歴　元治元年(1864)米國「ニューヨーク」にて製造、徳川幕府の軍艦「富士山」と命名す、慶應元年横濱到着。明治元年4月徳川幕府より朝廷に納む、同9年10月機關を撤去す、同13年1月繋留練習艦とし、同18年12月運用術練習船とす。同22年5月軍艦籍より除き、船體を呉鎮守府海兵團に屬し後ち呉水雷隊敷設部に充て、同29年8月該船體を賣却す。

―― 要　目 ――

長	224 呎	兵裝	
幅	33 呎		70 听安砲　2
吃水	11 呎 6 吋		パロット砲　6
排水量	1,000 噸		30 听克砲　2
機關	汽、單螺旋		30 听滑腔砲　2
馬力	350 噸	起工	
速力	8	進水	
乗組人員	314	竣工	元治元年(1864)
船材	木	建造所	米ニューヨーク

東（あづま）【初代】

艦　種　戦艦　二檣「ブリッグ」型

艦名考　アヅマは京都より東なる國を指して呼ぶ汎稱なり、東・吾妻・吾嬬、皆アヅマと讀む。

景行天皇の御世、日本武尊東征して相模より上總に渡らんと發船し給ひけるに暴風起り、御船漂蕩殆ど覆沒せんとす、尊に伴へる妃、弟橘媛は尊の征途を安らかならしめんと祈願しつつ、御身を犧牲として自ら海に投じて終らせ給ふ。

是に於て風忽ち止み波靜まりて御船は岸に着きたり。尊は蝦夷を征服して御歸路、上野と科野との境なる碓氷峠を過ぎらせ給ひけるが、其時遙に東南の方を顧みて阿豆麻波夜《アヅマハヤ》と宣へり、阿豆麻は吾嬬にして弟橘媛を追慕し波夜《ハヤ》と嘆聲を發し給へるなり、此れより碓氷峠の東の地をアヅマと稱へしを、後には廣く京都より東なる國を指して呼ぶ汎稱とは爲りしと云ふ、或書には此碓氷峠の事蹟は相模の足柄の坂本にての御事なりと云ふものあるも、今玆には前者に從ふ。

艦　歴　元治元年（1864）佛國「ボルドウ」に於て建造、原名「ストーンウォール」と云ひ、米國南北戰爭に從軍せしものなりと云ふ。德川幕府米人より購入の約を爲し、明治元年 4 月品川に來着す、時に幕府旣に大政奉還の後なりして以て、同 2 年正月に至り軍務官に於て本艦を購入し、之を「甲鐵艦」と稱す、同 4 年 12 月「東艦」と改名す。

明治 7 年佐賀の亂及び臺灣征討に、又明治 10 年西南役に從軍。明治 21 年 1 月除籍。

―― 要　　目 ――

長	153 呎	兵　　裝	300 听安砲　1
幅	31 呎		37 安砲听　2
吃　　水	15 呎 6 吋		6 听安砲　1
排 水 量	1,358 噸		4 听山砲　2
機　　關	汽､雙螺旋	起　　工	
馬　　力	1,200	進　　水	
速　　力	8	竣　　工	元治元年(1864)
乘組人員	139	建 造 所	佛ボルドウ
船　　材	木(甲鐵帶)		

攝　津（せつつ）【初代】

艦種　砲艦　三檣「シップリグ」型

艦名考　國名(畿内五箇國の一)に採る。

艦歴　明治元年(1864)3月外國人より購入(製造所米國、竣工年月日及び原不名詳)「攝津」と命名す。

明治2年9月廣島藩に管せしむ、同4年4月同藩より返納、同9月「一番貯蓄船」と改稱す、同5年7月機關を撤去し、同7月再び「攝津」と改名す。同11年12月兵學校所屬練習艦と爲る。同19年2月除籍、船體を兵學校に屬し、術業練習の用に供し同10月授業船と稱す。同22年9月船體を賣却せり。

――要　目――

長	165呎	兵装	16拇克砲　4
幅	28呎		8听前装砲　4
吃水	14呎4吋	起工	
排水量	920噸	進水	
汽關	汽、單螺旋	竣工	
馬力	300	建造所	米國
速力			
乗組人員	200		
船材	木		

千代田形（ちよだがた）

艦種　砲艦　二檣「スクーナー」型

艦名考　千代は徳川幕府の治所江戸城(現今の宮城)の別稱なり、艦名の下に「形」の字を付したるは其型式(タイプ)を意味するものならん、幕府時代の船舶中、伊豆下田に於て建造せるものに君澤形、長崎に於て建造せるものに長崎形の名のあるを見る、蓋し同指なり。

艦歴　本艦は外國人の手を假らず本邦人に依て設計建造せられたる最初の蒸汽船なり、文久２戌年５月起工、同３亥年７月進水、慶應２寅年５月竣工即ち進水より竣工まで約３ケ年を費したるは、其間機關計畫者和蘭國へ出張の事あり、歸朝後、機關据付を爲したる等、工程に遲延を生ぜしことありしに由る。明治２年５月函館の役に於て官軍に收容せられ爾來帝國軍艦籍に在りて種々の役務に服せしが、明治21年１月除籍せられ、船體は之を千葉縣に交付せり。

―― 要　　目 ――

長	97呎	兵裝	30听克砲　1
幅	16呎		6听安砲　2
吃水	6呎8吋	起工	文久２年(1862)５月
排水量	138噸	進水	文久３年(1863)７月
機關	汽、單螺旋	竣工	慶應２年(1866)５月
馬力	60	建造所	石川島(東京)
速力	5		
乘組人員	44		
船材	木		

第一丁卯（ていばう）

艦　種　砲艦　三檣「トップス・スクーナー」型

艦名考　丁は十干の第四位ひのと(火の弟)、卯は十二支の第四位う(兎)なり。建造歳次丁卯に因みて命名したるものなり。

艦　歴　慶應3丁卯年(1867)英國に於て建造､山口藩の軍艦。2隻の姉妹艦あり要目皆同じ､第一丁卯艦及び第二丁卯艦と名づく､明治3年5月2隻共山口藩より獻納､而して第一丁卯は同8年8月千島擇捉に於て破壞。

――要　目――

長	126 呎	兵装	砲 6
幅	21 呎	起工	
吃水		進水	
排水量	125 噸	竣工	慶應5年(1867)
機關	汽､直動横置､單螺旋	建造所	英國ロンドン
馬力	60		
速力	5		
乗組人員	60		
船材	木		

第二丁卯（ていばう）

艦種　砲艦　三檣「トップスル•スクーナー」型

艦名考　丁は十干の第四位ひのと(火の弟)、卯は十二支の第四位う(兎)なり。建造歳次丁卯に因みて命名したるものなり。

艦歴　慶應三丁卯年(1867)英國に於て建造、山口藩の軍艦、姉妹艦二隻あり要目皆同じ、第一丁卯艦及び第二丁卯艦と名づく、明治3年5月2隻共山口藩より獻納、第二丁卯は同10年西南役に從軍、同18年4月志州安乘崎に於て擱坐沈沒せり。

―要　目―

長	126呎	兵裝	砲8
幅	21呎	起工	
吃水		進水	
排水量	125噸	竣工	慶應3年(1867)
機關	汽、直動橫置、單螺旋	建造所	英國ロンドン
馬力	60		
速力	5		
乘組人員	60		
船材	木		

孟　春（まうしゆん）

艦　種　砲艦　三檣「トップスル・スクーナー」

艦名考　孟はハジメと訓ず、孟春は春の始なり。陰暦正月を云ふ。

艦　歴　慶應3年英國に於て建造、元來佐賀藩の軍艦、明治4年5月同藩より獻納、同9年萩の亂に從軍、同10年西南役從軍、明治20年10月除籍、船體を遞信省に交付せり。

── 要　目 ──

長	133呎	兵裝	12拇克砲　2
幅	22呎		8拇克砲　2
吃水	7呎6吋	起工	
排水量	357噸	進水	
機關	汽、單螺旋	竣工	慶應3年(1867)
馬力	191	建造所	英國ロンドン
速力	7		
乗組人員	87		
船材	鐵骨木皮		

淺　間（あさま）【初代】

艦種　軍艦　三檣「シップリグ•コルベット」

艦名考　山名に採る、淺間山は信濃國北佐久郡、上野國吾妻郡に跨る、標高 8,184 尺。

艦歴　明治元年佛國に於て建造、同7年7月開拓使より受領、當時北海丸と號す。同年10月淺間艦と改名、後ち砲術練習艦として當時有名なり。同9年萩の亂從軍、同10年西南役從軍、同 24 年3月3日除籍、船體は同 25 年6月横須賀水雷隊攻擊部に付屬せしが同 29 年 12 月賣却。

―要　目―

長	219 呎	兵装	砲 14
幅	32 呎	起工	
吃水	14 呎 7 吋	進水	
排水量	1,422 噸	竣工	明治元年
機關	汽、螺旋	建造所	佛國
馬力	300		
速力			
乗組人員	131		
船材	木		

雲　　揚 (うんやう)

艦　種　砲艦　二檣「ブリッグ」

艦名考　雲の揚るが如く其勢强き意に採れるもの乎。

艦　歴　明治3年英國に於て建造、元來山口藩の軍艦、同4年5月同藩より獻納、同7年佐賀の亂及び臺灣征討に従軍、同8年江華島事件に參加、同9年10月31日紀州阿田和浦に於て擱坐沈沒。

因に記す、昭和十年十月三十一日、三重縣阿田和町に遭難記念碑建設。

―― 要　目 ――

長	119呎	兵　裝	
幅	24呎	起　工	
吃水	7呎7吋	進　水	
排水量	245噸	竣　工	明治元年(1868)
機關	汽、單螺旋	建造所	英國
馬力	106		
速力			
乗組人員			
船材	木		

日進（につしん）【初代】

艦種　軍艦　三檣「バーク」型

艦名考　日進月歩、所謂間斷なき進歩發達の意に採れるならん乎。

艦歴　明治2年和蘭國に於て竣工、元來佐賀藩の軍艦、同3年同藩より獻納、同10年西南役從軍、同16年巡洋艦に列す、同25年5月除籍、同26年8月賣却。

―要目―

長	203呎	兵装	16拇克砲	6
幅	31呎		4听山砲	2
吃水	15呎6吋		1尹ノルデン砲	3
排水量	1,492噸	起工		
機關	汽、單螺旋	進水		
馬力	710	竣工	明治2年(1869)	
速力	9	建造所	和蘭	
乘組人員	145			
船材	木			

龍　驤（りゆうじやう）【初代】

艦種　軍艦　三檣「シップリグ・コルベット」

艦名考　龍は靈變不測の神物なりと云ふ。驤はアガルと訓ず、又疾行のとき勢ひ強く首の揚る貌なり、卽ち龍驤とは龍の空に上ぼるが如く威力の盛なるの意なり、「龍驤鱗振、前無堅敵、龍驤虎視、苞括四方」などの語あり。

艦歴　明治2年英國に於て竣工、熊本藩の軍艦たりしが同3年5月、同藩より獻納、同7年佐賀の亂及び同年の臺灣征討に從軍、同10年西南役從軍、其後屢々　明治大帝の御召艦となりしことあり。同26年12月除籍(其の後相當期間横須賀軍港内に繫留し、砲術練習船となる)。

―― 要　　目 ――

長	211 呎	兵裝	64 听克砲 6
幅	41 呎		7.5 拇克砲 2
吃水			4 听山砲 2
排水量	2,530 噸	起工	
機關	汽、單螺旋	進水	
馬力	800	竣工	明治2年7月
速力	8	建造所	英國アバーディン
乗組人員	278		
船材	木(鐵帶114粍)		

鳳　翔（ほうしやう）【初代】

艦種　砲艦　三檣「バーク」型

艦名考　翔はカケルと訓ず、鳳翔は鳳の翅を伸ばして上空に飛び舞ふの意なり。

艦歴　明治元年英國に於て竣工、元來山口藩の軍艦、同4年6月同藩より獻納、同7年佐賀の亂及臺灣征討に從軍、同10年西南役從軍、同27・8年日清戰役從軍(吳軍港警備)、同31年3月艦船類別標準制定に由り二等砲艦に列す、同32年3月除籍、同39年4月賣却。

―要　目―

長	121呎	兵装	10听克砲　1
幅	24呎		20听克砲　2
吃水	8呎	起工	
排水量	321噸	進水	
機關	汽、單螺旋	竣工	明治3年(1870)
馬力	214	建造所	英國アバーディン
速力	7		
乘組人員			
船材	木		

肇　　敏 (てうびん)

艦　種　軍艦　三檣「バーク」型、練習艦

艦名考　肇は開き始むるの義、敏は疾く行ふの義、即ち事を開き始めて疾く行ふことなり、詩經に肇敏戎公用錫爾祉とあり。

艦　歴　北米「カナダ」に於て建造、竣工年月不詳、明治4年6月英人より購入、始め春風丸と名づけ帆式運送船たり。明治6年5月肇敏丸と改名、後ち練習艦となる。同19年3月除籍、船體を浦賀屯營に付屬す。同22年5月航海運用術練習艦筑波の付屬とし、同23年1月軍艦武藏の付屬とし、同年8月横須賀海兵團の付屬となす、同29年11月賣却。

―― 要　　目 ――

長	137呎	兵　装	砲　4
幅	29呎	起　工	
吃　水		進　水	
排水量	885噸	竣　工	
機　關	帆走	建造所	北米カナダ
馬　力			
速　力			
乘組人員	204		
船　材	木		

清　輝（せいき）

艦種　二等砲艦　三檣「バーク」型

艦名考　清は水の澄みて明かなること、キヨシ又アキラと訓ず、輝は煇に同じ、カヾヤクと訓ず。易經に輝光日新其德とあり、清輝はキヨキヒカリの義なり。

艦歴　我が官立造船所建造の最初の軍艦なり。明治 10 年西南役從軍、同 11 年歐洲諸港巡航(艦長少佐井上良馨(後の元帥海軍大將)、本邦製造軍艦にして歐洲行を爲せしもの本艦を以て初めとす。而して寄港地の到る所に於て歡迎せられ嘆稱を博せりと云ふ。同 21 年12月 7日駿河灣に於て觸礁破壞。

―要　目―

長	200 呎	兵装	15 拇克砲　1
幅	30 呎		12 拇克砲　4
吃水	13 呎		6 听安砲　1
排水量	897 噸		1 吋ノルデン砲　3
機關	汽、單螺旋	起工	明治 6-11-20
馬力	442	進水	同　8- 3- 5
速力	10	竣工	同　9- 6-21
乗組人員	152	建造所	横須賀
船材	木		

石　川（いしかわ）

艦種　帆式練習船　二檣「ブリッグ」型

艦名考　武藏國石川島に於て建造せるを以て其地名に採れるものなり。

艦歴　明治 26 年 3 月除籍。

── 要　目 ──

長	120 呎	兵装	
幅	21 呎	起工	明治 7-8-1
吃水	7 呎 8 吋	進水	同 9-3
排水量	253 噸	竣工	同 9-7
機關	帆走	建造所	石川島(東京)
馬力			
速力			
乗組人員	43		
船材	木		

海軍省設置以降日清戰役迄の

艦艇

扶　桑（ふさう）【初代】

艦種　二等戰艦　三檣「シップリグ」

艦名考　東海中に在りと云ふ大なる神木、轉じて東方日出づる處にある神仙國、卽ち我が大日本國の異稱とす。

艦歷　明治維新後、帝國が外國に註文せる有力軍艦の嚆矢にして、初代金剛・比叡の二艦と共に同時に英國に註文建造したるものなり。

明治16年甲鐵巡洋艦に列す、同27・8年戰役に從軍：同27年8月威海衞砲擊、同9月黃海々戰、同11月大連港及旅順口占領、同28年2月威海衞總攻擊に參加、同30年10月伊豫長濱沖に於て扶桑・松島・嚴島三艦接觸し一時沈沒、同31年6月引揚、吳軍港に於て修理、同31年3月船艇類別等級標準制定に由り二等戰艦に列す、同37・8年戰役從軍：同38年5月日本海々戰に參加(第三艦隊第七戰隊司令官少將山田彥八旗艦、艦長大佐長井群吉)、同38年12月二等海防艦に編入、同41年4月1日除籍。

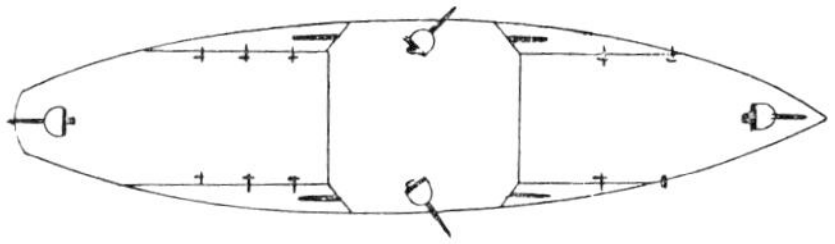

── 要　　目 ──

長	220呎	兵裝	24拇克砲　4
幅	48呎		17拇砲　2
吃水	20呎		7.5拇砲　6
排水量	3,777噸		1吋ノルデン砲　7
機關	橫置二聯成トランク2基　圓罐		11粍砲　2
			發射管　2
馬力	3,650	起工	明治　8-9-24
速力	13	進水	同　10-4-17
乘組人員	377	竣工	同　11-1
船材	鐵(甲鐵229粍)	建造所	英國ポプラー・サミューダル社

金　　剛（こんがう）【初代】

艦　種　三等海防艦　三檣「バーク」型
比叡と姉妹艦なり。

艦名考　山名に採る、金剛山は高天山の別稱あり、河内國南河内郡・大和國南葛城郡に跨る、山腹に千早の城址あり、標高 3,973 尺、山頂よりは西北に堺・大阪・尼崎・西の宮・神戸の市街、攝・河・泉三國の山河及び大阪灣の全形勢を、又東北に大和北半の景象を眺むるを得べし。

艦　歴　明治 16 年巡洋艦に列す、同27・8年戰役從軍：同 27 年8月威海衛砲撃に參加、同 11 月大連港及び旅順口占領に從事、同 28 年2月威海衛總攻撃及び威海衛占領に參加、同 31 年3月三等海防艦に編入、同37・8年戰役從軍：同 42 年7月20日除籍。

—— 要　　目 ——

長	231 呎
幅	40 呎
吃　水	17 呎 6 吋
排水量	2,284 噸
機　關	汽、單螺旋、圓罐 6
馬　力	2,535
速　力	12.2
乗組人員	288
船　材	鐵骨木皮(鐵甲帶)

兵　裝	17拇克砲　3
	15拇克砲　6
	7.5柵砲　2
	1尹ノルデン砲　4
	11粍砲　2
	發射管(朱式)　2
起　工	明治　8-9-14
進　水	同　10-4-17
竣　工	同　11-1
建造所	英國アールス社

比　叡（ひえい）【初代】

艦種　三等海防艦　三檣「バーク」型
金剛と姉妹艦なり。

艦名考　山名に採る、比叡山は日枝山・天台山・北嶺・都富士等の別稱あり、近江國滋賀郡・山城國愛宕郡に跨る。滋賀郡坂本より1里1町餘、愛宕郡修學院村一乗寺より1里14町にして其山頂に達す、標高2,799尺。

艦歴　明治16年巡洋艦に列す、同27・8年日清戦役從軍、同31年3月海防艦三等に編入、同27・8年戰役に從軍：同27年8月威海衞砲擊、同9月黄海々戰、同11月大連港及旅順口占領、同28年2月威海衞總攻擊及同占領に參加、同31年3月三等海防艦に編入、同37・8年戰役從軍：同44年4月1日除籍。

―要　目―

長	231呎	兵装	金剛に同じ
幅	40呎	起工	明治8-9-24
吃水	17呎6吋	進水	同　10-6-11
排水量	2,284噸	竣工	同　11-2
機關		建造所	金剛に同じ
馬力	2,535		
速力	12・2		
乗組人員	288		
船材	鐵骨木皮(鐵甲帶)		

天　城（あまぎ）〔初代〕

艦種　二等砲艦　三檣「バーク」型

艦名考　山名に採る、天城山は尼木山、萬次郎嶽、狩野山(古名)の別稱あり、伊豆國田方・加茂の2郡に跨る、標高4081尺、全山良材に富む、明治海軍草創當時の造船材(主として欅材)は此山より伐採せるもの多しと云ふ。

艦歴　明治16年巡洋艦に列す、同27・8年戰役從軍：同27年9月大同江を溯り陸軍援護に從事、同年11月大連占領及旅順口占順に從事、同28年2月威海衞總攻擊及占領に從事、同31年3月砲艦二等に列す、同37・8年戰役從軍：同38年6月除籍。

── 要　目 ──

長	205呎	兵装	17拇砲 1
幅	30呎		12拇砲 5
吃水	13呎3吋		8拇砲 3
排水量	926噸		1吋ノルデン砲 3
機關	汽螺旋	起工	明治 8-9-9
馬力	720	進水	同 10-3-13
速力	10.5	竣工	同 11-4-4
乘組人員	164	建造所	横須賀
船材	木		

館　山 (たてやま)

艦　種　航海練習艦(帆装)　二檣「ブリッグ」

艦名考　港灣名(安房國館山)に採る。

初め第一回漕丸と云ふ、明治 16 年 6 月

若水兵練習用に充て、後ち館山と改名す。

艦　歴　明治27・8年日清戰役従軍(呉軍港警備):

同 29 年 9 月除籍。

―要　目―

長	134 呎	兵　装	20 听安式砲 2
幅	24 呎	起　工	明治 12-6-9
吃　水	9 呎 8 吋	進　水	同 13-2-10
排水量	544 噸	竣　工	同 13-3-17
機　關	帆走	建造所	神戸川崎造船所
馬　力			
速　力			
乗組人員	51		
船　材	木		

磐　城（ばんじやう）

艦　種　二等砲艦　三檣「バーク」型

艦名考　國名の磐城に採れるにあらずして、山名の磐城に依りたるなりと云ふ、則ち本艦建造に用ひたる主材を供せる伊豆國天城山の最高峯たる磐城嶽(一名萬次郎嶽)に因みて命名せられたるなり。

艦　歴　明治27•8年戰役に從軍：同27年8月威海衞砲擊、同9月大同江を遡江し、陸軍援護、同11月大連港及旅順口占領、同28年2月威海衞總攻擊及同占領に從事、同31年3月二等砲艦に列す。同37•8年戰役從軍：旅順口に於ける對露國艦隊作戰中第七戰隊に屬す(艦長中佐佐伯胤貞)、同40年7月12日除籍。

—— 要　目 ——

長	154 呎	兵　装	15 拇克砲　1
幅	25 呎		12 拇砲　1
吃　水	12 呎 9 吋		8 拇砲　2
排水量	708 噸		1 吋ノルデン砲　2
機　關	汽、單螺旋、圓罐 4	起　工	明治 10-2-1
馬　力	590	進　水	同 11-7-16
速　力	10	竣　工	同 13-7-5
乘組人員	111	建造所	横須賀
船　材	木		

迅　鯨（じんげい）【初代】

艦種　御召快走船　二檣「フオアエンド・アフター・スクーナー」

艦名考　迅はスミヤカと訓ず、疾く行く義なり。鯨は魚の王にして、雄を鯨と曰ひ、雌を鯢と曰ふと傳ふ。迅快なる鯨に因みて艦名と命ぜられしらん乎。

艦歴　此艦は御召快走船として建造せられたるものなり。明治 26 年 12 月除籍。

―要　目―

長	249 呎	兵　裝	砲 4
幅	31 呎	起　工	明治 6-9-26
吃　水	14 呎 6 吋	進　水	同　9-9- 4
排水量	1,464 噸	竣　工	同　14-8- 5
機　關	汽、外車	建造所	横須賀
馬　力	1,400		
速　力	12		
乘組人員	138		
船　材	木		

筑　紫 (つくし)

艦　種　巡洋艦　二檣「スクーナー」

艦名考　九州(筑前•筑後•豐前•豐後•肥前•肥後•日向•大隅•薩摩)の古稱なり。

艦　歷　明治 13 年英國に於て建造、原名「デオジェニース」號、同 16 年 6 月購入、筑紫と命名す。同27•8年戰役に從軍(第三游擊隊): 同 27 年8月威海衞砲擊、同11月大連灣水雷衞所及旅順口占領、同 28 年2月威海衞總攻擊及同占領に從事、同 31 年 3 月一等砲艦に列す。同 33 年北淸事變に從軍: 同37•8年戰役從軍(第七戰隊、艦長中佐西山保吉及土山哲三)、同 39 年 5 月25日除籍。

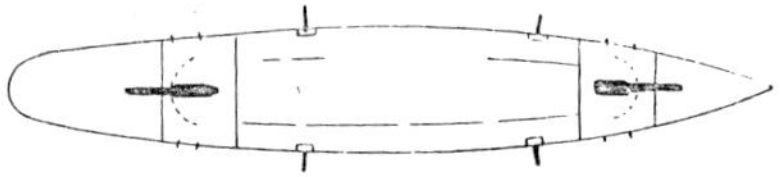

── 要　　目 ──

長	210 呎	兵　裝	10 吋安砲　2
幅	32 呎		4.7 听安砲　4
吃　水	17 呎		9 听安砲　2
排水量	1,380 噸		7.5 拇克砲　1
機　關	横置二聯成汽機2基		機砲　4
	雙螺旋圓罐4	起　工	
馬　力	2,400	進　水	明治14
速　力	16	竣　工	
乗組人員	187	建造所	英國エルスウィック安社
材　船	鋼		

海　門（かいもん）

艦　種　巡洋艦　三檣「バーク」

艦考名　山名に採る、海門嶽は海開嶽の別稱なり、薩摩國楫宿郡の南方に在り、標高 3,049 尺、山容富士に似たるを以て又薩摩富士・筑紫富士・小富士などの稱あり。

艦　歴　明治27・8年戰役に従軍：同27年11月大連港及旅順口占領及同28年2月威海衞總攻擊竝に同占領に従事、同31年3月船舶類別等級標準制定により三等海防艦に列す。同37・8年戰役に従軍(第七戰隊)：同37年7月5日旅順港外に於て敵の機械水雷に觸れ沈沒(艦長中佐高橋守道其他戰死)。

── 要　目 ──

長	211 呎	兵　裝	17 拇克砲　1
幅	32 呎		12 拇克砲　6
吃　水	16 呎 5 吋		7.5 拇克砲　1
排水量	1,429 噸		機砲　5
機　關	汽、單螺旋、圓罐 4	起　工	明治 10-9-1
馬　力	1,300	進　水	同　15-8-28
速　力	12.9	竣　工	同　17-3-13
乗組人員		建造所	横須賀
船　材	木		

天　龍 （てんりゆう） 【初代】

艦　種　巡洋艦　三檣「バーク」

艦考名　川名に採る、天龍川は古代、麁玉川と云ふ、信濃國諏訪湖に發源し西南に流れ、伊奈郡を經て漸く南に轉じ、遠江國山香の山中に入り津具川•奥之山川•氣田川•青谷川等を併せ、二俣以南に於て始めて下流の平野に就き、掛塚に至り海に入る。國界より凡 16 里、諏訪湖より凡 48 里。

艦　歴　明治27•8年戰役に從軍：同 27 年8月威海衞砲擊、同 11 月大連港及旅順口占領、同 28 年2月威海衞總攻擊竝に同占領に參加。同 31 年3月三等海防艦に列す。同37•8年戰役從軍：同 39 年10月 20 日除籍。

―要　目―

長	221 呎	兵　装	17 拇克砲　1
幅	32 呎		15 拇克砲　1
吃　水	16 呎 3 吋		12 拇克砲　4
排水量	1,547 噸		7.5 拇克砲　1
機　關	汽、單螺旋		機砲　5
馬　力	1,162	起　工	明治 11-2-7
速　力	11.5	進　水	同　16-8-18
乘組人員	343	竣　工	同　18-3-5
船　材	木	建造所	横須賀

浪　　速（なには）

艦種　巡洋艦　二檣「スクーナー」

艦名考　浪華又は難波に同じ、浪速は攝津國大阪より尼ケ崎邊までの地方を總稱したる古名なり、神武天皇の御世、皇舟師此海を過ぎりし折、奔潮に出會ひ其流るること太だ急なるを見て、浪速の國又浪華の國とも名け給ひたるに起因せるものなりと傳ふ、今ま難波と讀むは轉訛なりと云ふ。

艦歴　明治19年2月英國に於て竣工、同年6月品川灣に來着す。此艦は此時代に於ける世界優秀艦の一と稱せらる、當時「ロンドン・タイムス」紙は之に關して長文の記事を掲げたり。其の要に曰く、浪速は目下海上に浮泛する諸國軍艦中、速力最も速く、備砲最も强勢、且つ防護最も完全なる巡洋艦なり。其の大砲及び砲架、水壓器、電燈、水雷等亦た最も新しき發明の兵器を以て艤裝せられたるものなり。今後日本海及び支那海に於て戰爭ある時は、日本海軍は該艦を使用して偉勳を建つべきことは昔日の比にあらざるべし云々と、次に記する所の高千穗亦同時に建造せられたるものにして姉妹艦なり。明治27・8年戰役に從軍（艦長大佐東鄉平八郎）: 同27年7月豐島沖海戰に參加、敵陸軍を搭載せる英國商船高陞號を擊沈す。同8月威海衞砲擊に、同9月黃海海戰に、同11月大連港及旅順港占領に參加、同28年2月威海衞總攻擊及同占領に從事、同3月澎湖島攻略に從事、同31年3月巡洋艦二等に列す、同37・8年戰役從軍（第四戰隊）: 同37年2月9日仁川沖海戰に參加（第二艦隊司令官少將瓜生外吉旗艦）、同8月蔚山沖海戰に參加（艦長大佐和田賢助）。同5月日本海々戰に參加（第四戰隊旗艦、中將瓜生外吉乘艦、艦長同前）、同45年7月18日北海道に於て警備兼測量任務中擱坐沈沒す。

――要　　目――

長	300呎	兵裝	26拇克砲　2
幅	46呎		15拇克砲　6
吃水	18呎7吋		6听ノルデン砲　2
排水量	3,759噸		機砲　14
機關	横置二聯成汽機		發射管(水上)　4
	2臺、雙螺旋、圓罐	起工	明治17-3-22
馬力	7,600	進水	同　18-3-18
速力	18.5	竣工	同　19-2
乘組人員	385	建造所	英國エルスウィック安社
船材	鋼(防禦甲板31粍)		

高千穂 (たかちほ)

艦種 巡洋艦 二檣「スクーナー」

艦名考 山名に採る、高千穂峯は霧島山東嶽の古名なり(霧島の條參照)。

艦歴 明治 17 年 3 月英國安社に於て起工、同 19 年 7 月横濱に來着。同 27•8 年戰役に從軍: 同 27 年 8 月威海衞砲擊に、同 9 月黃海々戰に、同 11 月大連港及旅順口占領に參加。同 28 年 2 月威海衞總攻擊及同占領に、同 3 月澎湖島攻略及同占領に參加。同 31 年 3 月巡洋艦二等に列す。同 37•8 年戰役に從軍(第四戰隊): 同 37 年 2 月仁川沖海戰に、同 8 月蔚山沖海戰に、同 38 年 5 月日本海々戰に參加(艦長大佐毛利一兵衞)。大正 6 年海防艦二等に編入す。同 3 年乃至 9 年戰役に從軍: 同 3 年 8 月青島戰に參加(第二艦隊、艦長大佐伊東祐保)、同 3 年 10 月膠州灣に於て敵水雷艇(S 90 號)の雷擊を受け爆沈す(艦長同前)。

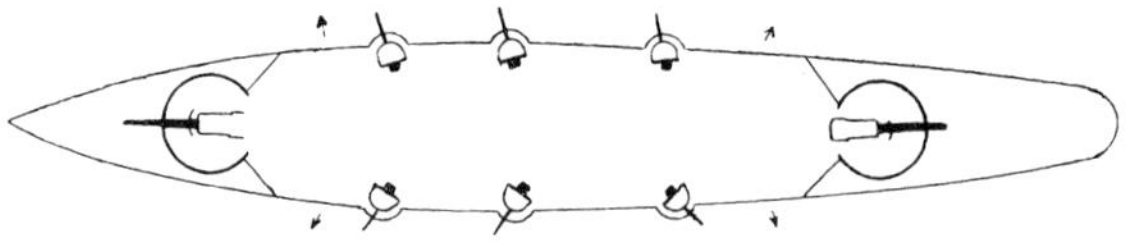

要目

長	300 呎	兵裝	26 拇克砲 2
幅	46 呎		15 拇克砲 6
吃水	18 呎 7 吋		6 斤ノルデン砲 2
排水量	3,759 噸		機砲 14
機關	横置二聯成汽機 2 臺、雙螺旋、圓罐		發射管(水上) 4
馬力	7,600	起工	明治 17-3-22
速力	18.5	進水	同 18-5-16
乘組人員	357	竣工	同 19-4
船材	鋼(防禦甲板 51 粍)	建造所	英國エルスウィック安社

傍　畝（うねび）

艦　種　巡洋艦　三檣「バーク」

艦名考　山名に採る、畝傍山は大和國高市郡に在り、白橿村の中央に起る一座の丘陵にして他に連接せず、土俗之を慈明寺山と呼ぶ、此地神武天皇創國の皇居(橿原宮)の在りし所なるを以て人口に膾炙す、今畝傍山の東南に橿原神宮、東北に神武天皇御陵あり。

艦　歴　明治19年4月佛國にて進水、同年10月18日佛國を發し本邦へ回航の途中、同年12月3日、新嘉坡投錨以後其の蹤跡不明と爲り、遂に同20年10月19日に至り、亡没せるものと認定せられたり。

―要　目―

長	322呎	兵装	24拇克砲 4
幅	43呎		15拇克砲 7
吃水	18呎6吋		機砲 8
排水量	3,615噸		6听速射砲 2
機關	汽、雙螺旋		發射管 4
馬力	5,500	起工	明治17-5-27
速力	17·5	進水	同 19-4
乘組人員		竣工	同 19-10
船材	鋼	建造所	佛國フォルヂ・エー・シャンチェー社

葛　城（かつらぎ）

艦　種　巡洋艦　三檣「バーク」

艦名考　山名に採る、葛城山(別稱葛木山)河内國南河内郡・大和國南葛城郡に跨る、標高3,336尺。大和國西界の峻嶺にして其脈北に赴くものは戒那山・二上山、西走するものは河内・紀伊の國界を爲し、由良海門に至る。其の高峰は南葛城郡の西に於て高天山(金剛山)となる。

艦　歴　明治27・8年戰役に從軍: 同27年8月威海衛砲擊に、同11月大連港及旅順口占領に參加、同28年2月威海衛總攻擊及同占領に從事、同31年三等海防艦に列す。同37・8年戰役從軍: 大正元年8月海防艦の等級改正に由り其の二等に列す。大正2年4月1日除籍。

―要　目―

長	201呎	兵裝	17拇克砲 2
幅	35呎		12拇克砲 5
吃水	15呎3吋		7.5拇克砲 1
排水量	1,500噸		機砲 6
機關	汽關、單螺旋、圓罐6	起工	明治15-12-25
馬力	1,622	進水	同 18-3-31
速力	13	竣工	同 20-11-4
乘組人員	236	建造所	横須賀
船材	鐵骨木皮		

大和（やまと）

艦種　巡洋艦　三檣「バーク」

艦名考　國名(畿内五箇國の一)に採る。又日本の別稱を大和(夜麻登)と唱ふ、大和は元と畿内なる大和一國の名なるを、神武天皇此處に宮居し給ひしより、後の御代々の京も此大和に在りければ、自ら天の下の大名(日本の總名)にも爲れるなりと云ふ、此艦名は日本の別稱に因るものにあらず。

艦歴　明治 27•8 年戰役に從軍: 同 27 年 8 月威海衞砲撃に、同 11 月大連港及旅順口占領に從事、同 28 年 2 月威海衞總攻撃及同占領に從事、同 31 年艦艇類別等級標準制定に由り三等海防艦に列す。同 37•8 年戰役從軍(門司警備艦、艦長中佐伊東吉五郎): 大正元年 8 月二等海防艦に列す、同 12 年 4 月 1 日軍艦籍より除き同日更に特務艦(測量艦)と定む。姉妹艦として葛城•武藏の二隻あり。

──要　目──

長	201 呎	兵装	17 拇克砲　2
幅	35 呎		12 拇克砲　5
吃水	15 呎 3 吋		2.5 拇克砲　1
排水量	1,330 噸		機砲　6
機關	汽、單螺旋	起工	明治 16- 2-23
馬力	1,622	進水	同　18- 5- 1
速力	13	竣工	同　20-11- 6
乗組人員		建造所	神戸小野濱
船材	鐵骨木皮		

摩　　耶 (ま　や)【初代】

艦　種　砲艦　二檣「トップスル•スクーナー」
姉妹艦に愛宕•鳥海•赤城あり。

艦名考　山名に採る、摩耶山は攝津國武庫郡に在り、都賀濱村上野より 18 町にして其山頂に達す、標高 2,290 尺なり。

艦　歴　明治27•8年戰役從軍: 同 27 年 8 月威海衞砲撃に參加、同 11 月大連灣水雷衞所及旅順占領に從事、同 28 年 2 月威海衞總攻撃及同占領に從事、同 31 年 3 月二等砲艦に列す。同 37•8 年戰役從軍(第七戰隊、艦長中佐中川重光及同藤田定市): 大正 11 年 5 月 16 日除籍、雜役船として横須賀海兵團に屬す。

── 要　　目 ──

長	154 呎	兵　裝	15 拇克砲　2
幅	27 呎		47 粍砲　2
吃　水	9 呎 8 吋		1 尹ノルデン砲　2
排水量	614 噸		
機　關	横置直動汽關		
	雙螺旋圓罐 6	起　工	明治 18-6- 1
馬　力	963	進　水	同　19-8-18
速　力	10	竣　工	同　21-1-20
乗組人員	111	建造所	小野濱(兵庫)
船　材	鐵		

武　蔵（むさし）

艦種　巡洋艦　三檣「バーク」

艦名考　國名に採る。

艦歴　明治27・8年戰役に從軍：同27年8月威海衞砲撃に、同11月大連口及旅順口占領に從事、同28年2月威海衞總攻撃及占領に從事、同31年3月三等海防艦に編入、同37・8年戰役從軍：大正元年8月二等海防艦に列す。同3年乃至9年戰役從軍：露領沿岸警備に從事、同11年4月1日軍艦籍より除き、更めて特務艦(測量艦)と定めらる。昭和3年4月1日除籍。

(備考)　尙ほ此の外に幕末に初代の軍艦とも云ふ可き「武藏」あり、同艦は明治元年11月外國人より購入(製造場所、竣工年月、及原名等不詳)のものにして、同2年2月品海碇泊中火を失して燒く、同3年秋、燒殘船體を大藏省に交付す。

―要　目―

長	201呎	兵裝	17拇克砲　2
幅	35呎		12拇克砲　5
吃水	15呎3吋		7.5拇克砲　1
排水量	1,502噸		機砲　6
機關	汽、單螺旋	起工	明治17-10-4
馬力	1,622	進水	同　19-3-30
速力	13	竣工	同　21-2-9
乗組人員		建造所	横須賀
船材	鐵骨木皮		

満　珠 (まんじゆ)

艦　種　航海練習艦(帆裝)　三檣「バーク」
姉妹艦に干珠あり。

艦名考　島嶼名に採る、長門國豐浦郡串崎の東20町餘の海中に二岩嶼あり、樹木鬱蒼たり、之を滿珠、干珠と謂ふ。

艦　歴　明治27・8年戰役從軍(佐世保軍港警備):
同 29 年 9 月 26 日除籍(其の後雜役船として佐世保海兵團所屬たりしことあり)。

── 要　目 ──

長	134 呎	兵　裝	20 听安式砲　2
幅	27 呎		12 听砲　2
吃　水	14 呎		4 听砲　1
排水量	877 噸	起　工	明治 19-8-18
機　關	帆走	進　水	同　20-8-18
馬　力		竣　工	同　21-6-13
速　力		建造所	小野濱(兵庫)
乘組人員	120		
船　材	木		

干　　珠（かんじゆ）

艦　種　航海練習艦(帆装)　三檣「バーク」
姉妹艦に満珠あり。

艦名考　島嶼名に採る(前項満珠の部参照)。

艦　歴　明治27·8年戦役従軍(横須賀軍港警備):
同 29 年 9 月 26 日除籍(其の後雑役船として横須賀海兵團所屬たりしことあり)。

―要　　目―

長	134 呎	兵　装	20 听安式砲　2
幅	27 呎		12 听安式砲　2
吃　水	14 呎		4 听安式砲　1
排水量	877 噸	起　工	明治 19-8-18
機　關	帆走	進　水	同　30-8-18
馬　力		竣　工	同　21-6-13
速　力		建造所	小野濱(兵庫)
乗組人員	120		
船　材	木		

鳥海（てうかい）【初代】

艦種　砲艦　二檣「トップスル・スクーナー」
姉妹艦に摩耶・赤城・愛宕あり。

艦名考　山名に採る、鳥海山(てうかいざん又とりのうみやま)古名を羽山と云ふ、羽後國飽海・由利の二郡に跨る、標高7,006尺。

艦歴　明治27・8年戰役に從軍: 同27年8月威海衞砲撃に參加、同11月大連灣水雷衞所及旅順占領に從事、同28年2月威海衞總攻撃及同占領に從事、同31年3月二等砲艦に列す。同37・8年戰役從軍(第七戰隊): 同37年5月26日金州灣に進み、陸軍を援けて奮鬪、此の時艦長中佐林三子雄戰死(其の後同戰役中、艦長中佐牛田從三郎)、同41年4月1日除籍(其の後雜役船として佐世保海兵團所屬たりしことあり)。

―― 要　目 ――

長	154 呎	兵装	21 拇克砲 1
幅	27 呎		12 拇克砲 1
吃水	9 呎 8 吋		1 尹ノルデン砲 2
排水量	614 噸	起工	明治 19- 1-25
機關	汽、雙螺旋	進水	同 20- 8-20
馬力	963	竣工	同 21-12-27
速力	10	建造所	石川島(東京)
乗組人員	111		
船材	鐵		

愛　宕（あたど）【初代】

艦種　砲艦　二檣「トップスル•スクーナー」
姉妹艦に鳥海•赤城•摩耶（皆初代）あり。

艦名考　山名に採る、愛宕山は別稱を愛宕護山•朝日峰•白雲山•嵯峨山と云ふ、山城國葛野郡の北方に在り、同郡嵯峨より1里14町にして其山頂に達す、標高3,034尺。

艦歴　横須賀造船所に於ける始めての鋼製軍艦なり。明治27•8年戰役從軍：同28年8月威海衞砲撃に參加、同11月大連港及旅順口占領に從事、同28年2月威海衞總攻撃及同地占領に參加、同31年3月（艦艇類別等級標準制定に由り）二等砲艦に列す。同33年北清事變に從軍：同37•8年戰役に從軍（第七戰隊）：同37年11月6日隍城島附近に於て密輸入船の防遏に從事中坐礁沈沒、艦長中佐久保田彥七外乘員全部驅逐艦薄雲に收容せらる。同38年6月15日除籍。

―― 要　目 ――

長	154呎	兵装	21拇克砲　1
幅	27呎		12拇克砲　1
吃水	9呎8吋		1吋ノルデン砲　1
排水量	614噸	起工	明治19-7-17
機關	汽、雙螺旋	進水	同　20-6-18
馬力	963	竣工	同　22-3-2
速力	10.25	建造所	横須賀
乘組人員	111		
船材	鋼骨鐵皮		

高　雄（たかを）【初代】

艦　種　巡洋艦　二檣(戰鬪樓あり)

艦名考　名所の名(山城國葛野郡高尾)に採る、高尾は清瀧川の中流西岸に在り、古書高雄にも作る。艦名には此の高雄の字を選ばれたるなり、此地秋日黄葉の幽賞を以て世に聞ゆ、詞人は高尾・槇尾・栂尾の勝地を以て之を三尾と稱し、又三雄とも謂ふ。

艦　歴　明治27・8年戰役從軍：同 27 年8月威海衞砲撃に參加、同 11 月大連港及び旅順口占領に從事、同 28 年2月威海衞總攻撃及同占領に從事、同 31 年3月海防艦三等に編入、同 33 年北清事變に從軍、同37・8年戰役從軍：同 38 年5月日本海々戰に參加(第七戰隊、艦長中佐矢代由德)、同 44 年4月1日除籍。

（備考）　尙ほ此の外に幕末に「高雄」なる運送船あり、同船は船材鐵、排水量1,191噸、明治2年英國に於て建造、原名「シンナンジング」、同7年 10 月 18 日購入、高雄丸と名けられ、同 13 年3月 25 日除籍。

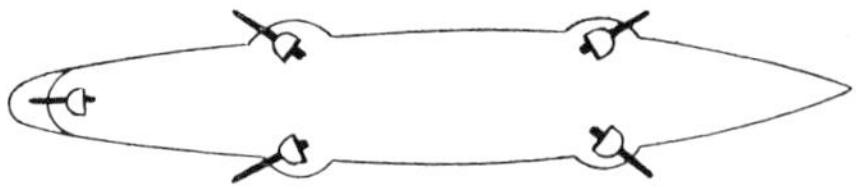

── 要　　目 ──

長	229 呎	兵　裝	15 拇克砲　4
幅	34 呎		12 拇克砲　1
吃　水	13 呎 2 吋		7,5 拇克砲　1
排水量	1,774 噸		機砲　4
機　關	横置二聯成汽機 2 基		發射管　2
	雙螺旋圓罐 5	起　工	明治 19-10-30
馬　力	3,000	進　水	同　21-10-15
速　力	15	竣　工	同　22-11-16
乘組人員	222	建造所	横須賀
船　材	鋼骨鐵皮		

赤　城（あかぎ）【初代】

艦種　砲艦　二檣「トップスル・スクーナー」

姉妹艦に愛宕・鳥海・摩耶あり。

艦名考　山名に採る、赤城山は上野國勢多郡の北方に在り、黒保根村上田澤より3里、敷島村深山より3里、宮城村市之關より3里、利根郡赤城根村日影南郷下水良より3里にして其山頂に達す、標高 6,247 尺、妙義・榛名と併稱して上毛の三名山の名あり。

艦歴　明治27・8年戰役に從軍: 同 27 年 8 月威海衞砲撃に参加、同 9 月黄海々戰に参加(艦長少佐坂本八郎太此の戰闘に戰死)、同 11 月大連港及び旅順口占領に從事、同 28 年 2 月威海衞總攻撃及び同地占領に從事、同 31 年 3 月二等砲艦に列す、同 33 年北清事變從軍: 同37・8年戰役には第二艦隊附屬特務艦として從軍(艦長中佐藤本秀四郎)、同 44 年 4 月 1 日除籍。

――要　目――

長	154呎	兵裝	12拇砲　4
幅	27呎		47粍砲　4
吃水	9呎8吋		30粍砲　2
排水量	622噸	起工	明治 19-7-20
機關	汽、雙螺旋	進水	同　21-8-7
馬力	963	竣工	同　23-8-25
速力	10	建造所	小野濱(兵庫)
乘組人員	111		
船材	鋼		

千代田（ちよだ）

艦種　巡洋艦　三檣(戰闘樓あり)

艦名考　前掲「千代田形」の項(P.11)參照。

艦歴　亡失艦畝傍代艦として建造せられたる艦にして明治14年4月11日本邦に到着。明治27•8年戰役從軍：同27年8月威海衞砲撃に、同9月黄海々戰に、同11月大連港及び旅順口占領に從事、同28年2月威海衞總攻撃及同地占領に從事、同3月澎湖島攻略及同島占領に從事、同31年3月三等巡洋艦に列す。同37•8年戰役に從軍(第六戰隊)：同37年2月9日仁川沖海戰に參加(艦長大佐村上格一)、同38年5月日本海々戰に參加(艦長大佐依仁親王殿下)、大正元年8月二等海防艦に編入。同3年乃至9年戰役に從軍：大正3年8月青島戰參加(艦長中佐島内桓太)、同8年12月第三艦隊に屬し南支那海方面警備、同10年水雷母艦に編入、同11年4月1日軍艦より除籍、特務艦となり、昭和2年2月28日特務艦籍より除かる。

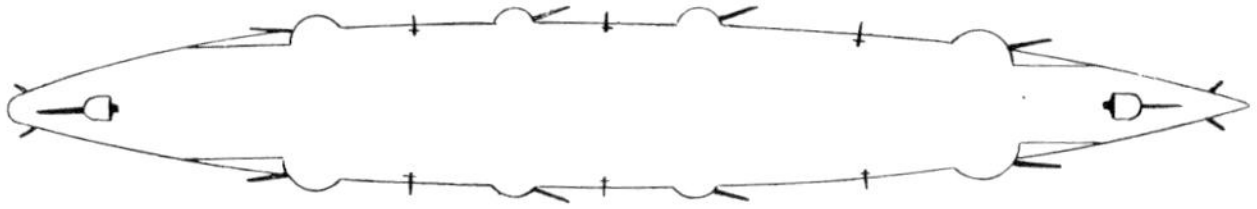

—— 要　　目 ——

長	308呎
幅	43呎
吃水	17呎
排水量	2,450噸
機關	三聯成汽機2基 雙螺旋ベルビル罐12
馬力	5,400
速力	19
乘組人員	350
船材	鋼

兵裝	12拇安式速射砲 10 47粍砲 14 機砲 3 發射管 3
起工	明治21-12-4
進水	同 23- 6-4
竣工	同 24- 1-1
建造所	英國グラスゴー トムソン會社

松　島（まつしま）

艦種　海防艦　一檣(戰闘樓あり)
姉妹艦に嚴島・橋立あり。

艦名考　名所の名にして日本三景の一なる陸前國松島に採る。

艦歴　明治 25 年 4 月佛國にて竣工、同年 7 月佛國出發、同 10 月佐世保到着。
明治27・8年戰役に從軍(聯合艦隊旗艦):同 27 年 8 月威海衛砲撃に、同 9 月黃海海戰に、同 11 月大連港及び旅順口占領に、同 28 年 2 月威海衛總攻撃及び同地占領に從事、同月澎湖島攻略及同島占領に從軍。同 31 年 3 月二等巡洋艦に列す、同37・8年戰役に從軍(第五戰隊):同 37 年 8 月黃海々戰に參加(艦長大佐川島令次郎)、同 37 年 5 月日本海々戰に參加(艦長大佐奥宮衛)、同 41 年 4 月 30 日練習航海の歸途馬公碇泊中爆沈(艦長大佐矢代由德以下死者多く、乘組候補生全部殉職)。

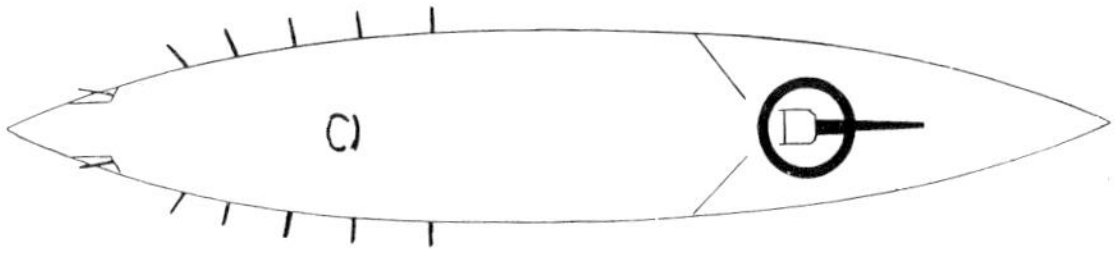

── 要　目 ──

長	302 呎	兵装	32 拇砲 1
幅	51 呎		12 拇砲 11
吃水	19.1 呎		41 粍砲 6
排水量	4,278 噸		37 粍砲 12
機關	横置直動六汽筩 雙螺旋、圓罐 6		發射管 4
馬力	5,400	起工	明治 21-2-17
速力	16	進水	同 23-1-22
乘組人員	350	竣工	同 24-4- 5
船材	鋼	建造所	佛國 F.E.シャンチェー社

嚴　　島 (いつくしま) 【初代】

艦　種　海防艦　一檣(戰闘樓あり)

艦名考　名所名にして、日本三景の一なる安藝國嚴島に採る。

艦　歴　明治24年9月佛國にて竣工、同年11月佛國出發、同25年5月品川灣到着、松島・橋立と姉妹艦なり。

明治27・8年戰役從軍: 同27年8月威海衛砲撃に參加、同9月17日黄海海戰に參加、同11月大連港及旅順口占領に從事、同28年2月7日威海衛總攻撃及同威海衛占領に從事、同3月澎湖島攻略及同占領に從事、同31年3月二等巡洋艦に列す、同37・8年戰役從軍(第五戰隊): 同37年8月10日黄海々戰に參加(艦長大佐成田勝郎)、同38年5月27日、日本海々戰に參加(片岡第三艦隊司令長官旗艦、艦長大佐土屋保)、大正元年8月二等海防艦に編入、同8年4月1日除籍。

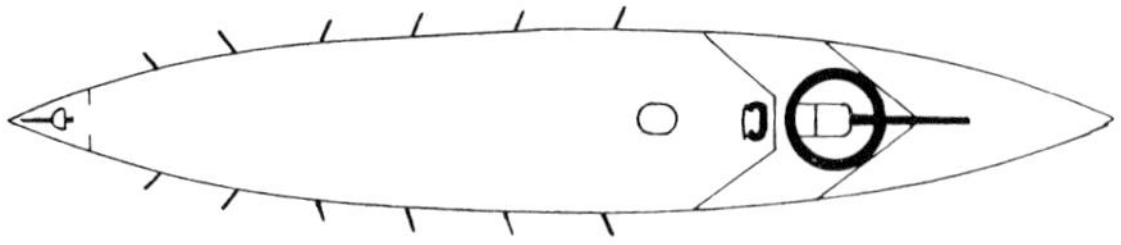

—— 要　　目 ——

長	302 呎
幅	51 呎
吃水	19.1 呎
排水量	4,278 噸
機關	横置直動六汽筒 雙螺旋、圓罐　6
馬力	5,400
速力	16
乗組人員	350
船材	鋼(砲塔300粍 防禦甲板40粍)

兵装	32拇砲　1 12拇砲　11 47粍砲　6 37粍砲　12 發射管　4
起工	明治21-1-7
進水	同　22-7-18
竣工	同　24-9-3
建造所	佛國F.E.シャンチェー社

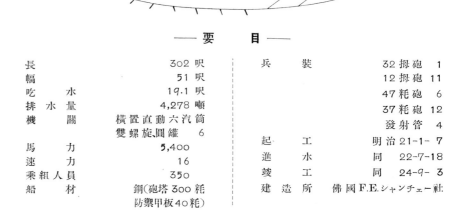

八重山 (やへやま) 【初代】

艦種　通報艦　二檣「スクーナー」

艦名考　島嶼名(琉球の八重山群島)に採る。

艦歷　船體は横須賀にて、機關は英國「ニューカッスル」市「ホーソルンレスリ」會社にて製造、當時最も快速なる軍艦なり。

(改裝後)

(改裝前)

明治27·8年戰役に從軍: 同27年6月大島混成旅團揚陸援護に、同7月豐島海戰々利品內地輸送に、同8月第五師團揚陸援護に、同11月大連港及旅順口占領に從事、同28年2月威海衞總攻擊及同占領に從事、同33年北清事變從軍、同37·8年戰役に從軍、同44年4月1日除籍。

―要　目―

長	315呎	兵裝	12拇砲　3
幅	24.5呎		47粍砲　2
吃水	17.5呎		37粍砲　6
排水量	1,600噸		發射管14吋(水上)　2
機關	三聯成汽機、雙螺旋	起工	明治20-6-7
	ニクロース罐6	進水	同　22-3-12
馬力	5,500	竣工	同　25-3-15
速力	20	建造所	横須賀
乘組人員	217		
船材	鋼		

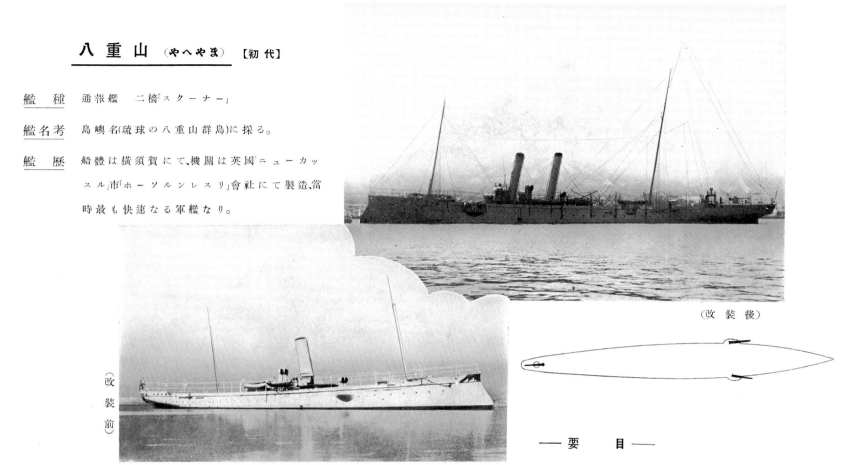

大　島（おほしま）

艦　種　砲艦　三檣「スクーナー」

艦名考　島嶼名にして伊豆國大島に採る、伊豆國賀茂郡の東、河津の正東 16 浬、相模灣の南に在り、古名伊豆島と云ふ、三原山と呼ばるる一坐の火山島なり。

艦　歴　明治27•8年戰役に從軍：同 27 年 8 月威海衞砲擊に參加、同 11 月大連灣水雷衞所及旅順口占領に從事、同 28 年 2 月威海衞總攻擊及同占領に從事、同 31 年 3 月(艦艇類別等級標準制定に由り)二等砲艦に列す。

明治37•8年戰役に從軍(第二艦隊)：同37年 5 月 17 日濃霧に會し、旅順口沖合にて赤城と衝突沈沒、乘員全部赤城に收容せらる(艦長中佐廣瀨勝比古)。

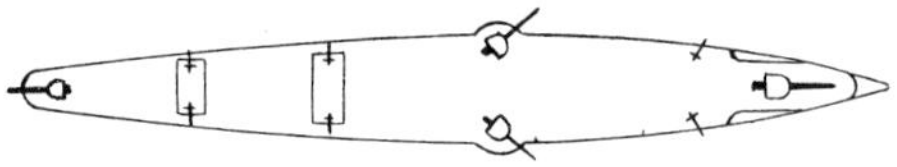

── 要　目 ──

長	177 呎	兵　裝	12 拇砲　4
幅	24 呎 4 吋		47 粍砲　2
吃　水	9 呎 1 吋		37 粍砲　6
排水量	630 噸	起　工	明治 22- 8-29
機　關	縱置、雙螺旋、圓罐 2	進　水	同　24-10-14
馬　力	1,200	竣　工	同　25- 3-31
速　力	13	建造所	小野濱(兵庫)
乘組人員	129		
船　材	鋼		

千島（ちしま）

艦種　砲艦　三檣「スクーナー」

艦名考　地名(北海道千島)に採る。

艦歴　明治25年4月1日佛國にて竣工、同月佛國出發、同年11月24日長崎着、同月30日愛媛縣堀江沖に於て英國商船ラベンナ號と衝突沈沒。

―要目―

長	233呎	兵裝	速射砲 11
幅	25呎6吋	起工	明治23- 1-29
吃水	9呎6吋	進水	同 23-11-26
排水量	750噸	竣工	同 25- 4-17
機關	汽、雙螺旋	建造所	佛國ロワールール社
馬力	5,000		
速力	22		
乘組人員	99		
船材	鋼		

橋　立（はしだて）

艦　種　海防艦　一橋(戰鬪樓あり)
明治 21 年8月6日横須賀に於て起工、嚴島•松島と姉妹艦。

艦名考　名所の名にして、日本三景の一なる丹後國天橋立に採る。

艦　歷　明治27•8年戰役に從軍：同27年8月威海衞砲擊に、9月黃海々戰に、同 11 月大連港及旅順口占領に從事、同 28 年2月威海衞總攻擊及同地占領に從事、同年3月澎湖島攻略及ひ同地占領に從事、同31年3月二等巡洋艦に列す、同37•8年戰役に從軍(第五戰隊)：同 37 年8月黃海々戰に參加(艦長大佐加藤定吉、第三艦隊司令官少將山田彥八乘艦)、同 38 年 5 月日本海々戰に參加(艦長大佐福井正義、司令官少將武富邦鼎)、大正元年8月二等海防艦に編入、同11年4月1日軍艦籍より除き雜役船に編入。同 14 年 12 月25 日廢船。

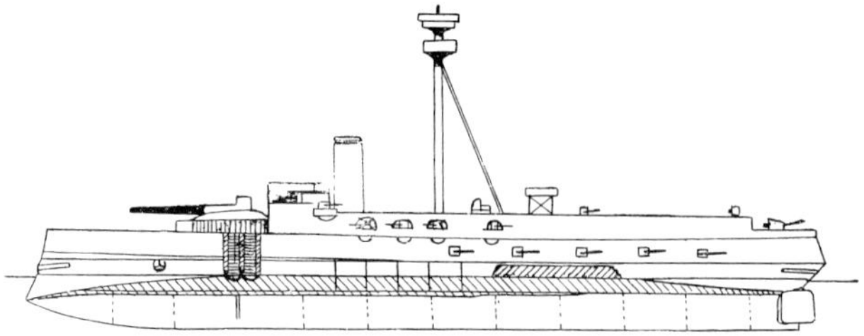

―― 要　　目 ――

長	295 呎	兵　裝	32 拇砲　1
幅	5.05 呎		12 拇砲　11
吃　水	21.25 呎		47 粍砲　6
排水量	4,277 噸		37 粍砲　12
機　關	三聯成汽機2基		發射管(上水)　4
馬　力	5,400	起　工	明治 21-8- 6
速　力	16	進　水	同　24-3-24
乘組人員	360	竣　工	同　27-6-26
船　材	鋼	建造所	横須賀

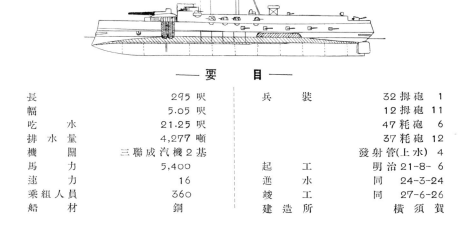

吉　　野（よしの）

艦　種　巡洋艦　二橋(戰鬪樓あり)

艦名考　山名に採る、吉野山は大和國吉野郡吉野村に在り、吉野川の南、金峰山の下、夾地に據り一郷邑を爲す、吉野山とは此山地の總稱なり。

艦　歴　明治 26 年 9 月 30 日英國に於て竣工、同年 10 月英國出發、同 27 年 3 月呉到着。同 27･8 年戰役從軍: 同 27 年 7 月 25 日豐島海戰に參加(艦長大佐河原要一、第一游擊隊旗艦司官少將坪井航三)、同 8 月威海衞砲擊に參加、同 9 月 17 日黃海々戰に參加、同 11 月大連及び旅順口占領に從事、同 28 年 2 月威海衞總攻擊及び同地占領に從事、同 31 年 3 月二等巡洋艦に列す。同 33 年北淸國事變從軍: 同 37･8 年戰役に從軍(第三戰隊): 同年 5 月 15 日旗艦千歲(出羽第三戰隊司令官座乘)吉野･春日･八雲･富士と編隊航行中、深夜遽然濃霧に遭遇し、變針の際後續艦春日に衝かれ沈沒、艦長大佐佐伯閪、副長少佐廣瀨顯一其の他准士官以上 30 名、下士卒 284 名、傭人 3 名殉難。

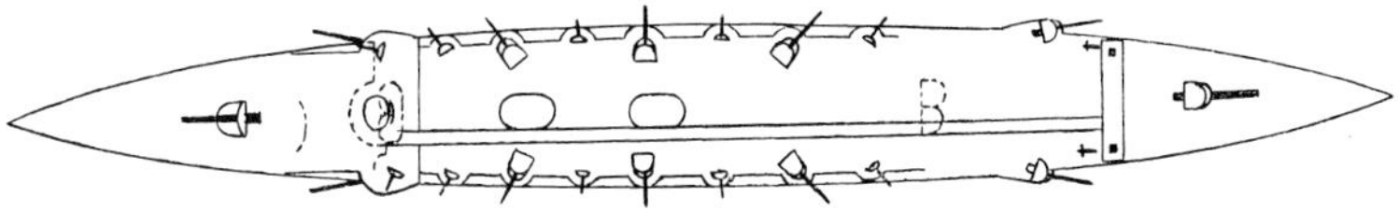

── 要　　目 ──

長	350 呎	兵　裝	15 拇安砲　4
幅	46.5 呎		12 拇安砲　8
吃　水	20 呎		47 粍砲　22
排水量	4,160 噸		發射管　5
機　關	縱置汽關雙螺	起　工	明治 25- 3- 1
	旋高圓罐　12	進　水	同　25-12-20
馬　力	15,000	竣　工	同　26- 9-30
速　力	23	建造所	英國エルスウィック安社
乘組人員	385		
船　材	鋼		

秋津洲（あきつしま）

艦種　巡洋艦　二檣(戰鬪檣あり)

艦名考　秋津洲は日本國の別稱なり。

艦歴　明治27•8年戰役從軍：同27年7月25日豐島海戰に參加、同8月威海衞砲擊に參加、同9月黃海々戰に參加、同11月大連港及旅順口占領に從事、同28年2月威海衞總攻擊及同地占領に從事、同3月澎湖島攻略及び同地占領に從事、同31年3月三等巡洋艦に列す。同33年清北事變從軍、同37•8年戰役に從軍(第六戰隊)：同37年8月黃海々戰に參加(艦長中佐山屋他人)、同38年5月27日日本海々戰に參加(艦長大佐廣瀨勝比古)、大正元年8月二等海防艦に編入、同3年乃至9年戰役に從軍：同3年8月靑島戰に參加(艦長中佐加藤壯太郎)、同3年12月第三艦隊に屬し、南支那海方面の警備に從事、同10年4月30日軍艦籍より除き特務艇に編入。

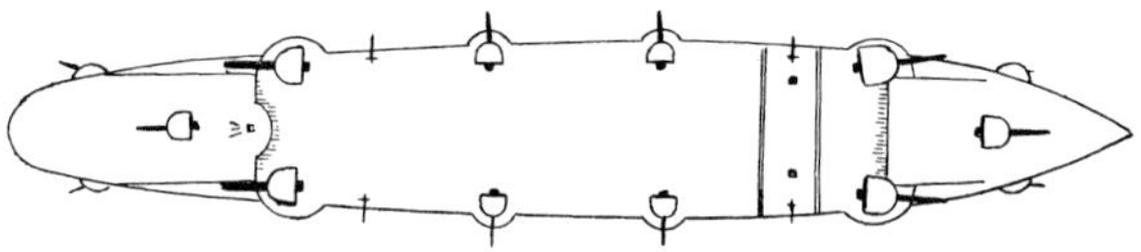

── 要　目 ──

長	302呎	兵裝	6吋砲　4
幅	43呎		4.7吋砲　6
吃水	18.5呎		30听砲　10
排水量	3,150噸		發射管14吋　4
機關	直立三聯成汽機2基	起工	明治23-3-15
	雙螺、宮原式罐8臺	進水	同　25-7-7
馬力	8,400	竣工	同　27-3-31
速力	19	建造所	横須賀
乘組人員	330		
船材	鋼		

龍　田（たつた）〔初代〕

艦種　水雷母艦　二檣「スクーナー」

艦名考　川名に採る、龍田川は大和國生駒川の下流にして、龍田村の西を過ぎ大川に會し大和川と爲る、古來多く詠歌の題目たり。

艦歴　明治27年7月31日英國安社に於て竣工、同日英國出發、同年8月1日、日清兩國の宣戰布告あり、英國は局外中立を布告したるの故を以て8月28日「アデン」に於て其の抑留する所となり、翌28年1月20日解放せられ、3月19日横須賀軍港に到着、日清戰役の末期のみ従軍、同31年3月通報艦に編入。同33年北清事變に従軍、同37・8年戰役に従軍(第三戰隊、艦長中佐釜屋忠道)：同38年5月27日日本海々戰に參加(第一戰隊、艦長中佐山縣文藏)、大正元年8月一等砲艦に編入、同5年4月1日除籍。

改装後

改装前

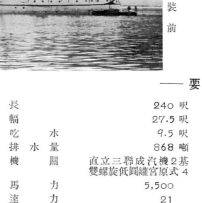

―要　目―

長	240 呎	兵装	12拇速射砲 2
幅	27.5 呎		47粍砲 4
吃水	9.5 呎		發射管(水上) 5
排水量	868 噸	起工	明治26-4-7
機關	直立三聯成汽機2基 雙螺旋低圓罐宮原式4	進水	同 27-4-6
馬力	5,500	竣工	同 27-7-31
速力	21	建造所	英國エルスウィック安社
乗組人員	107		
船材	鋼		

和　泉（いづみ）

艦種　巡洋艦　二檣(戰闘樓あり)

艦名考　國名にして畿內五箇國の一に採る。

艦歷　明治16年進水、同17年7月英國に於て竣工したる南米智利國軍艦「エスメラルダ」にして、各國軍艦中、防禦甲板を有する巡洋艦の初めなり。同27年11月15日帝國政府之を購入、同28年1月8日「和泉」と命名し、同年2月5日橫須賀到着。同27·8年戰役末期に從軍: 同31年3月三等巡洋艦に列す、同37·8年戰役に從軍: 同37年8月黃海々戰に參加(第六戰隊、艦長中佐池中小次郎)、同38年5月日本海々戰に參加、同27日哨戒任務中、信濃丸と共に逸早く敵艦隊を發見し、之と接觸を保ち其の陣形等を報告し、5月27日の海戰に偉勳を奏す(艦長大佐石田一郎)。同45年4月1日除籍。

(備考)　「和泉」なる軍艦以前存せり。明治元年6月高知藩が外人より購入したる汽船にして製造場所及竣工年月、原名等不詳なり。
明治2年7月に至り久留米藩に管せしむ、其後の經歷詳ならず。

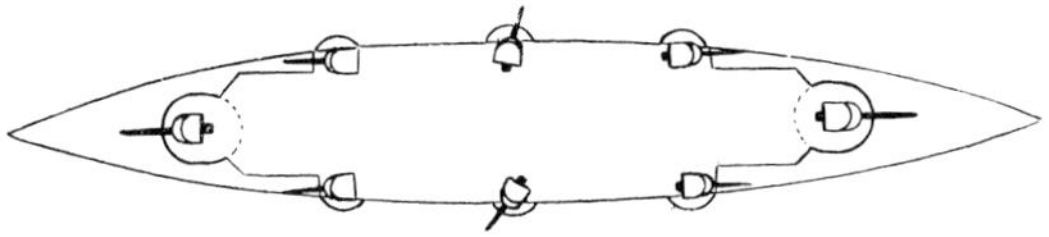

── 要　　目 ──

長	270 呎	兵　裝	10吋安式砲　2
幅	40 呎		12拇砲　6
吃　水	18 5 呎		47粍砲　8
排水量	2,950 噸		機砲　6
機　關	横置二聯成汽機2基 ニクローズ罐	起　工	
馬　力	5,576	進　水	明治16(1883)
速　力	17	竣　工	同　17-7
乘組人員	300	建造所	英國エルスウィック安社
船　材	鋼		

操　江（さうかう）

艦種　砲艦　二檣「スクーナー」

艦名考　操江は成語とすれば「江」を守護するの意味ならんか、或は又斯かる地名ありて、それに據れるものか、詳かならず。

艦歴　此艦は元清國北洋水師に屬せしものなり、日清戰役中、明治27年7月25日豐島沖の海戰に於て、日本海軍之を捕獲、同年9月12日帝國軍艦と定む、同27・8年戰役從軍：同31年3月二等砲艦に列す。同36年10月26日除籍、内務省に交付、神戸繫泊檢疫船となる。

―要　目―

長	156呎	兵裝	8拇克式砲 2
幅	28呎		47粍(速)砲 1
吃水			機砲 2
排水量	610噸	起工	
機關	汽、螺旋	進水	
馬力	115	竣工	
速力	9	建造所	清國
乘組人員			
船材	木		

豐　　橋（とよはし）

艦種　水雷母艦

艦名考　三河國豐橋に採れるものか、斯種の船にして駒橋・猿橋など命名せられたるものあり、或は單に橋の字を配するの便に從へるならん乎、詳ならず。

艦歷　明治21年12月英國「ロンドン・エンド・グラスゴー」社に於て進水、同27年9月購入「豐橋丸」と號す、同30年12月1日軍艦と定め「豐橋」と命名す、同31年3月水雷母艦に編入、同33年北清事變に從軍、同37・8年戰役に從軍、大正3年4月1日除籍。

――要　　目――

長	343呎	兵裝	12拇速射砲　2
幅	40呎		47粍砲　6
吃水	16呎7吋		機砲　2
排水量	4,120噸	起工	
機關	汽、雙螺旋	進水	明治21-12
馬力	2.121	竣工	
速力	12.5	建造所	英國
乘組人員	206		
船材	鋼		

鎭　邊（ちんぺん）

鎭　中（ちんちゆう）

鎭　東（ちんとう）

鎭　西（ちんせい）

鎭　南（ちんなん）

鎭　北（ちんぽく）

艦種　砲艦　二檣「バーク」

艦名考　上記諸艦は何れも「鎭」の字を冠し、之に東・西・南・北・中・邊の字を配して艦名とす、蓋し東西南北中邊を鎭するの義ならん。

艦歴　上記六隻は凡て元清國北洋水師所屬として日清戰役に從軍せる小型砲艦なり明治28年2月17日威海衞に於て戰利艦として日本海軍に收容、同年3月16日帝國軍艦と定む。同31年3月三等砲艦に列す、同36年8月21日除籍、同39年6月乃至8月左の通り處分す。

鎭邊　水雷標的とし吳水雷團に交付

鎭中　司法省に交付

鎭東　賣却

鎭西　賣却

鎭南　雜役船とし佐世保海兵團に交付

鎭北　水雷標的とし吳水雷團に交付

――要　目――

長	127呎	兵裝	11吋安式砲　1
幅	29呎		12斤安式砲　2
吃水			機砲　4
排水量	420噸	起工	
機關	斜動機關2基、雙螺旋	進水	明治12
馬力	400	竣工	
速力	10	建造所	英國安社
乘組人員			
船材	鋼		

鎮　遠（ちんゑん）

艦　種　甲鐵砲塔艦　二檣(戰闘樓あり)

艦名考　鎮は押へしづむること又守り安んずることなり、即ち鎮遠は遠方を鎮むるの義に採れるもの歟、或は鎮ずること遠しとせば遠方までも鎮むるの意に解せられ其義も廣くなるべき乎。元來清國北洋水師所屬艦船名を見るに鎮遠•定遠を始め、主要艦として來遠•靖遠•濟遠•平遠•經遠•致遠•威遠等あり、是等の艦名は皆な遠方を經營するの意に因めるものの如し。

艦　歴　此艦は清國北洋水師に屬し、明治27•8年日清戰役に從へる清國の大甲鐵艦にして、其の姉妹艦なる定遠と共に當時東洋に於ける最優秀艦を以て稱揚せられたるものなり。日清戰役中、同28年2月17日威海衞に於て戰利艦として日本海軍に收容、同年3月16日帝國軍艦と定む。同31年3月二等戰艦に列す。同33年北清事變に從軍、同37.8年戰役從軍：同38年5月日本海々戰に參加(第五戰隊、艦長海軍大佐今井兼昌)同38年12月一等海防艦に編入、同44年4月1日除籍。

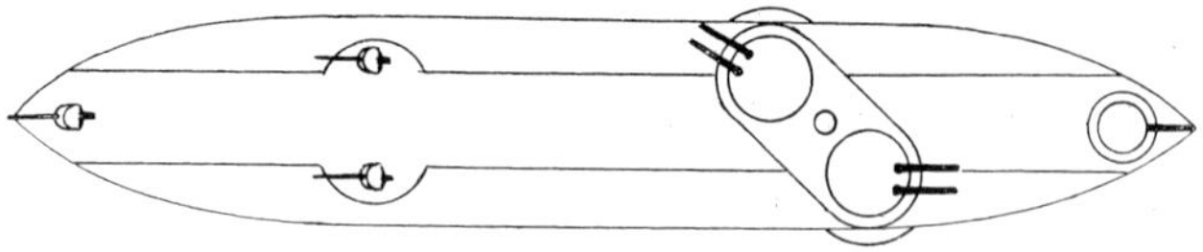

―要　目―

長	299 呎	兵　裝	30 拇砲　4
幅	60 呎		15 拇砲　4
吃　水	20 呎		47 粍砲　10
排水量	7,220 噸		37 粍砲　2
			發射管　5
機　關	横置三汽筩二聯成汽機2基　圓罐	起　工	
		進　水	明治14
馬　力	6,000	竣　工	
速　力	14.5	建造所	獨逸ステッチン
乘組人員	407		
船　材	鋼(甲帶356～250粍)		

濟　　遠（さいゑん）

艦種　巡洋艦　一檣(戰闘樓あり)

艦名考　濟は救ふこと、又整ふること、其の選名の因る所、前揭「鎭遠」の項參照。

艦歷　日清戰役中明治28年2月17日威海衞に於て戰利艦として日本海軍に收容、同年3月16日帝國軍艦と定む。同31年3月三等海防艦に編入、同37・8年戰役に從軍(第七戰隊)：同37年11月30日、陸軍の掩護砲擊行動中、雙島灣外に於て敵機械水雷に觸れ沈沒。艦長中佐但馬惟孝及び准士官以上6名、下士卒31名殉難。

—— 要　　目 ——

長	263 呎	兵裝	8.2吋砲 2
幅	34 呎		6吋砲 1
吃水	17.5 呎		3听砲 4
排水量	2,440 噸		發射管(水上) 4
機關	雙螺旋	起工	明治19(1886)
馬力	2,800	進水	
速力	15	竣工	
乘組人員	200	建造所	獨逸ステッチン
船材	鋼		

平　　遠 (へいゑん)

艦　種　甲裝砲艦　一檣

艦名考　平は正すなり、治むるなり、タイラカ又たヒラギと訓ず、其の選名の因る所前掲「鎭遠」の項參照。

艦　歴　日清戰役中、明治 28 年2月 17 日威海衞に於て戰利艦として日本海軍に收容、同年3月 16 日帝國軍艦と定む。同 31 年3月一等砲艦に列す。同 37•8 年戰役從軍(第七戰隊): 同 37 年9月 18 日哨戒任務中浮流水雷に觸れ沈沒。艦長中佐淺羽金三郎外 196 名殉難、救助せられしもの僅かに下士卒4名。

―― 要　　目 ――

長	200 呎
幅	39 呎
吃水	18.5 呎
排水量	2,150 噸
機關	三聯成汽機2基、圓罐
馬力	2,400
速力	11
乘組人員	200
船材	鋼(裝甲帶 200 粍)

兵裝	26 拇克砲	1
	12 拇(速)砲	4
	47 粍砲	3
	37 粍砲	2
	機砲	6
	發射管	4
起工		
進水	明治 23(1890)	
竣工		
建造所	清國福州	

廣　丙（くわうへい）

艦種　巡洋艦　三檣「バーク」

艦名考　清國廣東水師所屬の艦船名を檢するに、廣東の頭字「廣」の字を冠し、之に甲乙丙丁戊己庚辛等の字を配して其名と爲せるものあり、此艦は其の中の一なり、選名の因る所以を知るべし。

艦歴　此艦は元清國廣東水師所屬にして、日清戰役の時には北洋水師と共に從軍せり。明治28年2月17日威海衞に於て戰利艦として日本海軍に收容、同年3月16日帝國軍艦と定む、明治28年12月21日澎湖島南岸に於て觸礁沈沒。

―要　目―

長	264呎	兵装	12拇克式砲　3
幅	26呎4吋		57粍(速)砲　4
吃水	11呎6吋		機砲　4
排水量	1,335噸		發射管　4
機關	横置複式機關 雙螺旋、圓罐	起工	
馬力	2,400	進水	明治24-4
速力	17	竣工	
乘組人員	100	建造所	清國福州
船材	鋼		

第一·二·三·四號水雷艇 〔四 隻〕

明治27·8年戰役從軍(横須賀軍港警備)、明治32年5月除籍。

—— 要 目 ——

長	96′-6″	馬力	430
幅	12′-6″	速力	17.0
吃水	3′-1″	乘組人員	
排水量	40噸	船材	鋼
機關	二回膨脹聯成機 單螺旋、圓罐 1	兵装	機關砲 1 發射管 1

	起工	進水	竣工	建造所
第一號	明治13-7-3	明治13-11-16	明治14-5-2	英國ヤーロー社(横須賀組立)
第二號	同 14-2-19	同 17-1-25	同 17-2-26	同
第三號	同 14-2-19	同 17-2-6	同 17-10-10	同
第四號	同 14-2-19	同 17-2-6	同 17-10-10	同

第五號乃至二十號水雷艇 〔十六隻〕

艦　　歴

第五號	明治27・8年日清戰役從軍	威海衞强襲及占領に參加	明治40年除籍
第六號	同	同	同
第七號	同	同　大連・旅順占領に參加	同
第八號	同	同　同	同
第九號	同	同　同	明治41年除籍
第十號	同	同　同	同
第十一號	同	同　同	同
第十二號	同	同　同	同
第十三號	同	同　同	同
第十四號	同	同　同	同
第十五號	同	澎湖島攻略に參加	同
第十六號	同	同	明治28年5月沈沒
第十七號	同	同	明治43年除籍
第十八號	同	威海衞攻略に參加	同
第十九號	同	同	同
第二十號	同	澎湖島攻略に參加	同

── 要　目 ──

長	110′- 9″
幅	11′- 0″
吃水	2′-11″
排水量	54噸
機關	二回膨脹聯成機
	單螺旋、汽罐 1
馬力	525
速力	20
乘組人員	
船材	鋼
兵裝	47粍砲 1
	發射管 2

	起工	進水	竣工	建造所
第五號	明治23	明治23-11-20	明治25- 3-26	佛國クルーソー社(小野濱組立)
第六號		同　23-11-20	同　25- 3-26	同
第七號		同　24- 3-24	同　25- 4- 2	同
第八號		同　24- 3-26	同　25- 4- 7	同
第九號		同　24- 9-25	同　25- 4-11	同
第十號		同　24- 9-29	同　25- 4-17	小野濱建造(吳造船所支部となる)
第十一號		同　24-10- 3	同　27- 3-31	同
第十二號		同　24-10-14	同　26-10-11	同
第十三號		同　25- 3- 1	同　26-10-11	同
第十四號		同　25- 3- 4	同　26-10-18	同
第十五號		同　25- 5-14	同　26-11- 1	佛國ノルマン社吳造船支部(小野濱組立)
第十六號		同　25- 5-11	同　26-11-29	同
第十七號		同　25- 8- 6	同　26-11-29	同
第十八號		同　25- 8- 9	同　26-11- 1	同
第十九號		同　25-11- 7	同　27- 2-27	同
第二十號		同　25-11- 4	同　27- 2-18	同

第二十二號水雷艇

明治27•8年戰役に從軍(第一水雷艇隊): 同27年8月威海衞襲擊に參加、同 11 月大連港及び旅順口占領に從事、同 28 年2月威海衞强襲及び占領に從事、本戰役にて破壞。

第二十三號水雷艇

明治27•8年戰役從軍(第一水雷艇隊): 同 27 年8月威海衞襲擊に參加、同 11 月大連港及び旅順口占領に從事、同 28 年2月威海衞强襲及び占領に從事、同 31 年北海道にて坐礁沈沒。

第二十五號水雷艇

明治27•8年戰役從軍(第四水雷艇隊): 同 28 年3月澎湖島攻略に參加、同37•8年戰役從軍(第五艇隊、艇長大尉神代護次)。

第六十號水雷艇

明治37•8年戰役從軍(第十八艇隊)、同 38 年5月27日、日本海々戰に參加(艇長大尉岸科政雄)、大正4年4月除籍。

第六十一號水雷艇

明治37•8年戰役に從軍(第十八艇隊): 同 38 年5月 25 日、日本海々戰に參加(艇長大尉宮村暦造)、大正4年4月除籍。

―― 要　目 ――

長	127′-11″	馬力	1,200
幅	15′- 9″	速力	18
吃水	3′- 5″	乗組人員	
排水量	85 噸	船材	鋼
機關	三回膨脹聯成機 1	兵裝	47粍砲 2
	單螺旋		發射管 3

	起工	進水	竣工	建造所
第二十二號		明治25- 3-15	明治26- 8- 5	獨逸シーショー社(小野濱組立)
第二十三號		同 25-12-22	同 26- 8- 5	同
第二十五號		同 27-11-28	同 28- 8-28	同
第六十號	明治32-7-1	同 34- 6- 9	同 34-10-20	獨逸シーショー社(呉組立)
第六十一號	同 32-7-1	同 34- 6-15	同 34-12-16	同(川崎造船所組立)

第二十一號水雷艇

明治27•8年戰役從軍：同 28 年2月威海衞强襲及び占領に從軍。

第二十四號水雷艇

明治27•8年戰役從軍(第四水雷艦隊)；同 28 年 3 月澎湖島攻略に參加。

—要　目—

長	118′-1″	速力	20
幅	13′-2″	乘組人員	
吃水	3′-11″	船材	鋼
排水量	80 噸	兵裝	47粍砲 1
機關	三回膨脹聯成機單螺旋		發射管 2
馬力	1,150		

	起工	進水	竣工	建造所
第二十一號	—	明治27- 2- 5	明治27-6-27	佛ノルマン社(小野濱組立)
第二十四號	—	同 27-10-15	同 28-1-25	同

第二十六號水雷艇

〔日清戰役戰利品〕

明治37•8年戰役從軍(第五艇隊、艇長大尉田中吉太郎): 同 41 年除籍。

―― 要　目 ――

長	110′‐ 8″	兵　装	一听速射砲 2
幅	13′‐ 5″		發射管 2
吃　水	4′‐ 0″	起　工	
排水量	65 噸	進　水	明治27
機　關		竣　工	
馬　力	338	建造所	獨バルカン社
速　力	14		
乘組人員			
船　材	鋼		

第二十七號水雷艇

〔日清戰役戰利品〕

明治37・8年戰役從軍(第五艇隊、艇長大尉中山友次郎); 同 41 年除籍。

── 要　　目 ──

長	114′- 4″	兵　　裝	一听速射砲 2
幅	14′- 1″		發射管 2
吃　　水	5′-10″	起　　工	
排水量	65 噸	進　　水	明治27
機　　關		竣　　工	
馬　　力	443	建造所	獨　逸
速　　力	16		
乘組人員			
船　　材	鋼		

第二十八號水雷艇

舊清國鎭遠の艦載水雷艇、明治27・8年日淸戰役に於て威海衞占領後劉公島附近に沈沒せるを引揚げ、同28年10月帝國水雷艇と定む。同34年5月除籍。

第二十九號水雷艇

大正5年7月1日除籍。

第三十號水雷艇

大正2年4月1日除籍。

―― 要　目 ――

長	19′-8″	兵　裝	
幅	2′-7″	起　工	
吃　水	1′-2″	進　水	
排水量(噸)	15	竣　工	
機　關		建造所	
馬　力	90		
速　力	11		
乘組人員			
船　材			

―― 要　目 ――

長	121′-4″	馬　力	2,000
幅	13′-9″	速　力	26
吃　水	4′-0″	乘組人員	21
排水量	89 噸	船　材	
機　關	三回膨脹聯成機、單螺旋	兵　裝	47粍砲 1 發射管 3

	起工	進水	竣工	建造所
第二十九號	明治32-3-7	明治32-7-11	明治33-3-23	佛ノルマン社(呉組立)
第三十號	明治32-3-10	明治32-7-12	明治33-3-30	佛ノルマン社(呉組立)

水雷艇福龍

〔日清役戰利品〕

明治37・8年戰役從軍(第五艇隊、司令兼艇長少佐小川水路): 同41年3月除籍。

(改造前)

(改造後)

――要　目――

長	140′-3″	兵装	砲 2
幅	16′-5″		發射管 4
吃水	3′-11″	起工	
排水量	115 噸	進水	明治18
機關		竣工	
馬力	1,016	建造所	獨逸シーショー社
速力	20		
乗組人員	鋼		
船材			

水雷艇小鷹

明治27•8年戰役に從軍(第一水雷艇隊): 同27年8月威海衞襲撃に參加、同11月大連港及旅順口占領に從事、同28年2月威海衞强襲及占領に從事、同37•8年戰役從軍: 同41年4月1日除籍。

―― 要　目 ――

長	165′-0″	兵裝	速射砲 2
幅	19′-0″		機砲 2
吃水	5′-6″		發射管 4
排水量	203 噸	起工	明治 19- 9- 7
機關	二回膨脹聯成機 2	進水	同 20- 1-21
	雙螺旋、圓罐 2	竣工	同 21-10-10
馬力	1,217	建造所	英國ヤーロー社
速力	19		
乗組人員			
船材	鋼		

日清戰役以降日露戰役迄の

艦艇

須　磨（す　ま）

艦　種　三等巡洋艦　(二檣)

艦名考　名所名に採る、須磨は攝津國武庫郡に屬し、山陽驛路の一邑にして山碧沙明太だ景勝の地たり。

（改　造　前）

艦　歴　明治 31 年 3 月巡洋艦三等に列す、同 33 年北清事變に從軍、同 37・8 年戰役に從軍(第六戰隊)：同 37 年 8 月 10 日黄海々戰に參加(艦長大佐土屋保)、同 38 年 5 月 27 日日本海々戰に參加(艦長栃内曾次郎、第六戰隊司令官少將東郷正路の旗艦)、大正 3 年乃至 9 年戰役に從軍：同 6 年 2 月第一特務艦隊に屬して南支那海印度洋方面の警備に任ず(艦長大佐安村介一及同名古屋爲毅)、同 6 年 12 月第三特務艦隊の解散により同隊の警備區域たる濠洲・新西蘭方面の警備を繼承す、同 12 年 4 月 1 日除籍。

（改造後）

——要　目——

長	307 呎	兵　装	15 拇砲　2
幅	40 呎		12 拇砲　6
吃　水	15 呎		47 粍砲　12
排水量	2,657 噸		機砲　4
機　關	直立三聯成汽機 2 基		發射管　2
	宮原式罐 4 臺	起　工	明治 25- 8-6
馬　力	8,500	進　水	同　28- 3-9
速　力	20	竣　工	同　29-12-2
乗組人員	275	建造所	横須賀
船　材	鋼		

富　士（ふ　じ）

艦　種　戰艦　二檣(戰鬪樓あり)

艦名考　初代「富士山」の項(P. 8)參照。

艦　歴　戰艦富士は姉妹艦八島及び通報艦宮古と共に明治26年度に計畫せられたる艦なり。此三艦建造費は第二帝國議會に於て否決せられたるを以て、皇室費の内より支出し給へる年額30萬圓及び官吏俸給の10分の1を此軍艦製造に充て、實際は同25年より其の製造に着手し、次の議會に之が協贊を得て中途より國庫の支辨となりたる由來あり。

明治30年6月14日領收、英國女皇陛下御卽位60年祝典觀艦式に日本代表艦として參列、同年8月17日竣工、同日英國出發、同10月31日横須賀到着。

同31年3月一等戰艦に列す。同37・8年戰役に從軍(第一艦隊第一戰隊、艦長大佐松本和): 同37年8月黄海々戰參加、同38年5月日本海々戰參加、同38年12月戰艦の等級を廢せらる。大正元年8月一等海防艦に編入、同3年乃至9年戰役に從軍: 同11年9月1日軍艦籍より除き、特務艦とし、同年12月1日運用術練習特務艦とし、現在に至る。

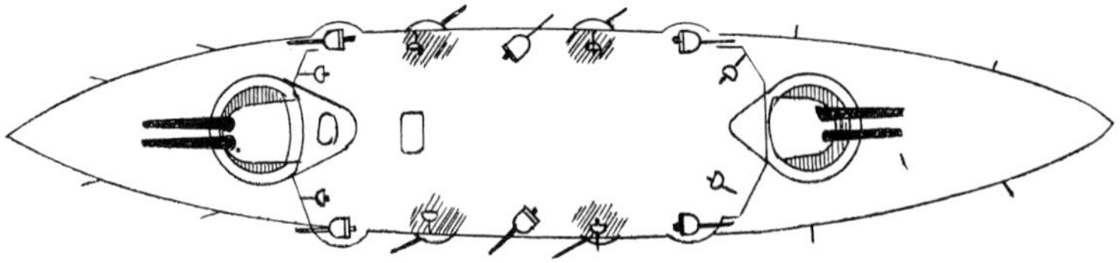

―― 要　目 ――

長	374呎	兵裝	12吋安式砲 4
幅	73呎		6吋安式砲 10
吃水	26呎		12听安式砲 16
排水量	12,300噸		2.5听安安砲 4
機關	四汽筩直立三聯成汽機2基、圓罐		發射管 5
馬力	13,500	起工	明治27-8-1
速力	18.25	進水	同 29-3-31
乘組人員	600	竣工	同 30-8-17
船材	ハーベイ鋼(甲鐵帶457粍)	建造所	英國テームス

八　島（やしま）

艦　種　戰艦　二檣(戰闘樓あり)

艦名考　八島は日本國の總稱なり、古事記に伊邪那岐命、伊邪那美命御合、生子御淡道《あはぢ》之穂之狭別島《さわけのしま》(今の淡路島)次生伊豫之二名《ふたな》(今の四國)次生隱岐之三子島、次生筑紫島(今の九州)次生伊岐之島、次生津島、次生佐渡島次生大倭豊《おほやまととよ》秋津島《あきつしま》(今の本州)故因此八島先所生、謂大八島國《おほやしまのくに》とあり。

艦　歴　明治30年9月9日英國にて竣工、同年同月15日英國出發、同年11月30日横須賀到着、前記「富士」と姉妹艦なり。同31年3月一等戰艦に列す、第一艦隊第一戰隊として日露戰役に從軍中、同37年5月15日旅順港外に於て敵の機械水雷に觸れ沈沒、乘員無事(艦長大佐坂本一)。

──要　目──

長	372呎	兵　裝	12吋安式砲　4
幅	74呎		15拇砲　10
吃　水	26呎		47粍(速)砲　24
排水量	12,517噸		發射管　5
機　關	直立三段膨脹2基、圓罐	起　工	明治27-12-28
馬　力	13,600	進　水	同　29-2-28
速　力	18	竣　工	同　30-9-9
乘組人員	741	建造所	英國安社
船　材	ハーベイ鋼(甲鐵帶457粍)		

高　砂（たかさご）

艦　種　二等巡洋艦　二檣(戰鬪樓あり)

艦名考　名所の名にして播磨國加古郡加古川口の高砂浦に採る、此地古來船の泊場にして景勝を以て著はる。又本邦人往時より臺灣を呼んで高砂と稱せしことあるも、此の艦名は前記播磨の高砂に因めるものなり。

艦　歴　明治31年5月17日英國にて竣工、同月25日英國出發、8月14日横須賀到着、同33年北清事變に從軍、同35年6月、淺間と共に英國皇帝陛下の戴冠式に參列(司令官少將伊集院五郎)、同37•8年戰役從軍(第三戰隊): 同37年12月、黄海々戰に參加(艦長大佐石橋甫)、同37年12月、旅順口外哨區行動中、同月13日機械水雷に觸れ沈沒、副長中佐中山鋌次郎外准士官以上22名、下士卒傭人251名殉難。

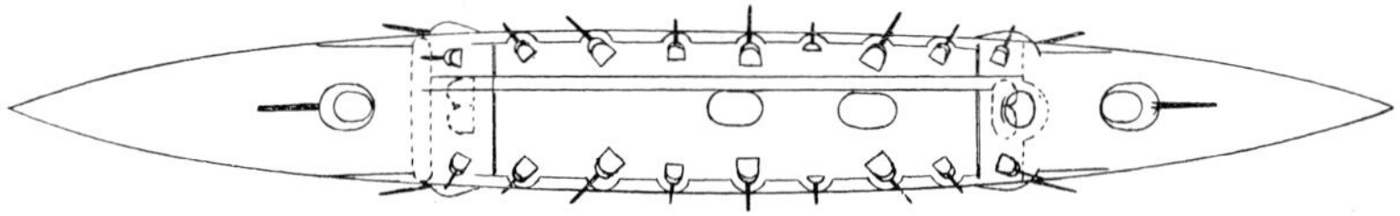

——要　　目——

長	360呎	兵　装	8吋砲　2
幅	47呎		12拇砲　10
吃　水	17呎		12听砲　12
排水量	4,160噸		47粍砲　6
機　關	直立三段膨張式 2臺　圓罐雙螺		發射管　5
馬　力	15,900	起　工	明治29-5-29
速　力	22.5	進　水	同　30-5-17
乗組人員	400	竣　工	同　31-5-17
船　材	鋼	建造所	英國エルスウィック安社

笠　置（かさぎ）

艦　種　二等巡洋艦　二檣(戰闘樓あり)

千歳と姉妹艦なり。

艦名考　山名に採る、笠置山は山城國相樂郡泉河の南岸に在り、勢險にして氣雄なり。笠置は古名「鹿鷺」とも云へり、山上に笠置寺あり、元弘の亂に、後醍醐天皇此處に行在し給へることあり、今尙ほ其城址を尋ぬるを得べし、古蹟を以て著はる。

艦　歷　明治 31 年 10 月 42 日米國にて竣工、同 32 年5月16日横須賀到着。同 33 年北淸事變に從軍、同37•8年戰役に從軍(第三戰隊司令官少將出羽重遠旗艦：同37年8月黄海々戰に參加(艦長大佐井手麟六)、同 38 年5月日本海々戰に參加(司令官中將出羽重遠旗艦、艦長大佐山屋他人)、大正3年乃至9年戰役に從軍：同5年7月 20 日津輕海峽に於て坐礁破壞、同年 11 月5日除籍。

――要　目――

長	375 呎	兵　裝	8吋砲　2
幅	49 呎		4.7吋砲 12
吃　水	19 呎		12听砲 12
排水量	4,862 噸		2.5听砲　6
機　關	直立三聯成汽機2臺 圓罐12臺		發射管　5
馬　力	15,500	起　工	明治30- 2-13
速　力	22.5	進　水	同　31- 1-20
乘組人員	405	竣　工	同　31-10-24
船　材	鋼	建造所	米國費府クランプ社

千　歳（ちとせ）

艦　種　二等巡洋艦　二檣(戰闘樓あり)
笠置と姉妹艦なり。

艦名考　千年•千載•千代、其の意皆同じ、永遠の義なり。

艦　歴　明治32年3月1日、米國桑港「ユニオン•アイヨン•ウオーク」社にて竣工、同年3月21日同地出發、4月20日横須賀到着。同37•8年戰役に從軍(第三戰隊)：同37年8月10日黄海々戰に參加(艦長大佐高木助一)、次で同月20日、敗走せる露國巡洋艦「ノーヴキック」を對馬と共に追撃し之を「コルサコフ」港に自沈せしむ、同38年5月日本海海戰に參加、大正3年乃至9年戰役に從軍：同3年8月第二艦隊第六戰隊に屬し、青島戰に參加(第六戰隊司令官少將上村翁輔旗艦、艦長大佐本田親民)、同7年11月第二特務艦隊に屬し南支那海印度洋方面警備(艦長大佐橋本虎之助)、同10年二等海防艦に編入、昭和3年4月1日除籍。

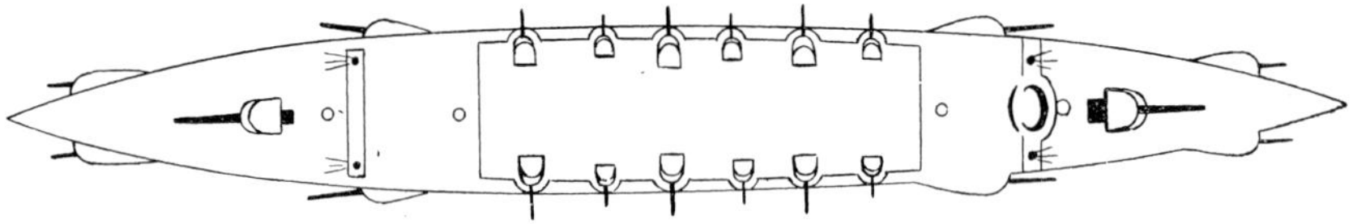

―― 要　目 ――

長	378呎2吋	兵　装	8吋砲　2
幅	49呎2吋		4.7吋砲　10
吃　水	17呎2吋		12听砲　12
排水量	4,692噸		47粍砲　6
機　關	直立三段膨脹式2基		發射管　4
馬　力	15,700	起　工	明治30-5-1
速　力	22.5	進　水	同　31-1-22
乗組人員	434	竣　工	同　32-3-1
船　材	鋼	建造所	米國桑港

淺　間（あさま）【二代】

艦　種　一等巡洋艦　二檣(戰闘樓あり)

艦名考　初代「淺間」の項(P. 15)參照。

艦　歴　常磐と姉妹艦なり、我國に於ける裝甲巡洋艦として最初の艦なり。明治 33 年北清事變從軍: 同 33 年8月 22 日英・獨露・伊・墺の聯合軍と共に參戰、太沽攻擊に從事(艦長大佐細谷資氏)、同 35 年6月、高砂と共に英皇戴冠式に參列(司令官伊集院五郎)、同 37・8 年戰役に從軍(第二戰隊): 同 37年2月仁川沖海戰に參加(第四戰隊司令官少將瓜生外吉旗艦、艦長大佐八代六郎)、同年8月黃海々戰に參加(艦長同前)、同38年5月日本海々戰に參加(艦長同前)、大正3年乃至9年戰役(日獨)に從軍: 同3年9月南洋方面に行動し、獨領南洋島占領に從事(艦長大佐吉岡範策)、同3年 10 月又遣米支隊に屬し布哇・北米・中米方面警備に從事(艦長同前)、同4 年 1 月 31 日遣米枝隊として北米沿岸に活動中、南加州「サンバルトロメー」に於て海圖上に指示されざる無名の暗岩に坐礁し常磐・關東等の掩護の下に非常なる辛酸を嘗めて同5月8日離礁、「エスカイモルト」に於て應急處置を行ひ、工作艦「關東」護衞の下に横須賀に歸着、同所に於て修理完了。同 10 年一等海防艦に編入、御召艦たること屢次、次の如し。

33 年 4 月 28 日-30 日　大演習

36 年 4 月 10 日-30 日　大演習

38 年 10 月 23 日　觀艦式

41 年 11 月 18 日-30 日　大演習(觀艦式共)

尙ほ明治 43 年以來練習艦隊として海軍少尉候補生等の練習任務に服し今日に至る。

── 要　目 ──

長	408 呎
幅	67 呎
吃水	24 呎 6 吋
排水量	9,700 噸
機關	四氣筩三聯汽機2基 圓罐宮原式 12 臺
馬力	18,000
速力	21.5
乘組人員	500
船材	鋼(裝甲)

兵裝	8 吋砲 4
	6 吋砲 14
	12 听砲 12
	2.5 听砲 10
	發射管(18 吋) 4
起工	明治 29-10-20
進水	同 31- 3-22
竣工	同 32- 3-18
建造所	英國エルスウィック安社

宮　古（みやこ）

艦　種　通報艦　二檣「スクーナー」

艦名考　港灣名に採る、宮古は陸中國下閉伊郡閉伊崎の西岸に深入する海灣にして、閉伊川(宮古川)之に歸注す、灣岸には宮古町の外、大小の村落布列し、運輸四達、閉伊の都會と爲す、宮古の名蓋し偶然ならずと謂ふべき乎。

艦　歴　日露戰役に從軍：明治37年5月14日大窰口に於て敵の機械水雷に觸れ沈沒。

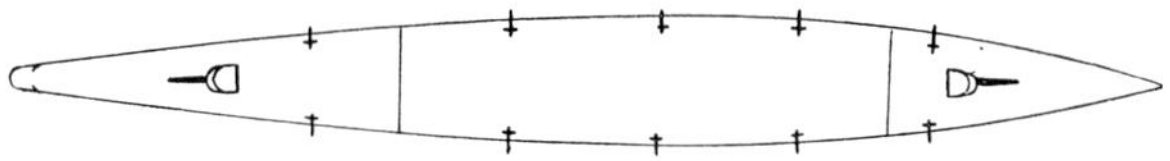

―要　目―

長	315呎	兵裝	12拇砲　2
幅	38呎		47粍砲　10
吃水	13呎		發射管　2
排水量	1,800噸	起工	明治27- 5-26
機關	三聯成汽機2基、圓罐	進水	同　31-10-27
馬力	6,130	竣工	同　32- 3-31
速力	20	建造所	呉工廠
乗組人員	220		
船材	鋼		

常　磐（ときは）

艦種　一等巡洋艦　二檣（戰闘樓あり）
淺間と姉妹艦なり。

艦名考　永久不變の義なり。

艦歴　明治32年5月18日英國にて竣工、同月19日英國出發、7月13日横須賀到着、淺間と姉妹艦なり。同33年北清事變に從軍：同33年5月太沽砲臺攻擊に從事（東鄉司令長官旗艦、艦長大佐中山長明）、同37・8年戰役に從軍（第二戰隊）：同37年8月蔚山沖海戰に參加（艦長大佐吉松茂太郎）、同38年5月日本海々戰に參加、大正3年乃至9年戰役に從軍（第二艦隊第四戰隊）：膠州灣封鎖に從事（艦長大佐片岡榮太郎）、同10月第三戰隊に屬し、印度洋方面警備に從事、同4年2月北米沿岸通商保護に從事（第二艦隊第四戰隊、艦長大佐坂本則俊）、同4年12月浦鹽を經て加奈陀に回航、特別任務に從事（艦長同前）、同6年11月布哇及び南洋諸島警備に從事（艦長大佐森本義寛）、同10年一等海防艦に編入、同11年9月30日敷設艦に編入、昭和6・7年（日支）事變從軍：同7年1月第一遣外艦隊に屬し、北支・上海方面警備に從事（艦長大佐山田定男、同大佐高須三二郎 。

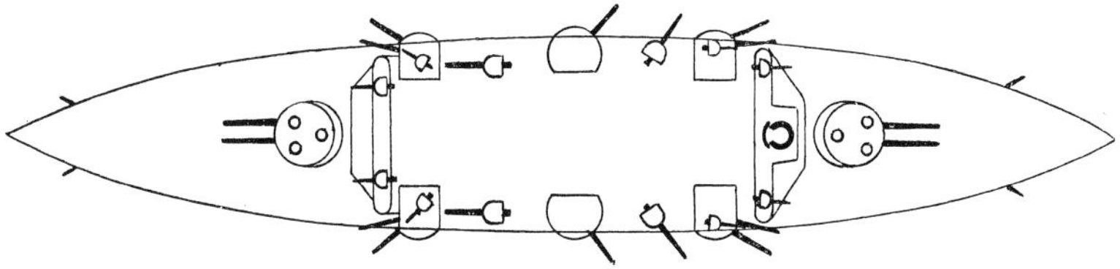

要目其の他「淺間」に同じ

起工　明治31-1-6　　進水　明治31-7-6　　竣工　明治32-5-18　　建造所　英國安社

明　石（あかし）

艦種　三等巡洋艦　二檣「スクーナー」

艦名考　名所名に採る、明石は播磨國明石郡に屬し、東播磨の都邑なり、神戸を西に距る12浬、南は海峽に臨み一溪北より來り市街の西を貫き海に入る、此地古の明石郷にして、山陽・南海の首驛なり、其の海濱は須磨と同じく、景勝を以て世に著はる。

艦歷　明治33年北清事變に從軍、同37・8年戰役に從軍(第四戰隊)：同37年2月仁川沖海戰に參加(艦長中佐宮地貞辰)、同8月黃海々戰に參加、同38年5月27日、日本海々戰に參加(艦長大佐宇敷甲子郎)、大正元年8月二等巡洋艦に列す、同3年乃至9年戰役に從軍：同4年12月第六戰隊に屬し、南支那海・印度洋方面の警備(艦長大佐筑土次郎)、同6年2月第二特務艦隊に屬し地中海方面の警備、次で露領沿岸警備に從事(艦長中佐三宅大太郎)、同8年2月第三艦隊に屬し露領沿岸方面警備(艦長大佐野村篤男)、同10年二等海防艦に編入、昭和3年4月1日除籍。

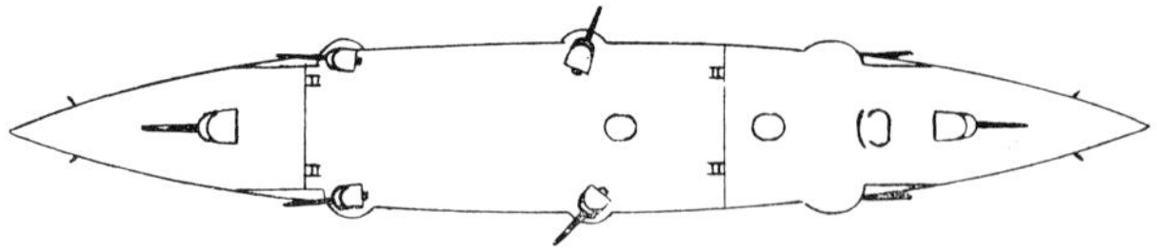

―要　目―

長	305 呎	兵裝	6吋砲 2
幅	41 呎		4.7吋砲 6
吃水	16.33 呎		3听砲 12
排水量	2,800 噸		機砲 4
機關	直立三聯成汽機2基 圓罐8臺		發射管 2
		起工	明治27-8-6
馬力	8,000	進水	同 30-11-8
速力	19	竣工	同 32-3-20
乘組人員	275	建造所	横須賀
船材	鋼		

敷　　島（しきしま）

艦　種　一等戰艦　二檣(戰闘樓あり)

艦名考　日本の別稱なり、敷島は又磯城島《しきしま》、師木島に作る、夜麻登磯幾の皇居の名より出づ、後ち總日本國號にも轉用せらるるに至れること秋津洲の例に同じ。

艦　歴　明治 33 年 1 月英國にて竣工、同月27日英國出發、4 月 17 日吳到着。同 37•8 年戰役從軍(第一艦隊第一戰隊): 同 37 年 8 月黃海々戰參加(艦長大佐寺垣猪三)、同 38 年 5 月日本海々戰參加(艦長同前)、同 38 年12月戰艦の等級を廢せらる、大正 3 年乃至 9 年戰役に從軍: 露領沿岸警備、同 8 年 12 月第三艦隊に屬し、同 12 年 4 月 1 日帝國軍艦籍より除かれ練習特務艦と定めらる、同13年 3 月 15 日華府條約により武裝解除。

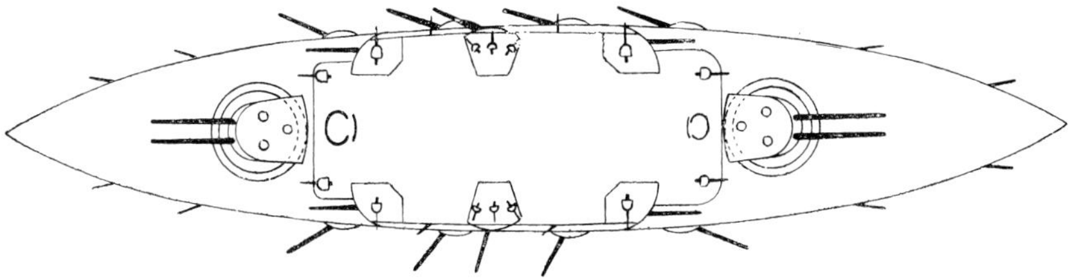

―― 要　　目 ――

長	400 呎	兵　裝	12 吋砲 4
幅	76 呎		6 吋砲 14
吃　水	27 呎		12 听砲 20
排水量	15,088 噸		3 听砲 8
機　關	直立三聯成汽機 2 基		2.5 听砲 6
	ベルビル罐 25 臺		發射管 5
馬　力	14,500	起　工	明治 30- 3-29
速　力	18	進　水	同　31-11- 1
乘組人員	741	竣　工	同　33- 1-26
船　材	鋼(甲鐵ハーベイニッケル鋼 229-600粍)	建造所	英國テームス・アイアンウオーク工場

吾　妻（あづま）

艦種　一等巡洋艦　二檣(戰鬪樓あり)

艦名考　「東」の項(P. 9)參照。

「東」の項(P. 9)參照。

艦歴　明治37•8年戰役に從軍(第二戰隊)：同37年8月蔚山沖海戰に參加(艦長大佐藤井較一)、同38年5月日本海々戰に參加(艦長大佐村上格一)。練習艦隊の一艦として屢々海軍少尉候補生等の練習任務に服す。大正7年乃至9年戰役に從軍：同7年1月第一特務艦隊に屬し、印度洋方面警備に從事(艦長大佐新納司)、同10年9月1日一等海防艦となる。同10年9月8日舞鶴練習部兵員練習用に、昭和2年10月1日海軍機關學校練習用に、更に同7年4月1日より軍事思想普及用に充てらる。

(備考)　艦名「あづま」よりすれば、二代たり、但し一は「東」、他は「吾妻」の字を用ふ。

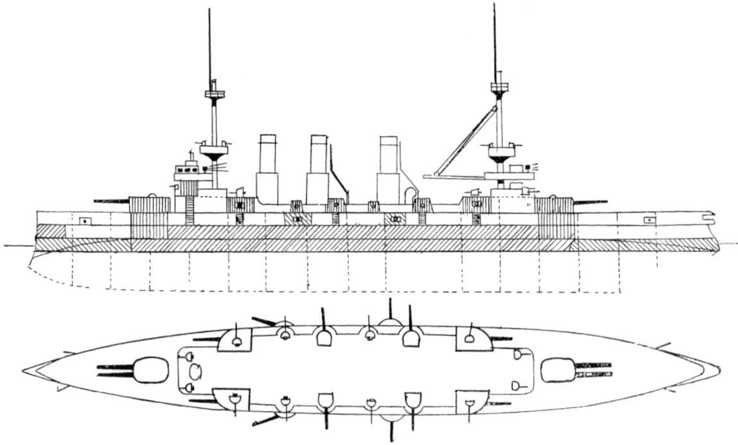

── 要　目 ──

長	446呎(水線に於て430呎)	兵裝	8吋砲　4
幅	59.5呎		6吋砲　12
吃水	25呎		12听砲　12
排水量	9,456噸		3听砲　12
機關	直立三聯成汽機2基		發射管　5
	ベルビル罐24臺	起工	明治31-2
馬力	17,000	進水	同　32-6-20
速力	20	竣工	同　33-7-28
乗組人員	644	建造所	佛國セント•ナザール市
船材	鋼(裝甲7吋クルップ鋼)		ロワール社

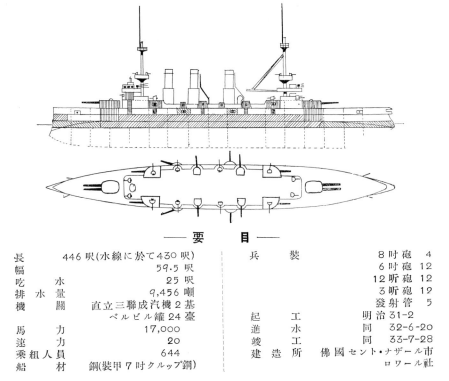

朝　日（あさひ）

艦種　一等戰艦　二檣(戰鬪樓あり)

艦名考　朝昇る太陽、旭日なり。

艦歷　明治33年7月31日英國にて竣工、同日英國出發、10月23日横須賀到着。明治37・8年戰役に從軍(第一艦隊第一戰隊)：同37年8月黄海々戰參加(艦長大佐山田彦八)、同38年5月日本海々戰參加(艦長大佐野元綱明)、明治38年12月戰艦の等級を廢せらる。大正3年乃至9年戰役に從軍：同7年1月第三艦隊に屬し露領沿岸警備(艦長大佐大角岑生)、同12年4月1日軍艦籍より除き特務艦と定められ、練習特務艦となる。同13年3月15日華府條約により武裝解除、其後潛水艦引揚裝置を施し工作艦を兼ねしめらる。

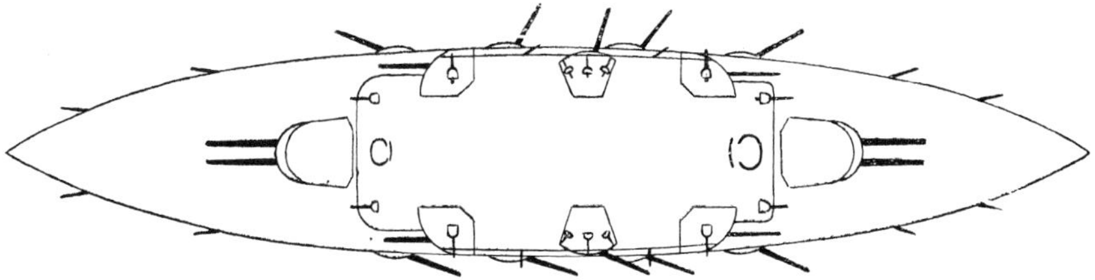

―要　目―

長	400呎	兵裝	12吋砲 4
幅	75呎		6吋砲 10
吃水	27.5呎		12听砲 20
排水量	15,200噸		3听砲 8
機關	直立三聯成汽機2基		2.5听砲 6
	ベルビル25臺		發射管 4
馬力	15,000	起工	明治31-8-1
速力	18	進水	同 32-3-13
乗組人員	741	竣工	同 33-7-31
船材	鋼	建造所	英國クライドバンク

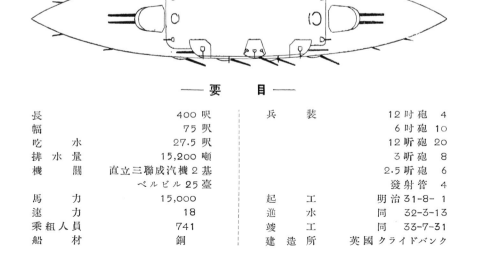

出　雲（いづも）

艦種　一等巡洋艦　二檣(戰鬪樓あり)
磐手と姉妹艦なり。

艦名考　國名にして山陰道出雲國に採る。

艦歴　明治33年9月25日英國にて竣工、同年10月2日英國出發、12月8日横須賀到着。磐手と姉妹艦なり。
明治37・8年戰役に從軍：(第二戰隊、第二艦隊司令長官中將上村彦之丞旗艦)、同37年8月蔚山沖海戰に參加(艦長大佐伊地知季珍)、同38年5月日本海々戰に參加(艦長同前)、同42年7月北米合衆國桑港に於ける、同國發見140年祭參列、太平洋沿岸巡航(艦長大佐竹下勇)。同2年11月墨國警備に從事(艦長大佐森山慶三郎)、大正3年乃至9年戰役從軍：
同3年8月遣米支隊に屬し北米・中米方面警備(艦長同前)、同6年6月第二特務艦隊に屬し地中海方面警備(艦長大佐小林研藏、同増田幸頼)、同10年一等海防艦に編入。昭和6・7年事變(日支)に從軍、同7年2月北支上海方面警備(第三艦隊に屬す、艦長大佐松野省三)。現在も引續き第三艦隊の旗艦たり。
因に練習艦隊の一艦として從來屢々海軍少尉候補生等の練習任務に服す。

―― 要　目 ――

長	434呎	兵裝	8吋砲　4
幅	69呎		6吋砲　14
吃水	24.5呎		12听砲　12
排水量	9,800噸		2.5听砲　8
機關	四汽筩三聯成汽機		小砲　4
	2臺　ベルビル		發射管　4
馬力	14,500	起工	明治31-5-16
速力	20.77	進水	同　32-9-13
乘組人員	483	竣工	同　33-9-25
船材	鋼(裝甲)	建造所	英國安社

初　瀬（はつせ）

艦種　戰艦　二檣(戰鬪樓あり)

艦名考　川名に採る､初瀬川は大和國磯城郡上之郷小《を》夫《ふ》の山中に發し､南流長谷寺の傍を過ぎ西流､朝倉三輪を過ぎ､西北に屈折し､山邊郡二階堂村に至りて佐保川となる､長さ凡そ十里。

艦歴　明治37･8年(日露戰役に從軍：第一戰隊司令官少將梨羽時起の旗艦として行動中､同 37 年5月 15 日旅順口外に於て2回に亙り敵の機械水雷に觸れて沈沒､副長中佐有森元吉外准士官以上 35 名､下士卒 445 名､傭人 12 名殉難。梨羽司令官及び艦長大佐中尾雄以下 337 名救助せらる。

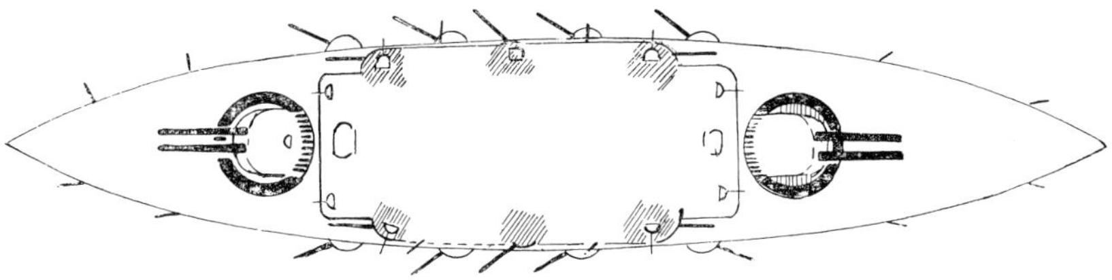

要　目

長	400 呎	兵裝	12 吋砲　4
幅	75 呎		6 吋砲　14
吃水	27 呎		3 吋砲　20
排水量	15,000 噸		3 听砲　8
機關	三聯成汽機2基		2.5 听砲　6
	ベルビル罐25臺		發射管　4
馬力	1,000	起工	明治 31-1-10
速力	18	進水	同　32-6-27
乘組人員	741	竣工	同　34-1-18
船材	鋼	建造所	英國エルスウィック安社

八　雲(やくも)

艦　種　一等巡洋艦　二檣(戰鬪樓あり)

艦名考　出雲の枕詞ヤクモ起ツに採る、素戔嗚尊の出雲須賀に宮居を營ませ給へるとき瑞雲立騰りたりければ、八雲立つ出雲八重垣云々の御歌を詠ませらる。「ヤ」は詞の意にて八つの數に限る義にあらず幾重にも疊りたる雲を八雲と稱すと云ふ。

艦　歴　明治 35 年6月 20 日獨逸にて竣工、同月 22 日獨逸出發、8月 30 日横須賀到着。

明治37•8年戰役に從軍(第二戰隊): 同 37 年8月黃海々戰に參加(第二戰隊、艦長大佐松本有信)、同38年5月日本海々戰に參加(艦長同前)。

大正3年乃至9年戰役(日獨)從軍: 同3年8月膠州灣封鎖に從事(第二艦隊第四戰隊、艦長大佐白石直介)、同6年 10 月印度洋方面警備(第一特務艦隊、艦長大佐齋藤七五郎、同鳥巣玉樹)、同 10 年一等海防艦に編入、昭和 6•7 年(日支)事變に從軍: 同6年 12 月北支方面警備に從事(艦長大佐新見政一)。練習艦隊として屢々海軍少尉候補生練習任務に服す。

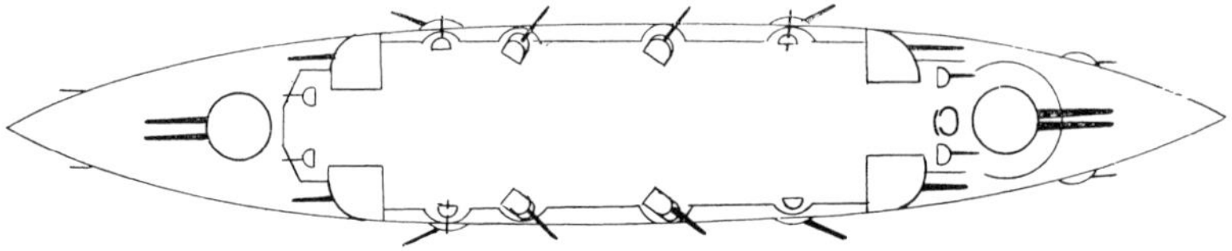

── 要　　目 ──

長	434 呎	兵　　裝	8吋砲　4
幅	65.5 呎		6吋砲 12
吃　　水	23.75 呎		12听砲 12
排 水 量	9,700 噸		2.5听砲　7
機	關直立三聯成汽機2基		發射管　4
	ベルビル罐24臺	起　　工	明治31-2-26
馬　　力	15,000	進　　水	同　32-7-8
速　　力	20	竣　　工	同　36-6-20
乘組人員	500	建 造 所	獨逸國バルカン社
船　　材	鋼(裝甲)		

磐　手 (いはて)

艦　種　巡洋艦一等　二檣(戰鬪樓あり)
出雲と姉妹艦なり。

艦名考　山名に採る、岩手山はイハテヤマ又はガンシュサンと訓み、岩鷲山、霧山嶽、南部富士の別稱あり、陸中國岩手郡の北西方に在り、標高 6,831 尺。

艦　歴　明治 34 年 3 月 18 日英國にて竣工、同月 19 日英國出發、5 月 17 日横須賀到着。出雲と姉妹艦なり。同37・8年戰役に從軍(第二戰隊)：同 37 年 8 月蔚山沖海戰に參加(司令官少將三須宗太郎旗艦、艦長大佐武富邦鼎)、同 38 年 5 月、日本海々戰に參加(司令官少將島村速雄旗艦、艦長大佐川島令次郎)、大正 3 年乃至 9 年戰役(日獨)從軍：同 3 年 8 月第二艦隊第四戰隊に屬し膠州灣封鎖に從事(司令官中將栃内曾次郎旗艦、艦長大佐廣瀬弘毅)、同 4 年 12 月第一特務艦隊に屬し、南支那・印度洋方面警備(艦長大佐筑土次郎)、同 10 年一等海防艦に編入。練習艦隊の一艦として從來屢々海軍少尉候補生等の練習任務に服す。

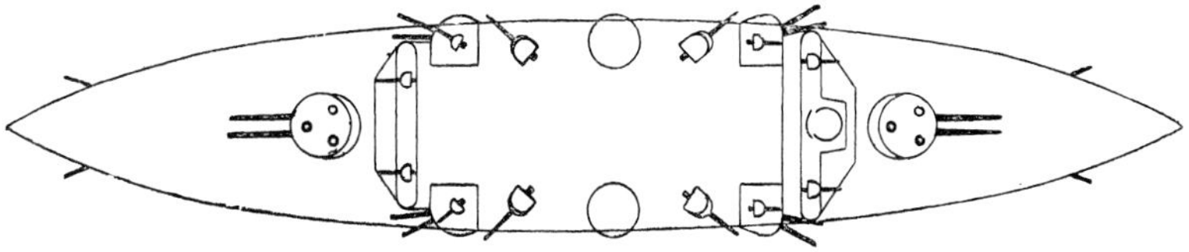

── 要　　目 ──

長	434 呎	兵　装	8吋砲　4
幅	69 呎		6吋砲　14
吃　水	24.5 呎		12听砲　12
排 水 量	9,800 噸		2.5听砲　8
機　關	四汽筩三聯成汽機		小砲　4
	2基　ベルビル		發射管　4
馬　力	14,500	起　工	明治 31-11-11
速　力	20.77	進　水	同　33- 3-29
乘組人員	483	竣　工	同　34- 3-18
船　材	鋼(装甲)	建 造 所	英國安社

三　笠 (みかさ)

艦　種　一等戰艦　二檣(戰闘樓あり)

艦名考　山名に採る、三笠山は大和國添上郡春日郷(今奈良市)の東に在り、春日山の内なり。山狀笠を覆ふが如きを以て此名起れるならん。古書に御笠山にも作れり。此の地古來神靈の地又名所として著はる。

艦　歴　明治 35 年3月1日英國にて竣工、同月 13 日英國出發、5月 18 日横須賀到着。明治37•8年戰役に従軍(第一艦隊第一戰隊、聯合艦隊司令長官中將(後に大將)東郷平八郎旗艦、艦長大佐伊地知彥次郎): 同 37 年 8 月黄海々戰に參加、同 38 年5月日本海々戰に參加、同9月11日午前〇時半佐世保軍港碇泊中爆破膠坐、翌39年8月14日引揚を了し後ち修理し復舊、同 12 月戰艦の等級を廢せらる。大正3年乃至9年戰役に從軍: 同7年5月第三艦隊に屬し露領沿岸警備に從事(艦長大佐山本英輔)、同9年4月同右(艦長中佐迎邦一)、同年9月 16 日「アスコルド」海峽にて坐礁、同月 26 日離礁後浦鹽に入港修理をなす。同 10 年一等海防艦に編入、同 12 年9月20日華府條約に由り除籍。

本艦は明治 37 年5月 27 日、日本海々戰に聯合艦隊司令長官東郷平八郎大將坐乘して帝國全艦隊を指揮し、名譽の戰闘を爲したる艦なり。此海戰に於て帝國を世界に顯揚せる曠古の偉績と共に、旗艦三笠を永久に保存せんとする國民的熱望あり、ここに除籍艦籍に入るを機とし、今後戰闘任務に堪へざる狀態と爲し、其の船體を横須賀の地を卜し、陸岸に固定して紀念艦とし、以て永久に之を保存することとなれり(斯種軍艦の廢棄に關しては華府條約の規定に關係あるを以て、本艦永久保存に就ては米國其他關係列國の承認を經て之を行へり)。

三 笠 (みかさ)〔續き〕

—要 目—

長	432呎
幅	76呎
吃水	27呎
排水量	15,200噸
機關	汽筩直立三聯成汽機2基、ベルビル罐25臺
馬力	15,000
速力	18
乗組人員	756
船材	鋼
兵裝	12吋砲 4
	6吋砲 14
	12听砲 20
	3听砲 8
	2.5听砲 4
	其他 4
	發射管 4
起工	明治32- 1-24
進水	同 33-11- 8
竣工	同 35- 3- 1
建造所	英國ヴィッカース社

(日露戰爭後の新裝)

(日露戰爭勃發直前の雄姿)

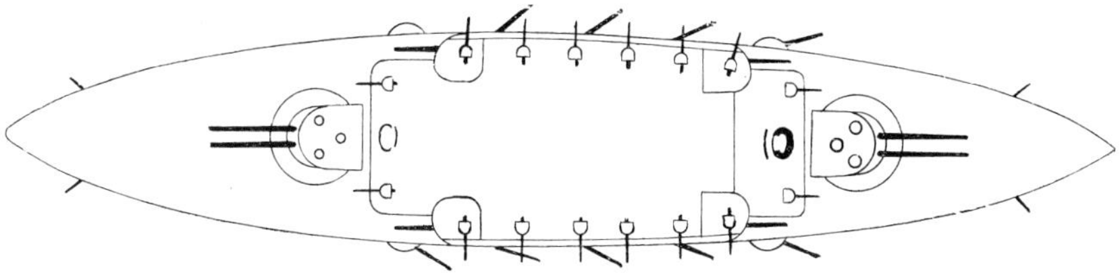

千　早 (ちはや)

艦種　通報艦　二檣(戰闘樓あり)

艦名考　古蹟の名にして河内國千早に採る、千早は金剛山の半腹に在り、後醍醐天皇の御世、楠正成勤王の大義を唱道し、兵を擧げて此處に據守し、包圍百萬の東軍を惱まし、遂に之をして潰敗せしめ、依て以て皇謨を翼賛し奉れりと、世に所謂千早城是れなり、其の址今尙ほ存す。

艦歴　明治37・8年日露戰役從軍: 大正元年砲艦に編入。大正6年乃至9年戰役從軍: 同7年5月第三艦隊に屬し、露領沿岸警備(艦長中佐横地錠二)、又同9年5月同前任務に就く(艦長中佐廣澤恒)。

(備考)　尙ほ官船としては以前「千早」なる運送船あり、排水量443噸の木造船なりき。明治8年2月英國に於て建造、原名「ホールモサ」、同年12月購入「千早」と命名す、同10年4月工部省に交付せり。

── 要　目 ──

長	275 呎	兵裝	4.7吋砲 2
幅	31.5 呎		12听砲 4
吃水	10 呎		發射管 2
排水量	1,250 噸	起工	明治 31-5-7
機關	三聯成汽機2基、ソーニークロフト罐4臺	進水	同 33-5-26
馬力	6,000	竣工	同 34-9-9
速力	21	建造所	横須賀
乘組人員	125		
船材	鋼		

新　　高 (にひたか)

艦　種　三等巡洋艦　二檣(信號用)
對馬と姉妹艦なり。

艦名考　山名に採る、新高山は臺灣の臺中縣•臺東縣に跨る。日清戰役後臺灣島が帝國の領土に歸せしとき、此新領土に高山あること　叡聞に達しければ、其山を「新高山」と命名せられたりとも云ふ、支那人は玉山又は八通關山と稱し、西洋人は「モリソン」山と云ふ、標高13,679尺。

艦　歴　明治37•8年戰役に從軍(第四戰隊):同37年2月仁川沖海戰に參加(艦長中佐莊司(後に庄司)義基)、同37年8月蔚山沖海戰に參加(艦長同前)、同38年5月第三戰隊に屬し日本海々戰に參加(艦長同前)、大正元年8月二等巡洋艦に列す。同3年乃至9年戰役に從軍:同3年10月第三艦隊に屬し南支那海•印度洋方面警備(艦長中佐小林研藏、同野崎小十郎)、同6年9月第一特務艦隊に屬し喜望峰方面警備(艦長大佐犬塚太郎、同名古屋爲毅)、同10年二等海防艦に列す、同11年露領沿岸警備中、同8月16日堪察加沖にて遭難沈沒(艦長大佐古賀琢一)、同12年4月1日除籍。

―― 要　　目 ――

長	334.5 呎
幅	44 呎
吃水	16 呎
排水量	3,420 噸
機關	三聯成汽機2基 ニクロース式罐16臺
馬力	9,500
速力	20
乘組人員	320
船材	鋼

兵裝	6吋砲 6
	12听砲 10
	2.5听砲 4
起工	明治35- 1- 7
進水	同 35-11-15
竣工	同 37- 1-27
建造所	横須賀

對　馬（つしま）

艦　種　三等巡洋艦　二檣(信號用)
新高と姉妹艦なり。

艦名考　國名にして對馬國に採る。

艦　歷　明治37·8年戰役從軍(第四戰隊)：同37年8月蔚山沖海戰に參加、同8月20日、8月10日の黃海々戰に於て北走せる露國巡洋艦「ノーヴキック」を千歲と共に追擊、之を樺太「コルサコフ」港に自沈せしむ(艦長中佐仙頭武央)、同38年5月日本海々戰に參加(艦長大佐仙頭武央)、大正元年8月二等巡洋艦に列す。同3年乃至9年戰役(日獨)從軍：同3年8月第三艦隊に屬し南支那海方面警備(艦長中佐笠島新太郎、同別府友次郎)、同4年12月第六戰隊に屬し南支及印度洋方面警備(艦長中佐松下東次郎、大佐小松直幹、中佐漢那憲和、大佐井上伊之吉、中佐丸橋清一郎)、同6年2月第一特務艦隊に屬し亞弗利加方面警備(艦長大佐小松直幹、同漢那憲和)。同9年5月第三水雷戰隊に屬し露領沿海州尼港方面邦人保護及同方面秩序維持任務に從事(艦長中佐丸橋清一郎)、同10年二等海防艦に編入、昭和6·7年事變(日支)從軍：同6年9月上海及揚子江方面警備(艦長大佐本田忠雄)。

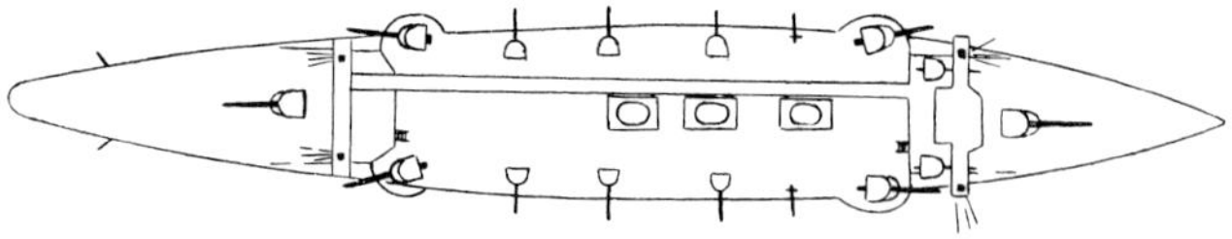

―要　目―

長	102.01米	兵裝	15糎砲　8
幅	13.44米		8糎砲　8
吃水	4.90米		8糎高角砲　1
排水量	3,120噸	起工	明治34-10-1
機關	直立三聯機2軸	進水	同　35-12-15
馬力	9,400	竣工	同　37-2-14
速力	20	建造所	吳工廠

春　日（かすが）【二代】

艦　種　一等巡洋艦　一檣(信號用)
日進と姉妹艦なり。

艦名考　初代「春日」の項(P.7)参照。

艦　歴　此艦は元亜爾然丁國の軍艦「リヴァダヴォア」なり、伊太利に於て建造中、明治36年12月30日帝國政府之を購入す、同37年1月1日「春日」と命名、同月7日領收、同年2月16日横須賀到着（回航委員長中佐鈴木貫太郎)、同37•8年戰役に從軍(第一戰隊)：同37年10月黄海々戰に參加(艦長大佐大井上久麿)、同38年5月日本海々戰に參加(艦長大佐加藤定吉)、大正3年乃至9年戰役(日獨)に從軍：同年10月第三艦隊に屬し中南支方面の航路警戒通商保護に任ず（艦長大佐奥田貞吉、同坂本重國)、同5年7月特別任務の爲め日進と共に浦鹽に回航、特殊貨物搭載、加奈陀「エスカイモルト」に回航(艦長大佐中里重次)、同6年4月第一特務艦隊に屬し支那海•印度洋方面の作戰及び通商保護任務に服す(艦長大佐大谷幸四郎、同宇佐川知義)、同9年5月北米合衆國「メーン」州合併百年祭々典參加の爲め「ポートランド」に回航（艦長大佐寺岡平吾)、同12月第二遣外艦隊に屬し南洋方面警備（艦長大佐高橋宗三郎)、同10年一等海防艦に編入。同10年9月東亜露領沿岸警備の爲め派遣さる、此の任務中三笠救難作業に從事(艦長同前)、同14年12月1日運用術練習艦と定めらる。昭和6•7年事變（日支）從軍、同9年1月内外日蝕觀測隊57名を南洋「ローソップ」島に輸送するの任務に從事、同年10月1日海軍航海學校設立に依り運用術練習艦の任務を解かれ、同校附屬練習艦となる。

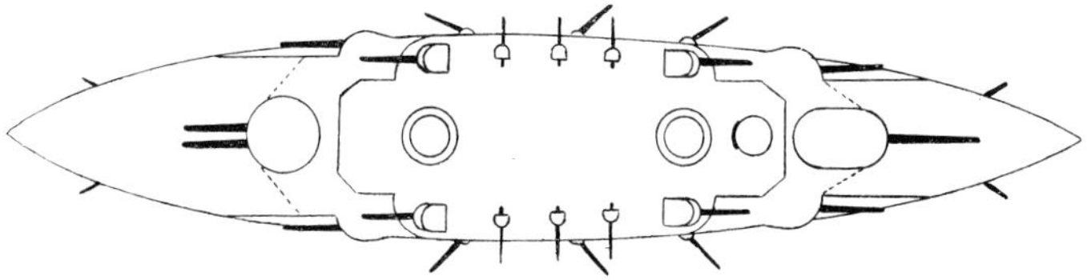

── 要　　目 ──

長	357 呎	兵　装	10吋砲　1
幅	61.5 呎		8吋砲　2
吃　水	25.25 呎		6吋砲　14
排水量	7,750 噸		12听砲　20
機　關	汽筩直立三聯成汽機		3听砲　6
	3基　艦政式罐12臺		マキシム機砲　2
			發射管　4
馬　力	13,500	起　工	明治 35-3-10
速　力	20	進　水	同 35-10-12
乘組人員	525	竣　工	同 37-1-7
船　材		建造所	伊國アンサルド社

日　進 (にっしん) 【二代】

艦　種　一等巡洋艦　一檣(信號用)
春日と姉妹艦なり。

艦名考　初代「日進」の項(P. 17)参照。

艦　歴　此艦は元亞爾然丁國の軍艦「モレノ」なり、伊太利に於て建造中明治36年12月30日帝國政府之を購入(春日と同時)。同37年1月1日「日進」と命名、同月7日領收、同年1月9日伊太利國「ゼノア」發、同年2月16日横須賀到着、同37•8年戰役に從軍(第一戰隊、艦長大佐竹内平太郎)：同37年8月黃海々戰に參加(第三艦隊司令長官中將片岡七郎旗艦)、同38年5月27日、日本海々戰に參加(第一艦隊司令官中將三須宗太郎旗艦、艦長同前)、大正3乃至9年戰役(日獨)に從軍：同3年9月第三艦隊に屬し、上海•香港•新嘉坡方面通商保護、敵艦隊捜索に從事(艦長大佐川原袈裟太郎)、同5年7月特別任務(貴重品運搬)の爲め浦鹽•英領加奈陀方面に行動(艦長大佐島内桓太)、同6年4月第一特務艦隊に屬し濠洲•印度洋方面英國陸軍輸送掩護竝に通商保護に從事(艦長大佐小牧自然)、同6年9月佛國受託驅逐艦の護送に從事(艦長同前)、同7年5月第一特務艦隊に屬し南支那海方面通商保護竝に濠洲近海に於て英海軍と共同作戰に從事(艦長大佐長澤直太郎)、同7年10月新嘉坡•坡西土間商船護衛に從事(艦長同前)、同7年11月第二特務艦隊に屬し地中海方面に於て聯合國海軍と協同作戰に從事(艦長同前)、同10年一等海防艦に編入、同4月1日除籍。

── 要　目 ──

長	357 呎	兵　裝	8吋砲　4
幅	61.5 呎		6吋砲　14
吃　水	25.25 呎		12听砲　20
排水量	7,750 噸		3听砲　6
機　關	汽筩直立三聯成汽機		マキシム砲　2
	2基　艦政式罐12臺		發射管　4
馬　力	13,500	起　工	明治35-3-29
速　力	20	進　水	同　36-2-9
乘組人員	525	竣　工	同　37-1-9
船　材	鋼	建造所	伊國アンサルド社

音　羽（おとは）

艦種　巡洋艦三等　一檣(信號用)

艦名考　瀧の名、音羽の瀧は山城國洛東清水寺の南崕に在り、淺澗一縷の水のみ、然れども本地清《キヨ》水《ミヅ》の名の起りにして古來世に聞ゆる飛泉なり。

艦歴　明治37•8年戰役に從軍(第三戰隊)：同38年5月日本海々戰に參加(艦長大佐有馬良橘)、大正元年8月二等巡洋艦に列す。同3年乃至9年戰役に從軍：同3年8月第三艦隊に屬し南支那海•印度洋方面警備(艦長中佐森本兎久身)、同6年7月25日大王埼附近に於て擱坐破壞。

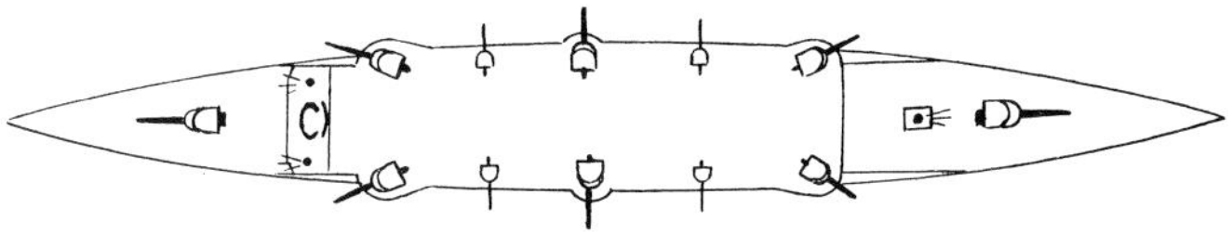

―要　目―

長	341 呎	兵装	6吋砲 2
幅	41.33 呎		4.7吋砲 6
吃水	15.75 呎		12听砲 4
排水量	3,000 噸		機砲 2
機關	三聯成汽機2基	起工	明治36-1-6
	艦政式罐10臺	進水	同 36-11-2
馬力	10,000	竣工	同 37-9-6
速力	21	建造所	横須賀
乘組人員	312		
船材	鋼		

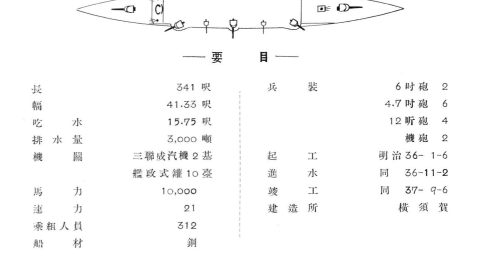

關　　東（くわんとう）

艦　種　工作艦

艦名考　地方名に採る、關東とは元來各種の地方名にして(1)逢坂山以東の地、(2)箱根山以東の地、(3)又支那に於ては函谷關以東河南・山東の二省、(4)山海關以東奉天・吉林・黑龍江の三省悉く之に當る、而して(5)遼東半島一帶の地を關東州と稱す、艦名は右の内の(5)に因めるなり。

艦　歴　舊露國汽船、原名「マンチュリア」、明治33年丁抹國にて進水、日露戰役中旅順方面にて拿捕せる戰利汽船、同 38 年2月14日「關東」と命名し工作船とす。大正 3 年乃至9年戰役に從軍、同9年4月1日特務艦中の工作艦となる、同13年12月12日舞鶴へ航行の途中濃霧のため若狹海岸に於て坐礁破壞、同 14 年3月1日除籍。

—— 要　　目 ——

長	410 呎	兵　装	12糎砲　2
幅	49 呎 7 吋	起　工	
吃　水	20 呎	進　水	明治 33
排水量	11,000 噸	竣　工	同　33-3
機　關	直立三段膨脹式宮原罐	建造所	丁抹
馬　力	2,500		
速　力	11.8		
乗組人員	161		
船　材	鋼		

若　宮（わかみや）

艦　種　二等海防艦

艦名考　島嶼名なり、壹岐國若宮島に採る。

艦　歴　舊露國義勇艦隊の汽船、明治 34 年英國にて進水、日露戰役の始め、前記若宮附近にて我が海軍之を拿捕し、初め運送船「若宮丸」と號す、同 37・8 年戰役從軍、大正 3 年乃至 9 年戰役には航空母艦として從軍：同 4 年 6 月 1 日軍艦と定め「若宮」と命名し、二等海防艦に列す、同 9 年航空母艦に編入され水上機母艦として就役、昭和 6 年 4 月 1 日除籍、翌年賣却。

── 要　目 ──

長	111.25 米	兵　装	8 拇砲　2
幅	14.67 米		5 拇砲　2
吃　水	4.57 米	起　工	
排水量	5,895 噸	進　水	明治 34
機　關	直立三聯機圓罐	竣　工	同　34-10
馬　力	1,590	建造所	英國
速　力	11		
乗組人員			
船　材			

壹　岐（いき）

艦　種　二等戰艦　二檣(戰闘樓あり)

艦名考　國名なり、壹岐國に採る。

艦　歴　舊露國軍艦、艦名「インペラートル・ニコライ」第一世。露國聖彼得堡造船所建造、明治21年進水。日露戰役中「バルチック」艦隊の一艦として、日本海々戰に參加、明治38年5月28日竹島の南々西約18浬の地點に於て我が艦隊之を捕獲す露國第三艦隊第三戰隊司令官「ネボガトフ」少將の旗艦たり。同年6月6日帝國軍艦と定め「壹岐」と命名、同年12月一等海防艦に編入、大正4年5月1日除籍。

―要　目―

長	333.4呎	兵装	12吋砲　2
幅	67.0呎		6吋砲　6
吃水	24.0呎		4.7吋砲　6
排水量	9,672噸		其他輕砲　16
機關	直立三聯成機2基	起工	
	ベルビル罐	進水	明治23-10
馬力	8,000	竣工	
速力	15.5	建造所	露國セント・ピー
乘組人員	600		タースブルグ
船材	鋼(甲帯14吋)		

丹　後（たんご）

艦　種　一等戰艦　二橋(戰鬪樓あり)

艦名考　國名なり、丹後國に採る。

艦　歷　舊露國軍艦、原名「ポルタワ」、明治 31 年進水、露國聖彼得堡造船所にて建造。
日露戰役に露國太平洋艦隊として明治39年8月 10 日黃海々戰に參加、後ち旅順港內に於て破壞沈沒。同 38 年1月1日(旅順の露軍降服開城の日)我が海軍之が收容引揚に着手、同年8月 22 日帝國軍艦と定め「丹後」と命名、同年 12 月戰艦の等級を廢せらる。大正元年一等海防艦に編入、同3年乃至9年戰役(日獨)從軍: 同3年8月第二艦隊第二戰隊に屬し青島戰に參加(艦長大佐秋澤芳馬)、同5年4月5日露國政府へ讓渡す。

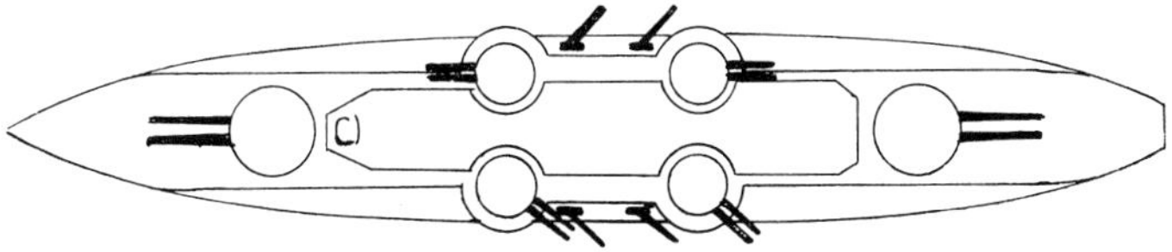

──要　目──

長	367 呎	兵裝	12吋砲　4
幅	69 呎		6吋砲　12
吃水	25.6 呎		3吋砲　10
排水量	10,960 噸		47粍砲　4
機關	直立聯成汽機2基		發射管　4
	宮原式罐	起工	明治25
馬力	11,000	進水	同　27-11-6
速力	16	竣工	同　31
乘組人員	750	建造所	露國セント・ピー
船材	鋼(甲帶406粍)		タースブルグ

見　島（みしま）

艦種　海防艦二等　二檣(戰闘樓あり)

艦名考　島嶼名に採る、見島は長門國阿武郡に屬す、高山岬の西微北 20 浬、萩の北微西に當る。

艦歴　明治 29 年露國「ニュー•アドミラルチー」造船所にて進水したる舊露國軍艦、原名「アドミラル•セニヤーウヰン」。

明治37•8年日露戰役中、「バルチック」艦隊の一艦として日本海々戰に參加、同 38 年5月 28 日竹島(日本海の孤島)の南西沖合に於て、我が艦隊之を捕獲す、同6月6日帝國軍艦と定め「見島」と命名す。大正3年乃至9年戰役(日獨)從軍: 同 13 年8月第二艦隊第二戰隊に屬し、膠州灣封鎖哨戒勤務に從事(艦長中佐坂本重國)、同8年2月碎氷艦に改裝、同9年2月第三艦隊第五戰隊に屬し、北樺太竝に沿海州に出動、警備任務に從事(艦長大佐坂元貞二)、同 11 年4月1日軍艦籍より除かれ、更に潛水艦母艇として佐世保防備隊に附屬せしめらる。

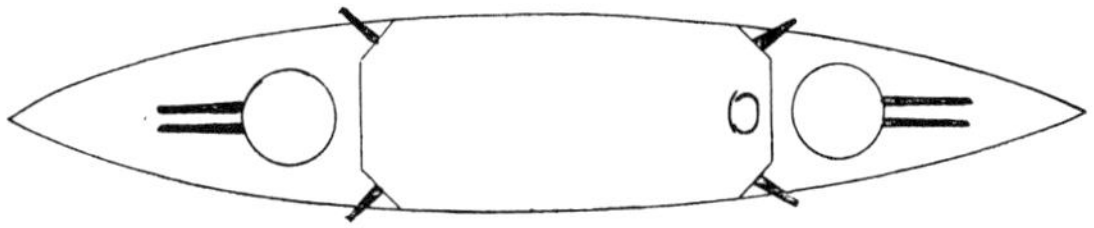

──要　目──

長	264 呎	兵裝	9吋砲 4
幅	52 呎		12拇砲 4
吃水	18 呎		8拇砲 4
排水量	4,200 噸		發射管 4
機關	三聯成汽機2基	起工	明治26
	ベルビル罐8臺	進水	同 27
馬力	5,000	竣工	
速力	16	建造所	露國ニュー•アドミラルチー
乘組人員	400		
船材	鋼		

沖　島 (おきのしま) 【初代】

艦種　二等海防艦　二檣(戰鬪樓あり)

艦名考　島嶼名に採る､沖島は筑前國宗像郡に屬す､鐘岬の西北凡そ 40 浬に在り､小呂島の北凡そ 27 浬､長門國豐浦郡神田埼の西凡そ 42 浬に當り､對馬と馬關海峽の間にあり。

艦歴　明治 29 年露國聖彼得堡造船所にて進水したる舊露國軍艦､原名｢ゲネラル･アドミラル･アプラキシン｣､日露戰役中､｢バルチック｣艦隊の一艦として日本海々戰に參加､同 38 年5月 28 日竹島(日本海の孤島)の南西沖合にて我が艦隊之を捕獲､同年6月6日帝國軍艦と定め｢沖島｣と命名､大正3年乃至9年戰役(日獨)從軍: 同3年8月第二艦隊第二戰隊に屬し青島戰に參加(艦長中佐鍵和田專太郎)､同11年4月1日除籍。

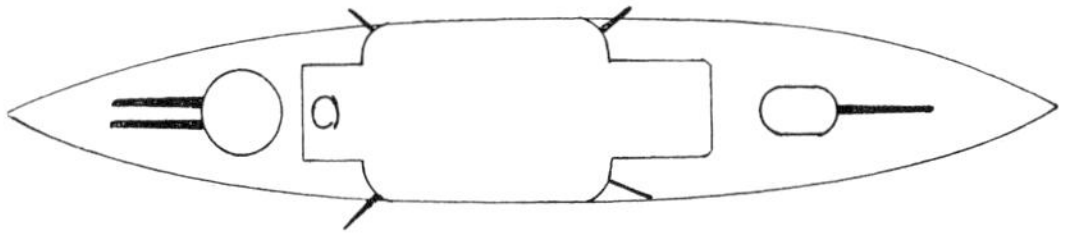

──要　目──

長	264 呎	兵装	10吋砲 3
幅	52 呎		12拇砲 4
吃水	18 呎		5拇砲 12
排水量	4,200 噸		發射管 4
機關	三聯成汽機2基	起工	
	ベルビル罐8臺	進水	明治29-5-12
馬力	5,000	竣工	
速力	16	建造所	露國セント･ピー
乗組人員	400		タースブルグ
船材	鋼		

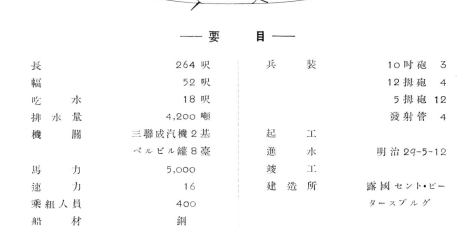

姉　川（あねがは）

艦　種　通報艦　二檣(信號用)

艦名考　川の名なり、舊艦名「アンガラ」に似通へる呼稱のものとして選ばれたるもの乎、姉川は近江國淺井郡に在り、二源あり共に金糞嶽に發し南流して東草野村を過ぐるを梓川と云ひ、上草野・下草野を過ぐるを草野川とす、梓川は伊吹山の西に到り西に折れ姉川と稱し、湯田村に於て草野川を容れ、虎御前村の西に至り高月川に入る、長さ凡そ9里、又姉川は元龜・天正の古戰場として其の名表はる。

艦　歴　元露國義勇艦隊所屬なり、明治31年9月英國「クライドバンク」社にて進水、日露戰役中、旅順開城の際港內に沈沒し居りたるを後引揚げ收容す。同38年3月8日帝國軍艦と定め「姉川」と命名、同44年8月22日除籍、露國政府へ贈る。

── 要　　目 ──

長	467呎	兵　裝	6糎砲　4
幅	57呎 $1\frac{3}{8}$吋		3糎砲　4
吃　水	21呎4吋	起　工	
排水量	11,700噸	進　水	明治31-9
機　關	直立三段膨脹2機 ベルビル罐	竣　工	
馬　力	9,000	建造所	英クライドバンク
速　力	16.9		
乘組人員	317		
船　材	鋼		

石　見（いはみ）

艦　種　一等戰艦　二橋(戰闘樓)

艦名考　國名なり、山陰道石見國に採る。

艦　歴　舊露國軍艦、艦名「アリヨール」、明治35年進水、明治37•8年日露戰役中「バルチック」艦隊の一艦として日本海々戰に參加、同38年5月28日日本海中の孤島竹島の南々西約18海里の地點に於て我が艦隊之を捕獲す、同年6月6日帝國軍艦と定め「石見」と命名、同12月戰艦の等級を廢せらる。

大正元年一等海防艦に編入、同3年乃至9年戰役に從軍：同3年8月第二艦隊第二戰隊に屬し青島戰に參加(艦長大佐小林惠吉郎)、同9年堪察加方面警備(艦長大佐白根熊三)、同10年11年西比利亞方面警備、同11年9月1日除籍。

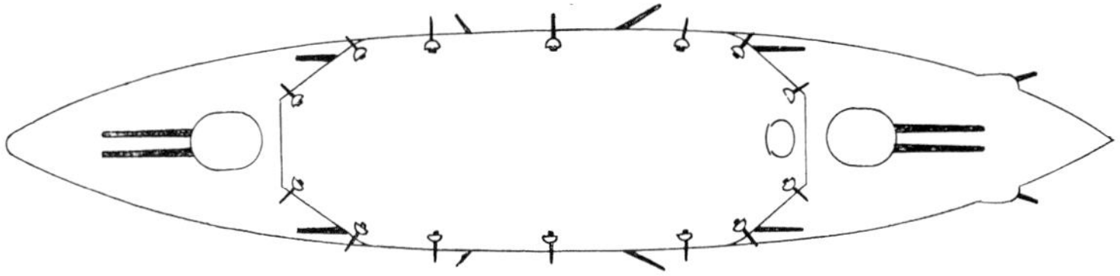

―要　目―

長	397呎	兵　裝	30拇砲　4
幅	76呎		20拇　6
吃　水	26呎		8拇　16
排水量	13,516噸		5拇　2
機　關	直立四汽筩三聯成汽機2基、ベルビル25臺		機砲　4
			發射管　2
馬　力	16,500	起　工	明治33-6-11
速　力	18	進　水	同　35-7-19
乘組人員	750	竣　工	同　37-9
船　材	鋼(甲帶227粍)	建造所	露國ガラーニイ

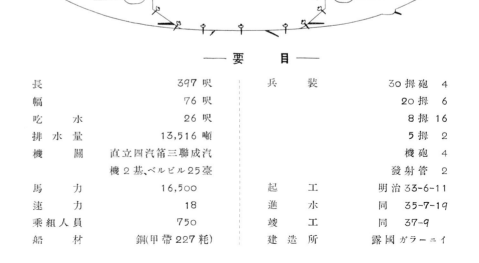

相模 (さがみ)

艦種　一等戰艦　二檣(戰闘樓あり)

艦名考　國名なり、東海道相模國に採る。

艦歴　舊露國軍艦、原名「ペレスウェート」。露國「ニュー•アドミラルチー」造船所建造、明治 31 年進水、日露戰役中露國太平洋艦隊として明治 37 年8月10日黃海々戰に於て(侯爵「ウフトムスキー」少將坐乘)我が軍と交戰、後ち旅順港內に於て破壞沈沒。明治 38 年1月1日(旅順の露軍降服開城の日)我が海軍之が收容引揚に着手、同年8月 22 日帝國軍艦と定め「相模」と命名す。同年 12 月戰艦の等級を廢せらる。大正5年一等海防艦に編入、同年4月4日露國政府へ讓渡す。

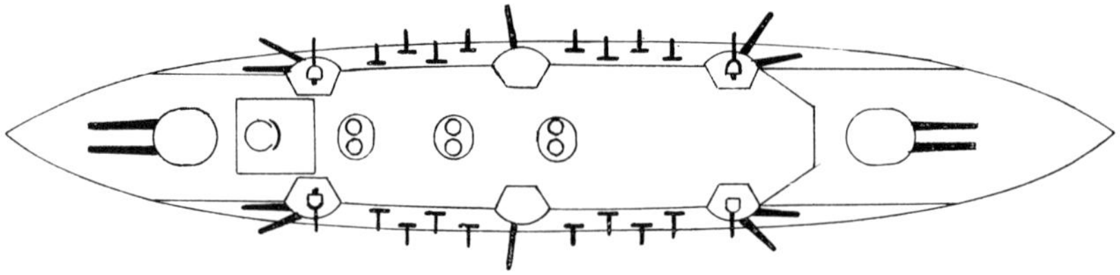

—— 要　　目 ——

長	435 呎	兵裝	25 拇砲 4
幅	750 呎		15 拇砲 10
吃水	27.25 呎		8 拇砲 16
排水量	12,674 噸		2.5 听砲 4
機關	直立三汽筩三聯成汽機3基、ベルビル30臺		發射管 2
馬力	14,500	起工	明治 28-11-21
速力	19	進水	同 31- 5-19
乘組人員	732	竣工	同 34- 6
船材	鋼(シーズト式)	建造所	露國ニュー•アドミラルチー造船所

宗　谷（そうや）

艦種　二等巡洋艦　二檣(信號用)

艦名考　岬名なり、北海道宗谷郡宗谷岬に採る、宗谷岬は北海道の最北端に位し樺太の能登呂岬と相對して宗谷海峽を作る。

艦歴　明治32年米國「クランプ」社に於て進水、舊露國軍艦、原名「ワリヤーグ」。

明治37年2月9日日露開戰の當初、仁川沖の海戰に於て我が艦隊の爲に大損傷を受け、仁川錨地に遁走して遂に自ら覆沒、後ち之を我が海軍にて收容引揚げ、同38年8月22日帝國軍艦と定め「宗谷」と命名。同41年練習艦隊に編入、爾來少尉候補生の爲に遠洋航海の途に就くこと數次、大正5年4月4日世界大戰に際し露國政府に讓渡。

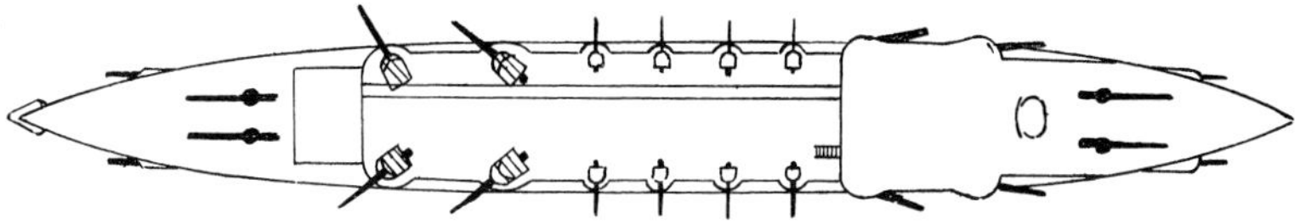

―要　目―

長	400呎	兵裝	6吋砲 12
幅	52呎		3吋砲 10
吃水	20呎		2.5听砲 2
排水量	6,500噸		機砲 2
機關	四汽筩直立三聯成汽機2基　宮原式罐		發射管 3
馬力	20,000	起工	明治31
速力	23	進水	同 32-10
乘組人員	620	竣工	同 34
船材	鋼(シーズド式)	建造所	米國費府

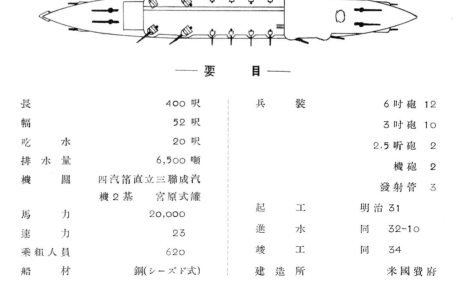

津　輕 (つがる)

艦種　二等巡洋艦　二檣(信號用)

艦名考　海峽名なり、津輕海峽に採る。

艦歴　舊露國軍艦、原名「パルラダ」、明治32年露國「グレルヌイ」島海軍工廠にて進水。同37年2月日露戰役の劈頭、我が驅逐隊襲撃に於て先づ傷き、後ち8月10日の海戰に參加、其の後旅順港内に破壊沈沒、同38年1月1日(旅順の露軍降服開城の日)之が收容引揚に着手、同年8月22日帝國軍艦と定め「津輕」と命名。大正9年敷設艦に編入。同11年4月1日除籍。

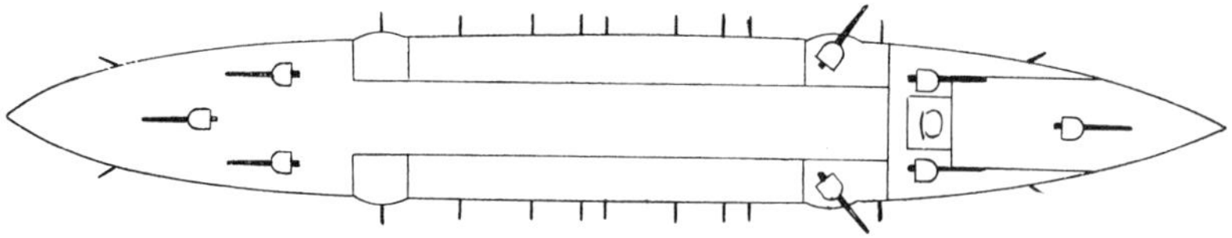

―要　目―

長	416呎	兵裝	15拇砲 8
幅	55呎		8拇砲 12
吃水	21.0呎		機砲 2
排水量	6,630噸		發射管 3
機關	横置三汽筩三聯成汽機	起工	明治29
	3基、ベルビル罐24臺	進水	同 32-8-28
馬力	11,600	竣工	同 35
速力	20	建造所	露國グレルヌイ
乗組人員	532		海軍工廠
船材	鋼(シーズド式)		

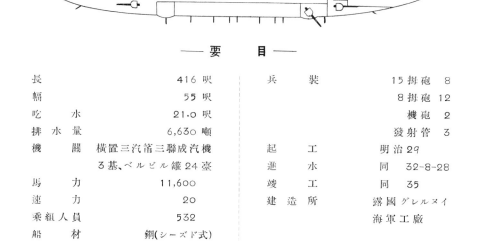

阿　　蘇(あ　そ)

艦　種　巡洋艦二等　二檣(信號用)

艦名考　山名なり、肥後國阿蘇嶽に採る、此山は肥後國阿蘇郡の中央に在る活火山なり、標高 5,577 尺。

艦　歴　舊露國軍艦、原名「バヤーン」、明治 33 年佛國「ラセーヌ」に於て進水。

明治 36 年 12 月 2 日旅順に回航、同37年 2 月日露開戦後太平洋艦隊として旅順にありて活動し、其の高速力は我が驅逐隊の最も惱む所となる、同 37 年 7 月 27日機雷に觸れ大損傷を蒙り、以來旅順港内に蟄居し出でず。復た後ち港内に於て破壊沈沒、同 38 年 1 月 1 日(旅順の露軍降服開城の日)我が海軍之が收容引揚に着手、同年 8 月 22 日帝國軍艦と定め「阿蘇」と命名。大正 3 年乃至 9 年戰役從軍：同 9 年敷設艦に編入。

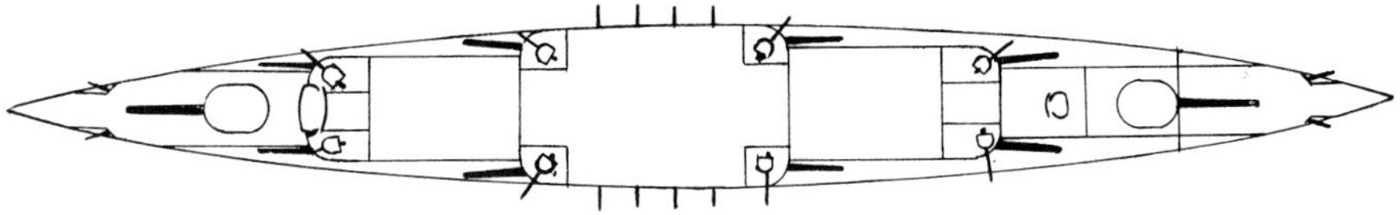

―― 要　　目 ――

長	452 呎	兵　裝	25 拇砲　2
幅	55.75 呎		15 拇砲　8
吃　水	22 呎		5 拇砲　4
排水量	7,800 噸		機砲　2
機　關	直立汽筩三聯成汽機 2 基　宮原式罐		發射管　2
		起　工	
馬　力	17,000	進　水	明治 33-5-12
速　力	22	竣　工	同　35
乗組人員	740	建造所	佛國セーヌ
船　材	鋼(甲帯20粍)		

肥　前（ひぜん）

艦種　一等戰艦　二檣(戰闘樓あり)

艦名考　國名なり、肥前國に採る。

艦歴　米國費府造船所に於て建造、明治33年進水、舊露國軍艦、原名「レトヴヰザン」。

日露戰役中露國太平洋艦隊に屬し明治37年8月10日黄海々戰に參加、後ち旅順港内に於て破壞沈沒、同38年1月1日(旅順の露軍降服開城の日)我が海軍之が收容引揚に着手、同年9月24日帝國軍艦と定め「肥前」と命名、同年12月戰艦の等級を癈せらる。

大正3年乃至9年戰役(日獨)從軍：同3年10月遣米支隊に屬し布哇・北米・中米方面の警備(艦長大佐川浪安勝)、同7年7月第三艦隊に屬し露領沿岸警備(艦長大佐生野太郎八)、同8年9月同前の任務に就く(艦長大佐匝瑳胤次)、同10年一等海防艦に編入、同12年9月20日除籍、癈棄(華府條約による)。

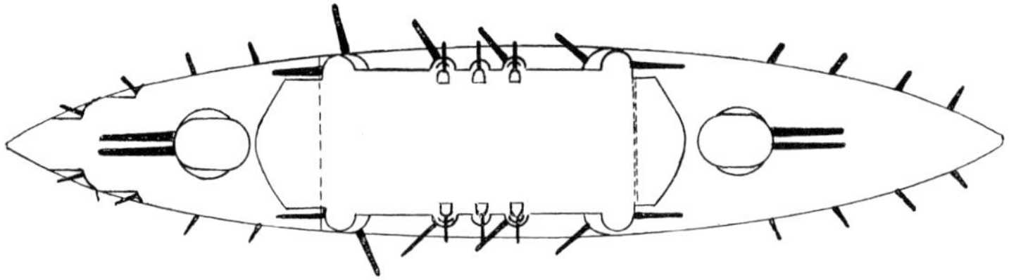

要　目

長	372 呎	兵裝	12吋砲　4
幅	72 呎		6吋砲　12
吃水	24.9 呎		12听砲　14
排水量	12,700 噸		5听砲　4
機關	三汽筩聯成汽機2基 ニクローズ式		機砲　4
			發射管　2
馬力	16,000	起工	明治31-12
速力	18	進水	同　33-10-23
乗組人員	750	竣工	同　35- 3-25
船材	鋼(甲帶225粍)	建造所	米國費府

松　江（まつえ）

艦　種　三等海防艦　二檣(信號用)

艦名考　川名なり、本艦の舊名「ズンガリー」即ち滿洲「ズンガリー」河の和名に採る。

艦　歴　舊露國義勇艦隊汽船、原名「ズンガリー」、明治 31 年英國「キングホーン」にて進水、同 37 年 2 月、日露戰當時「ワリヤーグ」と共に仁川に在り、脱出すること不可能なるを知り、同 2 月 8 日の初夜乘員退去後自ら放火して之を遺棄す。我が海軍之を收容し、同 37 年 6 月、三菱長崎造船所をして引揚に着手せしめ、同 8 月 6 日浮揚す。同 39 年 3 月 8 日帝國軍艦と定め「松江」と命名、大正元年 8 月海防艦の等級改正に由り其の二等に列す、同 3 年乃至 9 年戰役(日獨)從軍：青島戰に參加(艦長大佐高木東太郎)、其の後、測量艦として永く各方面に活動。

―― 要　目 ――

長	237 呎	兵　裝	5糎砲　2
幅	34 呎 1¼ 吋	起　工	
吃　水	14 呎	進　水	明治 31
排水量	2,550 噸	竣　工	同　31-6
機　關	直立三段膨脹1　圓罐	建造所	英國スコット社
馬　力	839		
速　力	11		
乘組人員			
船　材	鋼		

周　防 (すはう)

艦種　一等戰艦　二檣(戰闘樓あり)

艦名考　國名なり、周防國に採る。

艦歴　舊露國軍艦、原名「ポビエダ」、露國「ニュー・アドミラルチー」造船所建造、明治33年進水。

日露戰役に露國太平洋艦隊として明治37年8月10日黄海々戰に參加、後ち旅順港内に於て破壞沈沒、同39年1月1日(旅順の露軍降服開城の日)我が海軍之が收容引揚に着手、同年10月25日帝國軍艦と定め「周防」と命名、同年12月戰艦の等級を廢せらる。大正元年一等海防艦に編入、同3年乃至9年戰役(日獨)に從軍: 同3年8月第二艦隊第二戰隊に屬し青島戰に參加(第二艦隊司令長官中將加藤定吉旗艦、艦長大佐丸橋彦三郎)、同11年4月1日除籍。

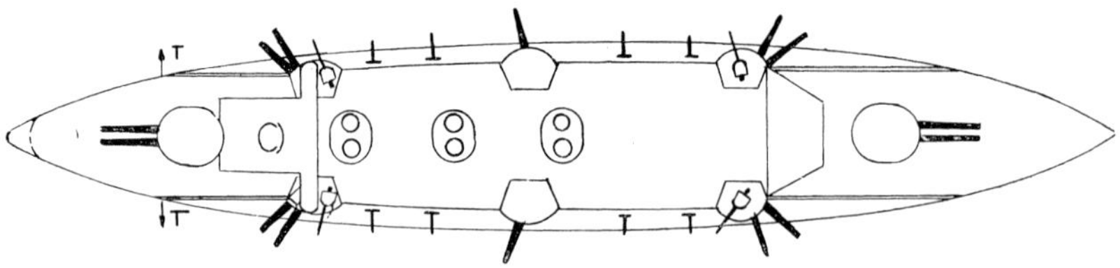

──要　目──

長	435 呎	兵裝	25 拇砲 4
幅	71.5 呎		15 拇砲 10
吃水	26.0 呎		8 拇砲 18
排水量	12,674 噸		機砲 3
機關	直立聯成汽機3基 ベルビル罐30臺		發射管 2
		起工	明治 31-8-1
馬力	14,500	進水	同 33-5-24
速力	19	竣工	同 34
乘組人員	732	建造所	露國ニュー・アドミラルチー造船所
船材	鋼(シーズト式)		

満　州（まんしう）

艦種　通報艦　二檣(信號用)

艦名考　地方名なり、艦の舊名「マンチュリア」の和名に採る。

艦歴　舊露國義勇艦隊、日露戰役戰利汽船、明治37年2月長崎に於て拿捕、原名「マンチュリア」、同39年3月8日帝國軍艦と定め「滿州」と命名、元來露國義勇艦隊として壯麗なる客室と高速を有したるため、軍艦と定められたる後は屢々特命檢閲使等の乘艦に使はれ、又觀艦式の供奉艦等に服役せり。大正元年二等海防艦に編入。同3-9年役(日獨)從軍：昭和7年4月1日除籍。

―要　目―

長	343呎	兵裝	8糎砲　2
幅	45呎5吋		5糎砲　1
吃水	16呎1吋	起工	
排水量	3,510噸	進水	明治34
機關	雙螺旋	竣工	
馬力		建造所	墺國トリエスト
速力			
乘組人員			
船材	鋼		

叢　雲（むらくも）【初代】

明治 37•8 年戰役從軍(第五驅逐隊)：明治 37 年 8 月 10 日黄海々戰(艦長少佐松岡修藏)、同 38 年5月 27 日、日本海々戰に參加（艦長少佐島内桓太)、大正 8 年 4 月 1 日驅逐艦籍より除き同日更に特務艇と定む、同 11 年 4 月 1 日除籍。

東　雲（しののめ）【初代】

明治 37•8 年戰役從軍(第三驅逐隊)：同 37 年2月 8 日旅順口第一次攻撃に參加（艦長大尉吉田孟子)、同 3 月 10 日旅順口外に於て敵の要塞砲火の下に優勢なる敵驅逐隊と「舷々相摩」の激戰を敢行し奇功を奏す、同8月 10 日黄海々戰、同 38 年5月日本海々戰に參加(司令中佐吉島重太郎、艦長同前)、大正２年7月 20 日臺灣近海に於て沈沒。

夕　霧（ゆうぎり）【初代】

明治 37•8 年戰役從軍（第四驅逐隊)：同 37 年 8 月黄海々戰(艦長少佐鍵和田專太郎)、同 38 年 5 月日本海々戰に參加(艦長海軍少佐田代巳代次)、大正 8 年 4 月 1 日驅逐艦籍より除き 同日更に 特務艇と 定む、同 10 年 4 月 1 日除籍。

不知火（しらぬひ）

明治 37•8 年戰役從軍（第五驅逐隊)：同 37 年 8 月黄海々戰(艦長少佐西尾雄次郎)、同 38 年5月日本海海戰に參加(司令中佐廣瀬順太郎、艦長大尉桑島省三)、大正 3 年乃至 9 年戰役（日獨）從軍、同 11 年 4 月 1 日驅逐艦籍より除き同日更に特務艇と定む、同 12 年 8 月 1 日除籍。

陽　炎（かげろう）

明治 37•8 年戰役從軍（第五驅逐隊)： 37 年 8 月黄海々戰(艦長少佐井手篤行、司令中佐眞野巖次郎)、38 年 5 月、日本海々戰に參加(艦長大尉吉川安平)、同月 28 日漣と共に敵驅逐艦「ベドウイ」を捕獲し敵將「ロジェストウェンスキー」中將を虜にす、大正 3 年乃至 9 年戰役（日獨）從軍：青島戰に參加、同 11 年4月 1 日除籍。

薄　雲（うすぐも）【初代】

明治 37•8 年戰役從軍（第三驅逐隊)：同 37 年 2 月旅順口第一次攻撃に參加（司令中佐土屋光金、艦長少佐大山鷹之助)、同 37 年 8 月旅順口外に於て敵の要塞砲火の下に優勢なる敵驅逐隊と舷々相摩するの激戰を敢行し奇功を奏す、同 37 年 8 月黄海々戰に參加（艦長同前)、同38年 5 月 27 日日本海々戰に參加(艦長少佐増田忠吉郎)、大正 11 年 4 月 1 日驅逐艦籍より除き 同日更に特務艇と定む、同 10 年 8 月 1 日除籍。

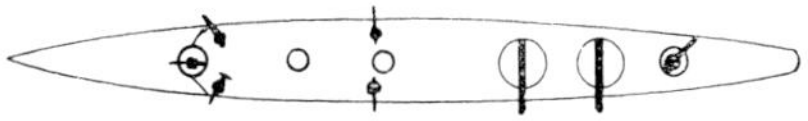

── 要　　目 ──

長	208 呎 5 吋	速力	30
幅	19 呎 7 吋	乗組人員	58
吃水	5 呎 8 吋	船材	鋼
排水量	322 噸	兵装	12 听砲 2
機關	三回膨脹機 2 ソーニクロフト罐 3 雙螺旋		57 粍砲 4
			發射管 2
馬力	5,470		探照燈 1

	起工	進水	竣工	建造所
叢雲	明治 30-10	明治 31-11-16	明治 31-12-29	英國ソーニ・クロフト社
東雲	同 30-10	同 31-12-14	同 32- 2- 1	同
夕霧	同 30-11	同 32- 1-26	同 32- 3-10	同
不知火	同 31- 1	同 32- 3-15	同 32- 5-15	同
陽炎	同 31- 8	同 32- 8-23	同 32-10-31	同
薄雲	同 31- 9	同 33- 1-16	同 33- 2- 1	同

雷　(いかづち)

明治 37•8 年戰役從軍(第二驅逐隊): 同 37 年 2 月 8 日旅順口第一次攻撃に參加(司令中佐石田一郎、艦長大尉三村錦三郎)、同 37 年 8 月 10 日黃海々戰に參加(艦長同前)、同 38 年 5 月 27 日日本海々戰に參加(艦長少佐齋藤半六)、大正 2 年 11 月除籍。

電　(いなづま)

明治 37•8 年戰役從軍(第二驅逐隊): 同 37 年 2 月 8 日旅順口第一次攻擊に參加(艦長少佐篠原利七)、同 37 年 8 月 7 日黃海海戰に參加(艦長同右)、同 38 年 5 月 27 日日本海々戰に參加(艦長少佐菅哲一郎)、同 43 年 9 月 15 日除籍。

曙　(あけぼの)

明治 37•8 年戰役從軍(第二驅逐隊): 同 37 年 8 月 10 日黃海海戰に參加(艦長大尉九津見雅雄)、同 38 年 5 月 27 日日本海々戰に參加(艦長大尉山内四郎)、大正 10 年 4 月 30 日驅逐艦籍より除き同日更に特務艇と定む、同年 4 月 30 日除籍。

漣　(さゞなみ)

明治 37•8 年戰役從軍(第三驅逐隊): 同 37 年 2 月 8 日旅順口第一次攻擊に參加(艦長少佐近藤常松)、同 3 月 10 日旅順口外に於て敵の要塞砲火の下に優勢なる敵驅逐隊と舷々相摩するの激戰を敢行し奇功を奏す、同 8 月 10 日黃海々戰に參加(艦長同前)、同 38 年 5 月 27 日日本海々戰に參加(艦長少佐相羽恒三)、同月 28 日陽炎と共に敵驅逐艦「ベドウイ」を捕獲し敵司令長官「ロジェストウェンスキー」中將を虜にす、大正 2 年 4 月 1 日除籍。

朧　(おぼろ)

明治 37•8 年戰役從軍(第二驅逐隊): 同 37 年 2 月 8 日旅順口第一次攻擊に參加(艦長大尉竹村伴吾)、同 37 年 8 月 10 日黃海海戰に參加(艦長同前)、同 38 年 5 月 27 日日本海々戰に參加(司令大佐矢島純吉、艦長大尉藤原英三郎)、大正 10 年 4 月 30 日除籍(特務艇に編入其後廢艇)。

霓　(にじ)

明治 33 年北淸事變從軍: 同 7 月 29 日山東省南東岬角附近にて濃霧の爲め坐礁沈沒。

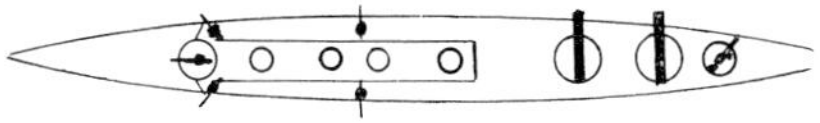

── 要　目 ──

長	220 呎 8 吋
幅	20 呎 7 吋
吃水	5 呎 3 吋
排水量	345 噸
機關	三回膨脹式 2、雙螺旋 ヤーロー罐 4
馬力	6,000

速力	31
乘組人員	62
船材	
兵裝	12 听砲 2 57 粍砲 4 發射管 2 探照燈 1

	起工	進水	竣工	建造所
雷	明治 30- 9	明治 31-11-15	明治 32- 2-25	英國ヤーロー社
電	同 30-11	同 32- 1-28	同 32- 4-25	同
曙	同 31- 2	同 32- 4-25	同 32- 7- 3	同
漣	同 30- 6	同 32- 7- 8	同 32- 8-28	同
朧	同 32- 1	同 32-10-15	同 32-11- 1	同
霓	同 32- 1	同 32-12-15	同 33- 1- 1	同

暁　(あかつき)

明治37•8年戰役從軍(第一驅逐隊): 同37年2月8日旅順口第一次攻擊に參加(艦長大尉末次直次郎)、同37年3月10日旅順口外に於て敵の要塞砲火の下に優勢なる敵驅逐隊と舷々相摩するの激戰を敢行し奇功を奏す(艦長同前)、同37年5月17日旅順口沖合に於て機械水雷に觸れ瞬時にして沈沒。艦長末次大尉外准士官6名、下士卒16名殉難。

霞　(かすみ)

明治37•8年戰役從軍(前半期第一、後半期第三驅逐隊): 同37年2月8日旅順口第一次攻擊に參加(艦長少佐大島正毅)、同37年3月10日旅順口外に於て敵の要塞砲火の下に優勢なる敵驅逐隊と舷々相摩するの激戰を敢行し奇功を奏す(艦長同前)、同37年8月10日黃海々戰に參加、同38年5月、日本海々戰に參加(第三驅逐隊、艦長少佐白石直介)、大正2年4月1日除籍。

── 要　目 ──

長	220呎8吋	速力	31
幅	20呎6吋	乘組人員	62
吃水	5呎3吋	船材	
排水量	363噸	兵裝	12听砲　4
機關	三回膨脹機2		57粍砲　4
	ヤーロー罐4		發射管　2
馬力	6,000		探照燈　1

	起工	進水	竣工	建造所
暁	明治33-12-10	明治34-2-13	明治34-12-14	英國ヤーロー社
霞	同　34-2-1	同　35-1-23	同　35-2-14	同

白　　雲 （しらくも）

明治 37•8 年戰役從軍（前半期第一、後半期第四驅逐隊）: 同 37 年 2 月 8 日旅順口第一次攻擊に參加（司令大佐淺井正次郎、艦長少佐狹間光太）、同 37 年 3 月 10 日旅順口外に於て敵の要塞砲火の下に優勢なる敵驅逐隊と舷々相摩するの激戰を敢行し奇功を奏す（司令、艦長同前）、同 37 年 8 月 10 日黃海々戰に參加、同 38 年 5 月 27 日、日本海々戰に參加（第四驅逐隊、艦長少佐鎌田政猷）、大正 3 年乃至 9 年戰役（日獨）從軍: 青島戰に參加、同 11 年 4 月 1 日驅逐艦籍より除き更に特務艇と定む、同 12 年 4 月 1 日除籍。

朝　　潮 （あさしほ）

明治 37•8 年戰役從軍（前半期第一、後半期第四驅逐隊）: 同 37 年 2 月 8 日旅順口第一次攻擊に參加（艦長少佐永松光敬）、同 37 年 3 月 10 日旅順口外に於て敵の要塞砲火の下に優勢なる敵驅逐隊と舷々相摩するの激戰を敢行し奇功を奏す（艦長同前）、同 37 年 8 月 10 日黃海々戰に參加、同 38 年 5 月 27 日日本海々戰に參加（第四驅逐隊、艦長少佐南里團一）、大正 3 年乃至 9 年戰役（日獨）從軍: 青島戰に參加、同 11 年 4 月 1 日驅逐艦籍より除き同日更に特務艇と定む、同 12 年 4 月 1 日除籍。

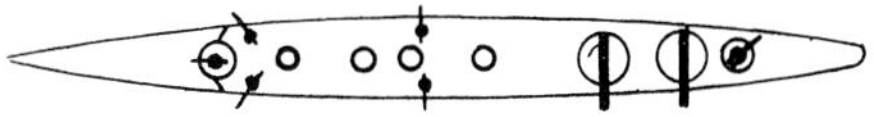

—— 要　　目 ——

長	216 呎 2 吋	速　力	31
幅	20 呎 1 吋	乘組人員	62
吃　水	6 呎 0 吋	船　材	
排水量	330 噸	兵　裝	12 听砲　2
機　關	三回膨脹式 2		57 粍砲　4
	ソニークロフト罐 3		發射管　2
馬　力	7,000		探照燈　1

	起　工	進　水	竣　工	建造所
白　雲	明治 34- 2- 1	明治 34-10- 1	明治 35- 2-13	英國ソニークロフト社
朝　潮	同　34- 4- 3	同　35- 1-10	同　35- 5- 4	同

春　雨 （はるさめ）

明治 37•8 年戰役從軍（前半期第四、後半期第一驅逐隊）: 同 27 年 2 月 15 日旅順口第二次攻擊に參加（艦長少佐有馬律三郎）、同 37 年 8 月 10 日黃海々戰に參加（艦長同前）、同 38 年 5 月 27 日、日本海々戰に參加（第一驅逐隊、司令大佐藤本秀四郎、艦長大尉庄野義雄）、同 44 年 11 月 24 日志摩國菅埼附近に於て擱坐沈沒。

村　雨 （むらさめ） 【初代】

明治 37•8 年戰役從軍（第四驅逐隊）: 同 37 年 2 月 15 日旅順口第二次攻擊に參加（艦長少佐水町元）、同 37 年 8 月 10 日黃海々戰に參加（艦長同前）、同 38 年 5 月 27 日、日本海々戰に參加（第四驅逐隊、艦長少佐小林研藏）、大正 3 年乃至 9 年戰役從軍: 青島戰に參加、同 11 年 4 月 1 日驅逐艦籍より除き同日更に特務艇と定む、同 12 年 4 月 1 日除籍。

速　鳥 （はやとり）

明治 38•8 年戰役從軍（第驅逐隊）: 同 37 年 2 月 15 日旅順口第二次攻擊に參加（司令中佐長井群吉、艦長少佐竹內次郎）、同 37 年 8 月 10 日黃海々戰に參加、（司令、艦長同前）、同 37 年 9 月 3 日旅順口外封鎖配備に就かんとする際、機械水雷に觸れ沈沒（准士官以上 3 名、下士卒 17 名殉難）。

朝　霧 （あさぎり）

明治 37•8 年戰役從軍（第驅逐隊）: 同 37 年 2 月 15 日旅順口第二攻擊に參加（艦長少佐石川壽次郎）、同 38 年 8 月 10 日黃海々戰に參加（艦長同前）、同 38 年 5 月 27 日、日本海々戰に參加（司令中佐鈴木貫太郎、艦長大尉飯田延太郎）、大正 3 年乃至 9 年戰役（日獨）從軍: 青島戰に參加、同 11 年 4 月 1 日驅逐艦籍より除き同日更に特務艇と定む、同11年 4 月 1日除籍。

有　明 （ありあけ）

明治 37•8 年戰役に從軍: 大正 3 年乃至 9 年戰役に從軍: 青島戰に參加、同 13 年 12 月 1 日除籍。

── 要　目 ──

長	227 呎	乘組人員	62
幅	21 呎 7 吋	船材	鋼
吃水	6 呎	兵裝	12 听砲 2
排水量	375 噸		57 粍砲 4
機關	三回膨脹式 2　艦本罐 4		發射管 2
馬力	6,000		探照燈 1
速力	29		

	起工	進水	竣工	建造所
春雨	明治 35- 3- 1	明治 35-10-31	明治 36- 6-26	橫須賀
村雨	同 35- 3-20	同 35-11-29	同 36- 7- 7	同
速鳥	同 35- 4-15	同 36- 3-12	同 36- 8-24	同
朝霧	同 35- 4-15	同 36- 4-15	同 36- 9-18	同

山　彦（やまひこ）

舊露國驅逐艦、原名「レシテルヌイ」、明治37年8月10日芝罘にて捕獲、沈沒驅逐艦曉の一時代艦として使用す、同38年1月17日帝國驅逐艦と定め「山彦」と命名す、大正6年4月1日除籍。

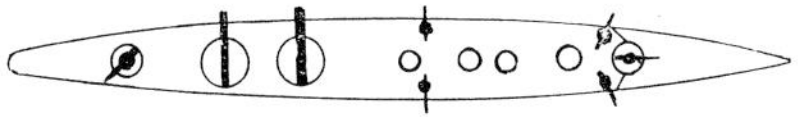

——要　目——

長	190呎	兵裝	3吋砲　2
幅	18呎9吋		3听砲　4
吃水	6呎		發射管　2
排水量	240噸		探照燈　1
機關		起工	
馬力	4,000	進水	
速力	23	竣工	
乗組人員	56	建造所	露國
船材	鋼		

皐　月（さつき）

舊露國驅逐艦、原名「ビェドヴヰ」、明治38年5月日本海々戰の際、負傷せる露國司令長官「ロゼストウェンスキー」を收容、戰場を逃れしも、我驅逐艦漣のため捕獲せらる、同38年6月6日帝國驅逐艦と定む。大正2年4月1日除籍。

――要　目――

長	196呎9吋	兵　裝	
幅	18呎4吋	起　工	
吃　水	6呎	進　水	
排水量	350噸	竣　工	
機　關		建造所	露國
馬　力	6,000		
速　力	26.0		

文　月（ふみづき）

舊露國驅逐艦、原名「シールヌイ」、明治38年1月旅順開城の際擱坐破損せしものを收容、同38年9月2日帝國驅逐艦と定む。大正2年4月1日除籍、記念のため箱崎八幡宮に獻納。

―要　目―

長	190呎3吋	兵装	
幅	18呎9吋	起工	
吃水		進水	
排水量	240噸	竣工	
機關		建造所	露國
馬力	3,800		
速力	26		

巻　雲 (まきぐも)

舊露國驅逐艦、原名「フサドニック」

敷　波 (しきなみ)

舊露國驅逐艦、原名「ガイダマーク」、明治38年1月旅順開城の際、旅順口内に沈沒せるものを收容、同38年10月31日帝國驅逐艦と定む。大正2年4月1日除籍。

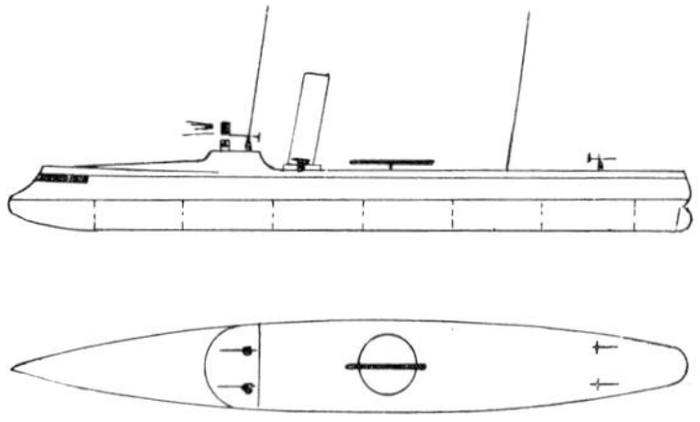

―― 要　目 ――

長	192呎5吋	船材	鋼
幅	24呎2吋	兵装	3听砲　6
吃水			1听砲　2
排水量	400噸		發射管　2
機關	三聯成機2基、ベルビル	起工	
馬力	3,000	進水	明治36
速力	22	竣工	
乘組人員	21	建造所	露國

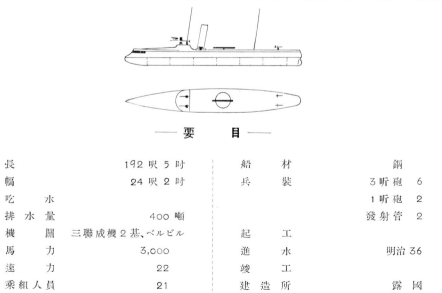

水雷艇白鷹

明治37·8年戰役從軍(第十六艇隊): 同37年8月10日、黃海々戰に參加(司令兼艇長少佐若林欽)、同38年5月27日、日本海々戰に參加(司令兼艇長同前)、大正11年11月除籍。

要目

長	152′-7″	兵裝	57粍砲 3
幅	16′-9″		發射管 3
吃水	4′-9″		探照燈 1
排水量	123 噸	起工	明治32-3-3
機關	三聯機2 雙螺旋	進水	同 32-6-10
	ソーニクロフト罐2	竣工	同 33-6-22
馬力	2,600	建造所	獨逸シーショー社 (三菱組立)
速力	28		
乘組人員	30		
船材	鋼		

第三十一號水雷艇

明治37•8年戰役從軍（第十七艇隊）：同38年5月27日、日本海々戰に參加（艇長大尉山口宗太郎）、大正2年4月除籍。

第三十二號水雷艇

明治37•8年戰役從軍（第十艇隊）： 日本海々戰に參加(艇長大尉人見三良)、大正2年4月除籍。

第三十三號水雷艇

明治37•8年戰役從軍（第十七艇隊）： 日本海々戰に參加（艇長大尉河北一男）、大正3年11月日獨戰役中膠州灣に於て沈沒。

第三十四號水雷艇

明治37•8年戰役に從軍（第十七艇隊）： 日本海々戰に參加(司令兼艇長少佐青山芳得)、襲擊に際し敵彈を被り浸水し沈沒（司令以下全部六十一號艇に收容せらる）。

第三十五號水雷艇

明治37•8年戰役從軍（第十八艇隊）： 日本海々戰に參加（艇長大尉副島村八）、大正2年4月除籍。

第三十六號水雷艇

明治37•8年戰役從軍（第十八艇隊）： 日本海々戰に參加(司令兼艇長少佐河田勝治)、敵彈の爲め沈沒（乘員は全部第三十一號艇に收容せらる）。

第三十七號水雷艇

明治37•8年戰役從軍（第二艇隊）：同37年8月10日黃海々戰に參加、大正2年4月除籍。

第三十八號水雷艇

明治37•8年戰役從軍（第二艇隊）：黃海々戰に參加、大正2年4月除籍。

―― 要　目 ――

長	127′-11″	馬力	1,200
幅	15′-9″	速力	24
吃水	3′-5″	乘組人員	
排水量	83噸	船材	
機關	三回膨脹聯成機 單螺旋　水罐2	兵裝	47粍砲　2 發射管　3

	起工	進水	竣工	建造所
第三十一號	明治31-11-19	明治32-2-14	明治33-1-22	獨逸シーショー(佐世保組立)
第三十二號	同　31-11-18	同　32-2-20	同　33-3-7	同
第三十三號	同　31-12-23	同　32-3-7	同　33-2-14	同
第三十四號	同　31-12-22	同　32-3-15	同　33-3-7	同
第三十五號	同　32-3-15	同　32-6-5	同　33-3-22	獨逸シーショー(川崎造船所組立)
第三十六號	同　32-3-15	同　32-6-14	同　33-4-9	同
第三十七號	同　32-3-3	同　32-5-10	同　33-3-23	獨逸シーショー(三菱造船所組立)
第三十八號	同　32-3-3	同　32-5-22	同　33-3-23	同

第三十九號水雷艇　明治37•8年戰役に從軍(第十六艇隊)：同37年8月10日黃海々戰に參加(艇長大尉橫尾義達)、大正2年4月除籍。

第四十號水雷艇　明治37•8年戰役に從軍(第十艇隊)：同37年8月10日黃海々戰に參加(艇長大尉山下正武)：同38年5月27日、日本海海戰に參加(艇長大尉中原彌平)、大正2年4月除籍。

第四十一號水雷艇　明治37•8年戰役に從軍(第十艇隊)：同37年8月10日黃海々戰に參加(艇長大尉水野廣德)、同38年5月27日、日本海海戰に參加(艇長同前)、大正2年4月除籍。

第四十二號水雷艇　明治37•8年戰役に從軍(第十艇隊)：同37年8月10日黃海々戰に參加(艇長大尉中堀彥吉)、同37年12月14日旅順沖にて敵艦「セバストポリー」襲擊の際敵彈のため沈沒。

第四十三號水雷艇　明治37•8年戰役に從軍(第十艇隊)：同37年8月10日黃海々戰に參加(司令兼艇長少佐大瀧道助)、同38年5月27日、日本海々戰に參加(艇長同前)、大正2年4月除籍。

第六十二號水雷艇　明治37•8年戰役に從軍(第二十艇隊)：同37年8月10日黃海々戰に參加(司令兼艇長少佐荒川仲吾)、同38年5月27日、日本海々戰に參加(艇長大尉戶名肱三郎)、大正2年4月除籍。

第六十三號水雷艇　明治37•8年戰役に從軍(第二十艇隊)：同37年8月10日黃海々戰に參加(艇長大尉中村正奇)、同38年5月27日、日本海海戰に參加(艇長大尉江口金馬)、大正2年4月除籍。

第六十四號水雷艇　明治37•8年戰役に從軍(第二十艇隊)：同37年8月10日黃海々戰に參加(艇長大尉田尻唯二)、同32年5月27日、日本海海戰に參加(艇長大尉富永寅次郎)、大正2年4月除籍。

第六十五號水雷艇　明治37•8年戰役に從軍(第二十艇隊)：同37年8月10日黃海々戰に參加(艇長大尉三宅大太郎)、同38年5月27日、日本海々戰に參加(司令兼艇長少佐久保來復)、大正2年4月除籍。

第六十六號水雷艇　明治37•8年戰役に從軍(第十六艇隊)：同37年8月10日黃海々戰に參加(艇長大尉角田貫三)、同38年5月27日、日本海海戰に參加(艇長同前)、大正5年7月除籍。

―要　目―

長	153′-7″	馬力	2,000
幅	15′-3″	速力	27
吃水	3′-6″	乘組人員	
排水量	110噸	船材	鋼
機關	三回膨脹聯成機 單螺旋､水管罐2	兵裝	47粍砲　2 發射管　3

	起工	進水	竣工	建造所
第三十九號	明治33-8-7	明治33-11-4	明治34-2-6	英國ヤーロー(横須賀組立)
第四十號	同　33-8-7	同　33-11-20	同　34-3-4	同
第四十一號	同　33-8-7	同　33-12-5	同　34-3-7	同
第四十二號	同　33-8-18	同　33-12-20	同　34-4-29	同
第四十三號	同　33-9-10	同　34-1-10	同　34-1-29	同
第六十二號	同　32-9-15	同　34-7-3	同　35-3-16	同
第六十三號	同　32-9-15	同　34-7-18	同　35-2-26	同
第六十四號	同　32-9-15	同　34-12-3	同　35-3-25	同
第六十五號	同　32-9-15	同　34-9-14	同　35-3-15	同
第六十六號	同　32-12-23	同　34-12-16	同　35-4-1	同

第四十四號水雷艇

明治37・8年戰役從軍（第二十一艇隊）：同37年8月10日黄海々戰に參加、大正2年4月除籍。

第四十五號水雷艇

明治37・8年戰役從軍（第二艇隊）：同37年8月10日黄海々戰に參加、大正2年4月除籍。

第四十六號水雷艇

明治37・8年戰役從軍（第二艇隊）：同37年8月10日黄海々戰に參加、大正2年4月除籍。

第四十七號水雷艇

明治37・8年戰役從軍（第二十一艇隊）：同37年8月10日黄海々戰參加、大正元年9月23日三國港にて擱坐沈沒。

第四十八號水雷艇

明治37・8年戰役從軍（第二十一艇隊）：同37年5月12日旅順沖大窰口の掃海作業中沈置水雷に觸れ沈沒（乗組海軍少尉陰山英榮外准士官1、下士卒5名殉難）。

第四十九號水雷艇

明治37・8年戰役從軍（第二十一艇隊）：同37年8月10日黄海々戰參加、大正3年4月除籍。

―要目―

長	127'-11"	馬力	1,200
幅	15'-9"	速力	24
吃水	3'-5"	乗組人員	
排水量	85噸	船材	鋼
機關	三聯成機、單螺旋	兵装	43粍砲　2
	水管罐2		發射管　3

	起工	進水	竣工	建造所
第四十四號	明治 33-1-9	明治 33-4-9	明治 33-8-17	獨シーショー（横須賀組立）
第四十五號	同 33-1-9	同 33-3-26	同 33-8-21	同
第四十六號	同 33-1-9	同 33-3-26	同 33-8-21	同
第四十七號	同 33-4-24	同 33-5-30	同 33-10-1	獨シーショー（佐世保組立）
第四十八號	同 33-4-23	明 33-7-3	同 33-10-14	同
第四十九號	同 33-4-23	同 33-6-14	同 33-11-2	同

第五十號水雷艇

明治37•8年戰役從軍（第十二艇隊）：同37年8月10日黃海々戰參加、同45年4月除籍。

第五十一號水雷艇

明治37•8年戰役從軍（第十二艇隊）：同37年6月28日旅順口外より裏長山列島に歸航の途次濃霧に襲はれ擱坐沈沒、權藤董義艇長外准士官1、下士卒11名殉難。

第五十二號水雷艇

明治37•8年戰役從軍（第十二艇隊）：同37年8月10日黃海々戰參加、同45年4月除籍。

第五十三號水雷艇

明治37•8年戰役從軍（第十二艇隊）：同37年8月10日黃海々戰參加、同37年12月旅順口港外の敵艦「セバストポリー」襲撃に向ひたるまま歸來せず。

第五十四號水雷艇

大正3年4月除籍。

第五十五號水雷艇

大正2年4月除籍。

― 要　目 ―

長	111′-7″	馬力	657
幅	11′-6″	速力	20
吃水	2′-11′	乘組人員	
排水量	53 噸	船材	鋼
機關	三聯機、單螺旋	兵裝	47粍砲 1
	ノルマン罐 1		發射管 2

	起工	進水	竣工	建造所
第五十號	明治32-4-15	明治33-6-26	明治33-11-3	横須賀造船廠
第五十一號	同 32-5-4	同 33-7-9	同 33-11-3	同
第五十二號	同 32-5-15	同 33-7-24	同 34-2-18	同
第五十三號	同 33-4-11	同 33-9-28	同 34-4-22	吳造船廠
第五十四號	同 33-4-12	同 33-10-30	同 34-4-22	同
第五十五號	同 33-5-1	同 33-11-21	同 34-5-16	同

第五十六號水雷艇

明治37・8年戰役從軍(第六艇隊): 同37年8月10日黄海々戰參加、大正2年4月除籍。

第五十七號水雷艇

明治37・8年戰役從軍(第六艇隊): 同37年8月10日黄海々戰參加、大正2年4月除籍。

第五十八號水雷艇

明治37・8年戰役從軍(第六艇隊): 同37年8月10日黄海々戰參加、大正4年4月除籍。

第五十九號水雷艇

明治37・8年戰役從軍(第六艇隊): 同37年8月10日黄海々戰參加、大正4年4月除籍。

── 要　　目 ──

長	111′- 7″	速力	20
幅	11′- 6″	乘組人員	
吃水	2′-11″	船材	鋼
排水量	53 噸	兵裝	47粍砲 1
機關			發射管 2
馬力	657		

	起工	進水	竣工	建造所
第五十六號	明治35-4- 1	明治35- 5-15	明治35- 8-25	横須賀
第五十七號	同　34-3-18	同　34- 8-16	同　34-11-20	呉
第五十八號	同　34-4-26	同　34-10-16	同　35- 1-27	同
第五十九號	同　34-8-20	同　34-12-16	同　35- 4- 8	同

第六十七號水雷艇

明治37•8年戰役に従軍（第一艇隊）：同37年8月10日黃海々戰に參加（艇長心得中尉平眞雄）、同38年5月27日、日本海々戰に參加（艇長大尉中牟田武正）、大正11年4月除籍。

第六十八號水雷艇

明治37•8年戰役從軍（第一艇隊）：同37年8月10日黃海海戰に參加（艇長大尉和田博愛）、同38年5月27日、日本海々戰に參加（艇長大尉寺岡平吾）、大正11年4月除籍。

第六十九號水雷艇

明治37•8年戰役從軍（第一艇隊）：同37年8月10日黃海海戰に參加（司令兼艇長少佐關重孝）、同38年5月27日、日本海々戰に參加（司令兼艇長少佐福田昌輝）、襲擊行動中驅逐艦曉と衝突し浸水沈沒（乘員25名は水雷艇雁に救助せられたるも下士官2名殉難す）。

第七十號水雷艇

明治37•8年戰役從軍（第一艇隊）：同37年8月10日黃海々戰に參加（艇長大尉森本義寛）、同38年5月27日、日本海々戰に參加（艇長大尉南鄕次郎）、大正11年4月除籍。

第七十一號水雷艇

明治37•8年戰役從軍（第十六艇隊）：同37年8月10日黃海海戰に參加（艇長大尉大谷幸四郎）、大正11年4月除籍。

第七十二號水雷艇

明治37•8年戰役從軍（第十一艇隊、艇長大尉山口傳一）：同38年5月27日、日本海々戰に參加（艇長大尉筵尾源之丞）、大正12年除籍。

第七十三號水雷艇

明治37•8年戰役に従軍（第十一艇隊：司令兼艇長少佐武部岸郎）：同38年5月27日、日本海々戰に參加（司令兼艇長少佐富士本梅四郎）、大正12年除籍。

第七十四號水雷艇

明治37•8年戰役從軍（第十一艇隊、艇長大尉山下正武）：同38年5月27日、日本海々戰に參加（艇長大尉太田原達）：大正12年除籍。

第七十五號水雷艇

明治37•8年戰役從軍（第十一艇隊、艇長大尉井口第二郎）：同38年5月27日、日本海々戰に參加（艇長海軍大尉河合退藏）、大正12年除籍。

── 要目 ──

長	131′-7″	速力	24
幅	16′-3″	乘組人員	23
吃水	3′-4″	船材	鋼
排水量	88 噸	兵裝	57粍砲 2
機關	三回膨脹聯成機 1		發射管 3
	單螺旋艦本式罐 2		探照燈 1
馬力	1,200		

	起工	進水	竣工	建造所
第六十七號	明治35- 5-24	明治35-8-18	明治36- 6-20	横須賀
第六十八號	同 35- 5- 4	同 35-8-30	同 36- 6-26	同
第六十九號	同 35- 5- 7	同 36-3-30	同 36- 9-26	佐世保
第七十號	同 35- 7-31	同 36-4-30	同 36-11-10	同
第七十一號	同 35- 8-15	同 36-5- 2	同 36-12- 9	同
第七十二號	同 34-12-	同	同 36- 9- 8	横須賀
第七十三號	同 34-12-	同	同 36- 9- 2	同
第七十四號	同 35- 1-28	同	同 37- 1-14	川崎造船所
第七十五號	同 35- 1-28	同	同 37- 1-23	同

△**水雷艇隼**　明治33年北清事變從軍、同37・8年戰役從軍(第十四艇隊)：同37年8月10日黃海々戰(艇長大尉桑島省三)、同38年5月27日、日本海々戰に參加(艇長大尉海老原啓一)、大正8年4月1日除籍。

△**水雷艇眞鶴**　明治37・8年戰役從軍(第十四艇隊)：黃海々戰に參加（艇長大尉飯田延太郎)、日本海々戰に參加（艇長大尉玉岡吉郎)、大正8年4月1日除籍。

水雷艇鵲　明治37・8年戰役從軍(第十四艇隊)：黃海海戰に參加（艇長大尉吉川安平)、日本海々戰に參加(艇長大尉宮本松太郎)、大正8年4月1日除籍。

△**水雷艇千鳥**　明治37・8年戰役從軍(第十四艇隊)：黃海々戰に參加（司令兼艇長少佐櫻井吉丸)、日本海々戰に參加（司令兼艇長中佐關重孝)、大正8年4月1日除籍。

水雷艇雁　明治37・8年戰役從軍（第九艇隊)：同37年2月8日仁川沖海戰に參加（艇長大尉坂本重國)、同37年8月14日蔚山沖海戰に參加（艇長同前)、日本海々戰に參加（艇長大尉粟屋雅三)、大正3年乃至9年戰役（日獨）從軍、同11年4月1日除籍。

水雷艇蒼鷹　明治37・8年戰役從軍（第九艇隊)：仁川沖の海戰に參加(司令兼艇長中佐矢島純吉)、蔚山沖海戰に參加(艇長同前)、日本海々戰に參加(司令兼艇長中佐河瀬早治)、大正3年乃至9年戰役(日獨)從軍、同11年4月1日除籍。

水雷艇鴿　明治37・8年戰役從軍（第九艇隊)：仁川沖の海戰に參加（艇長大尉原田松次郎)、蔚山沖海戰に參加（艇長同前)、日本海々戰に參加（艇長大尉井口第二郎)、大正3年乃至9年戰役(日獨)從軍、同11年4月1日除籍。

△**水雷艇燕**　明治37・8年戰役從軍（第九艇隊)：仁川沖海戰に參加（艇長大尉庄野義雄)、蔚山沖海戰に參加（艇長同前)、日本海々戰に參加（艇長大尉田尻唯二)、大正3年乃至9年戰役(日獨)從軍、同11年4月1日除籍。

水雷艇雲雀　明治37・8年戰役從軍(第十五艇隊)：日本海々戰に參加(司令兼艇長中佐近藤常松)、大正12年4月1日除籍。

△**水雷艇雉**　明治37・8年戰役從軍（第十九艇隊)：日本海々戰に參加（艇長大尉關才右衞門)、大正12年12月除籍。

水雷艇鷺　明治37・8年戰役從軍（第十五艇隊)：日本海々戰に參加（艇長大尉横尾侚)、大正12年4月1日除籍。

水雷艇鶉　明治37・8年戰役從軍（第十五艇隊)：日本海々戰に參加（艇長大尉鈴木氏正)、大正12年4月1日除籍。

△**水雷艇鷗**　明治37・8年戰役從軍（第十九艇隊)：日本海々戰に參加（司令兼艇長中佐松岡修藏)、大正12年4月除籍。

水雷艇鴿　明治37・8年戰役從軍（第十五艇隊)：日本海々戰に參加（艇長大尉森駿藏)、大正12年4月1日除籍。

△**水雷艇鴻**　明治37・8年戰役從軍（第十九艇、艇長大尉大谷幸四郎)：大正12年12月15日除籍。

—— 要　　目 ——　（記事欄△は初代を示す）

長	147.8 呎	速　力	29
幅	16.1 呎	乘組人員	30
吃　水	4.9 呎	船　材	鋼
排水量	150 噸	兵　装	57粍砲　1
機　關	三聯機2雙螺旋		47粍砲　2
	ノルマン罐 2		發射管　3
馬　力	4,200		探照燈　1

	起工	進水	竣工	建造所
隼	明治32- 3-15	明治32-12-19	明治33- 4-19	佛ノルマン社(呉組立)
眞鶴	同 32-10- 9	同 33- 6-27	同 33-11- 7	同
鵲	同 32-12-26	同 33- 6-30	同 33-11-30	同
千鳥	同 33- 6-11	同 34- 1-27	同 34- 4- 9	同　(川崎組立)
雁	同 35- 4- 5	同 36- 3-14	同 36- 7-25	呉工廠
蒼鷹	同 35- 4-15	同 36- 3-14	同 36- 8- 1	同
鴿	同 35- 5-22	同 36- 8-22	同 36-10-22	同
燕	同 35- 6- 2	同 36-10-21	同 36-11-24	同
雲雀	同 35- 7-25	同 36-10-21	同 37- 1-10	同
雉	同 35- 9- 2	同 36-11- 5	同 37- 1-23	同
鷺	同 35-10- 4	同 36-12-21	同 37- 3-22	同
鶉	同 36- 1-20	同 37- 2-29	同 37- 4-22	同
鷗	同 36- 2-24	同 27- 4-30	同 37- 6- 4	同
鴿	同 36- 6-14	同 36-12-30	同 37- 2-27	川崎造船所
鴻	同 36- 6-14	同 37- 2-29	同 37- 6- 4	同

潜水艦

第一号

第二号

第三号

第四号

第五号

―要目―

長	20.4米	機關	オットー・ガソリン機 1
幅	3.6米	馬力	180
吃水	3.1米	速力	8
排水量(水上)	103噸	兵裝	發射管 1

	起工	進水	竣工	建造所	經歴
第一號	明治37-11-30	38- 3-30	38- 8-1	米國エレクトッリク・ボート社(横須賀工廠組立)	凱旋観艦式参加 大正10年4月除籍
第二號	同 37-12- 1	38- 5- 2	38- 9-5	同	同
第三號	同 37-11-30	38- 5-16	38- 9-5	同	同
第四號	同 37-12- 4	38- 5-27	38-10-1	同	同
第五號	同 37-12- 4	38- 5-31	38-10-1	同	同

第六潛水艇の遭難

一

身を君國に捧げつゝ
己が務をよく守り
斃れて後に已まんこそ
日本男兒の心なれ

二

阿多田の島の沖にして
艇諸共に沈みたる
第六潛水艇員の
雄々しき最後を見よや人

三

中にも佐久間艇長は
はや是までと見るよりも
司令塔下に筆執りて
事の始末を書き遺す

四

書中に艇と人命を
損ふ罪を深く謝し
部下の遺族を思ひやる
言々血あり字々涙

五

其の餘の勇士十三人
各々持場に留まりて
一絲紊れずたじろかず
従容として職に死す

六

時は卯月の十五日
散ぎは清き櫻にも
優る日本の武夫の
最後はかくと示しけり

七

あな勇ましの大丈夫や
捨てし命は徒ならで
千代に言ひ繼ぎ語り繼ぎ
皇國の花と歌はれん

（おはり）

日露戰役以降
除籍艦舩艇

薩　摩（さつま）

艦　種　一等戰艦　二檣(信號用)

安藝と姉妹艦。

艦名考　國名なり、薩摩國に採る。

艦　歴　本艦は日露戰役の教訓により副砲を始めて10吋砲とし、所謂弩級戰艦の先驅をなしたるもの、大正3年乃至9年戰役日獨)に從軍：同3年9月第二南遣支隊に屬し西「カロリン」群島の警戒及び占領に任ず(司令官中將松村龍雄旗艦、艦長大佐吉島重太郎)、同12年9月20日除籍、廢棄(華府海軍々備制限條約に由る)。

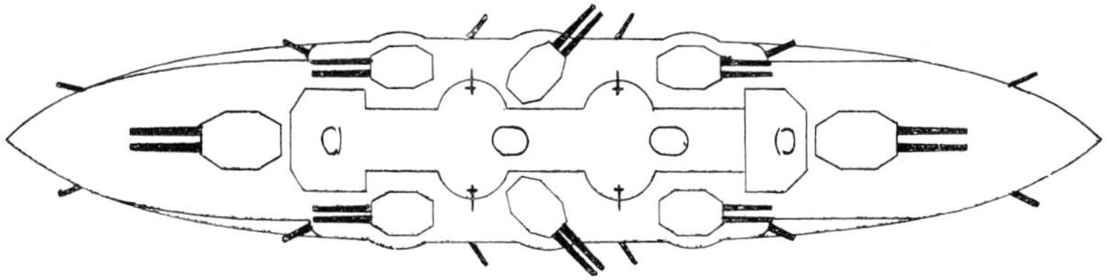

―要　目―

長	482呎	兵裝	12吋砲　4
幅	83.5呎		10吋砲　12
吃水	27.5呎		4.7吋砲　12
排水量	19,370噸		12听砲　8
機關	直立三聯成汽機2基		機關砲　4
	宮原式20臺		發射管　5
馬力	17,300	起工	明治38-5-15
速力	18.25	進水	同　39-11-15
乘組人員	930	竣工	同　42-3-25
船材	鋼(甲帶9吋)	建造所	横須賀工廠

伊　吹（いぶき）

艦種　一等巡洋艦　二檣(信號用)

鞍馬と姉妹艦なり。

艦名考　山名に採る、伊吹山は近江・美濃の兩國に跨る、標高4,545尺。

艦歴　明治40年5月22日起工、同42年11月1日竣工、本艦は起工より僅かに6ケ月にして進水し、更に其後2ケ年にして竣工、全工程2ケ年半にして完成、此の種大艦としては記録的のものなり。

大正元年8月巡洋戰艦に列す、同3年乃至9年戰役(日獨)に從軍：同3年8月特別南遣支隊に屬し印度洋・濠洲方面警備に任じ濠洲・新西蘭軍隊輸送掩護を行ふ、獨逸掠奪艦「エムデン」の追跡時代に關係あり(艦長大佐加藤寛治)、同7年12月第三艦隊に屬し露領沿岸警備(艦長大佐海老原啓一)、同12年9月20日除籍廢棄(華府海軍々備制限條約に由る)。

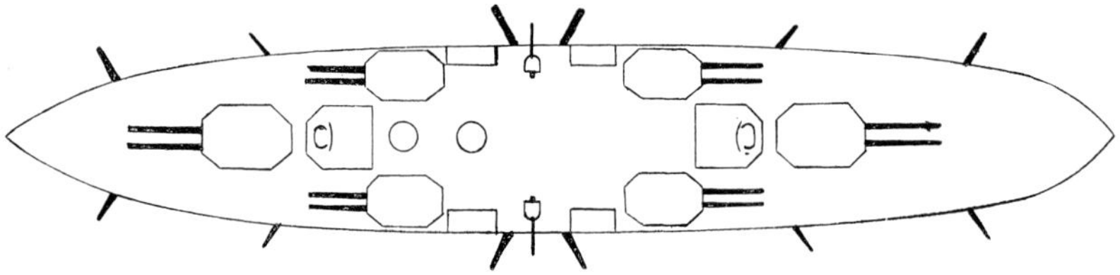

—— 要　目 ——

長	485呎
幅	75.5呎
吃水	26呎
排水量	14,600噸
機關	カーチス式タルビン2基
馬力	24,000
速力	22
乗組人員	817
船材	鋼

兵裝	12吋　4
	8吋　8
	4.7吋　14
	12听　8
	機關砲　4
	發射管　3
起工	明治40-5-22
進水	同　40-11-21
竣工	同　42-11-1
建造所	呉工廠

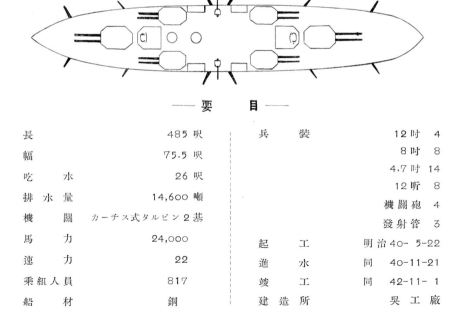

利根(とね)

艦種　二等巡洋艦　二檣(信號用)

艦名考　川名に採る、關東第一の大河なり。

艦歴　明治38年11月27日佐世保工廠に於て起工、同40年10月24日進水、同43年5月15日竣工、佐世保海軍工廠にて建造せられたる最初の軍艦なり。同44年4月1日横須賀發、英國皇帝戴冠式に際し6月24日「スピットヘッド」に於て擧行せらるべき觀艦式參列の爲め鞍馬と共に英國に回航(第二艦隊司令長官中將島村速雄引率、艦長大佐山口九十郎)。

大正3年乃至9年戰役(日獨)に從軍:同3年8月青島戰に參加(第二水雷戰隊司令官少將岡田啓介旗艦、艦長大佐武部岸郎)、同4年12月第二艦隊第六戰隊に屬し南支那海・印度洋方面警備(艦長大佐古川弘)。昭和6年4月1日除籍。同8年4月實艦的として爆擊戰技に依つて擊沈さる。

(備考)　明治6年横須賀造船所にて建造せる運送船に第一、第二利根川丸(後に「利根」と改稱)のものあり。

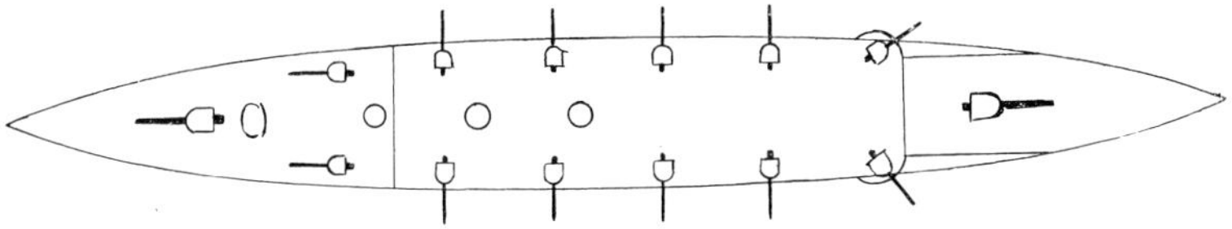

—— 要　目 ——

長	403 呎	兵裝	15 拇砲　2
幅	47 呎		12 拇砲　10
吃水	16.75 呎		8 拇砲　2
排水量	4,100 噸		機砲　2
機關	三聯成汽機2基		發射管　3
	宮原式16臺		
馬力	15,000	起工	明治 38-11-27
速力	23	進水	同　40-10-24
乗組人員	392	竣工	同　43- 5-15
船材	鋼	建造所	佐世保工廠

鞍　馬（くらま）

艦　種　一等巡洋艦　二檣(信號用)

艦名考　山名に採る、鞍馬山は山城國に在り、京都の北3里なり、古名暗部山、後世山谷の形狀に附會し鞍馬の字を選ぶと云ふ、半腹に鞍馬寺あり。

艦　歷　明治44年2月下旬竣工し、同年4月1日横須賀發、英國皇帝戴冠式に際し、6月24日同國「スピットヘッド」に於て擧行の觀艦式參列の爲め利根と共に英國に回航(第二艦隊司令長官中將島村速雄引率、艦長大佐石井義太郎)。

大正元年8月巡洋戰艦に列す(昭和8年類別標準の改正により戰艦となる)。同3年乃至9年戰役(日獨)に從軍: 同3年9月第一南遣支隊に屬し「マーシャル」・東「カロリン」群島方面の警戒竝に占領に任ず(艦長大佐志津田定一郎、同12年9月20日除籍、廢棄(華府海軍々備制限條約に由る)。

── 要　目 ──

長	485 呎
幅	75.5 呎
吃水	26 呎
排水量	14,600 噸
機關	往復關機2基、宮原式罐
馬力	22,500
速力	21.25
乘組人員	817
船材	鋼

兵裝	12吋砲　4
	8吋砲　8
	4.7吋砲　14
	12听砲　8
	機關砲　4
	發射管　3
起工	明治38- 8-23
進水	同　40-10-21
竣工	同　44- 2-28
建造所	横須賀工廠

安　藝(あ　き)

艦　種　一等戰艦　二檣(信號用)
姉妹艦に薩摩あり。

艦名考　國名なり、安藝國に採る。

艦　歴　明治39年3月15日起工、同40年4月15日進水、同44年3月11日竣工、右の如く竣工の遲延したるは本艦より1ケ月後に進水したる巡洋戰艦伊吹の完成を先きにしたるに由る。
大正3年乃至9年戰役(日獨)從軍：同3年8月第一艦隊第一戰隊に屬し青島戰に參加(艦長大佐野村房次郎)、同12年9月20日除籍、廢棄(華府海軍々備制限條約に由る)。

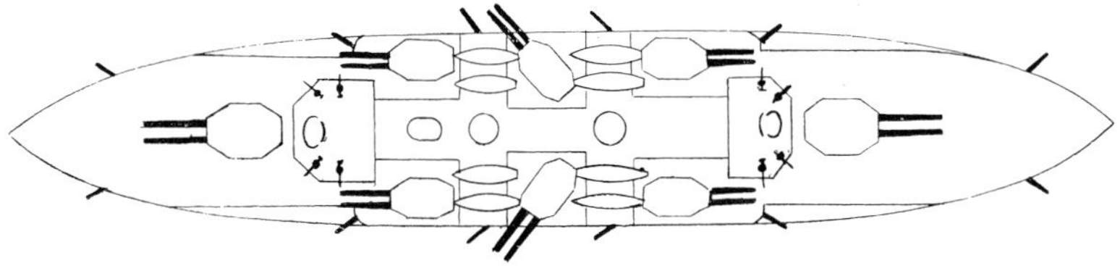

―― 要　　目 ――

長	492呎	兵　裝	12吋砲　4
幅	83.66呎		10吋砲　12
吃　水	27.5呎		6吋砲　8
排水量	19,800噸		12听砲　12
機　關	カーチス式タービン2		機關砲　4
	宮原式罐15臺		發射管　5
馬　力	21,600	起　工	明治39-3-15
速　力	20	進　水	同　40-4-15
乘組人員	930	竣　工	同　44-3-11
船　材	鋼(裝甲9吋)	建造所	吳工廠

河　内 (かはち)

艦　種　戦艦　二檣[三脚式](信號用)

艦名考　國名にして畿内五箇國の一に採る。

艦　歴　明治42年4月1日起工、同45年3月31日竣工、攝津(二代)と姉妹艦なり。

大正3年乃至9年戰役(日獨)從軍(第一艦隊第一戰隊、艦長海軍大佐町田駒次郎): 同7年9月17日徳山沖に於て爆沈。

(備考)　幕末に「河内」と名くる汽船あり、明治元年12月米國人より購入したるものにして長さ138尺、幅29尺、原名「カンキーナ」、後ち「河内」と命名す、其製造所竣工年月等不明、昭治2年8月岡山藩に管せしむ、其後の經歴亦詳ならず。

── 要　目 ──

長	500呎	兵　裝	12吋砲 12
幅	84呎		6吋砲 10
吃　水	28呎		4.7吋砲 8
排水量	20,800噸		12听砲 16
機　關	カーチス式タルビン		機關砲 4
	3軸　宮原式罐16臺		發射管 5
馬　力	25,000	起　工	明治42-4-1
速　力	20	進　水	同　43-10-15
乘組人員	960	竣　工	同　45-3-31
船　材	鋼(甲帶12吋)	建造所	横須賀工廠

筑　摩（ちくま）

艦　種　二等巡洋艦　二檣(信號用)
矢矧・平戸と姉妹艦なり。

艦名考　川の名、千曲川に採る、川名は又筑摩川・千阿川・知隈川等に作る、此艦名には筑摩の字を適用せられたるなり、川は信濃國佐久郡の渓谷に發源し、下流信濃川となりて新潟に於て海に注ぐ。

艦　歴　明治 43 年 5 月 23 日佐世保工廠に於て起工、同 45 年 5 月 17 日竣工。
大正 3 年乃至 9 年戰役(日獨)に從軍：特別南遣支隊に屬し、同 3 年 8 月印度洋・濠洲方面警備(艦長大佐坂本則俊)、同 6 年 4 月第三特務艦隊に屬し濠洲・新西蘭方面警備(艦長大佐牟田龜太郎)、昭和 6 年 4 月 1 日除籍。

〔註〕寫眞の軍艦旗は掲揚中。

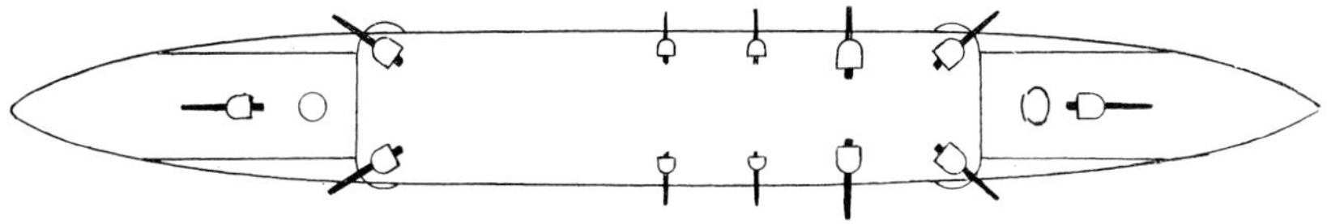

——要　　目——

長	475 呎	兵　装	15 拇砲　8
幅	46.5 呎		8 拇砲　4
吃　水	16.7 呎		機砲　2
排水量	4,400 噸		發射管　3
機　關	カーチス式タルビン 2 臺　艦政式罐	起　工	明治 43-5-23
		進　水	同　44-4-1
馬　力	22,500	竣　工	同　45-5-17
速　力	26	建造所	佐世保工廠
乘組人員	452		
船　材	鋼		

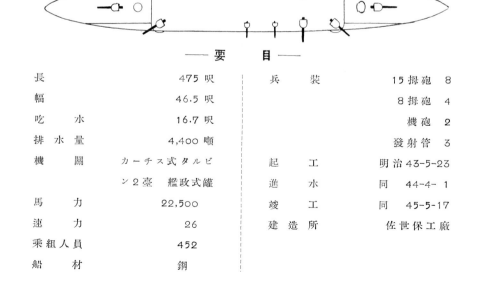

攝　津（せつつ）【二代】

艦種　戰艦　二橋[三脚式](信號用)
河内と姉妹艦なり。

艦名考　初代「攝津」の項(P. 10)參照。

艦歴　明治42年1月18日起工、同45年7月1日竣工。大正3年乃至9年戰役(日獨)從軍(第一艦隊第一戰隊司令長官中將加藤友三郎旗艦、艦長大佐木村剛)、同8年特別大演習中御召艦となる(艦長大佐古川弘)、同13年大演習、14年、15年小演習統監艦となる。同12年10月1日軍艦籍より除き、特務艦(標的艦)と定む。

(備考)　本艦は海軍々備制限に關する華府條約に由り、同條約第二章第二節中、軍艦を專ら標的用に變更することの規定に循ひ其處分を了し、戰闘任務に堪へざるものと爲したる上、茲に標的艦に編入せられたるものなり。

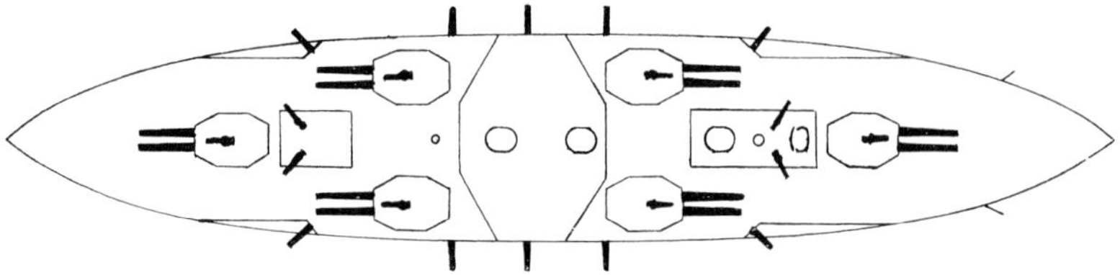

―― 要　目 ――

長	500 呎	兵装	12吋 12
幅	84 呎		6吋 10
吃水	28 呎		4.7吋 8
排水量	20,800 噸		3吋 16
機關	パーソンスタルビン4軸 宮原罐16		機砲 4
			發射管 5
馬力	25,500	起工	明治 42-1-18
速力	20.5	進水	同 44-3-30
乘組人員	960	竣工	同 45-7-1
船材	鋼(クルップ甲鐵12吋)	建造所	呉工廠

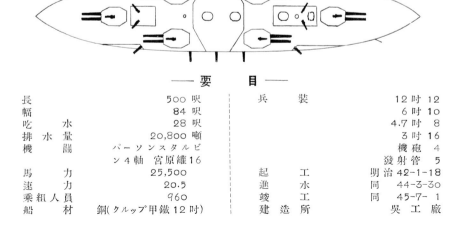

香　取（かとり）

艦種　戰艦　二檣(信號用)

鹿島と姉妹艦なり。

艦名考　神社名なり、下總國香取町に鎭座する香取神宮に採る、此神宮の祭神は經津主命《フツヌシノミコト》なり、經津主命は武甕槌命と共に敕命を拜し國土を平定して大業を輔翼し、其の功勳赫灼たり、乃ち　神武天皇の御宇、經津主命を香取に、武甕槌命を常陸の鹿島に鎭祭し、各神宮を創立せられたりと傳ふ。されば此二神は世々軍神と仰ぎ尊ばれて上下の崇敬頗る篤し。

艦歴　明治39年5月20日英國にて竣工、同8月15日本邦到着。大正3年乃至9年戰役に從軍：同3年10月「サイパン」及び「マリアナ」群島占領竝警戒に任ず(艦長大佐山梨勝之進)、同7年1月第三艦隊に屬し露領沿岸警備に從事(艦長同前)、同10年　東宮殿下御渡歐の節御召艦たり。同12年9月20日除籍、廢棄(華府海軍制限條約による)。

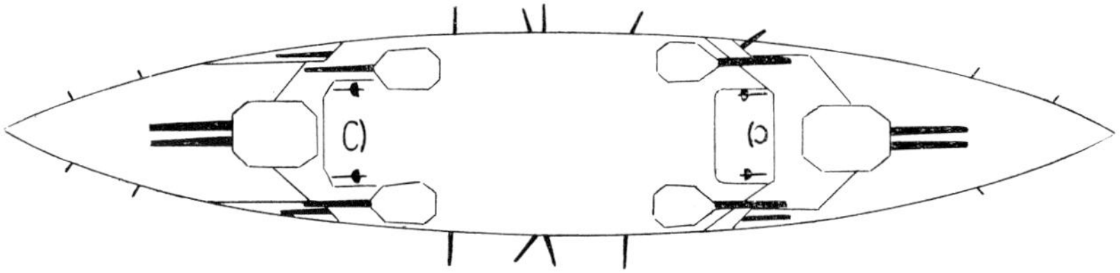

要　目

長	420呎	兵装	12吋砲 4
幅	78呎		10吋砲 4
吃水	27呎		6吋砲 12
排水量	15,950噸		14听砲 16
機關	直立三聯成汽機2基		其他輕砲 7
	ニクロース罐		發射管 5
馬力	16,000	起工	明治37-4-27
速力	18.5	進水	同 38-7-4
乗組人員	864	竣工	同 39-5-20
船材	鋼	建造所	英國毘社

鹿　島 (かしま)

艦種　戰艦　二檣(信號用)

香取と姉妹艦。

艦名考　神社名なり、常陸國鹿島町に鎭座する鹿島神宮に採る、此神宮の祭神は武神武甕《タケミカ》槌命《ヅチノミコト》なり。其の由緒は軍艦香取の項に在り。

艦歷　明治39年5月23日英國「アームストロング」社に於て竣工、同年8月4日本邦到着。大正3年乃至9年戰役に從軍：同7年1月第三艦隊に屬し露領沿岸警備に從事(艦長大佐田口久盛)、同10年東宮殿下御渡歐の節供奉艦たり(第三艦隊司令長官海軍中將小栗孝三郎坐乘)、同12年9月20日除籍、廢棄(華府海軍制限條約による)。

── 要　目 ──

長	470 呎	兵裝	12吋砲　4
幅	78.25 呎		10吋砲　4
吃水	26.75 呎		6吋砲　12
排水量	16,400 噸		14听砲　16
機關	四汽筩直立四聯成汽		其他輕砲　7
	機2臺　ニクロース式		發射管　5
馬力	15,600	起工	明治 37-2-29
速力	18.5	進水	同　38-3-22
乘組人員	864	竣工	同　39-5-23
船材	鋼(甲帶 9 吋)	建造所	英國エルスウィック社

鈴　谷（すずや）【初代】

艦　種　通報艦　一檣(信號用)

艦名考　川名にして樺太「コルサコフ」に近接する川に採る。

艦　歴　舊露國軍艦、原名「ノーヴヰック」、明治23年獨逸「シーショウ」造船所にて進水。排水量僅かに3,000噸にして馬力20,000、速力25浬、所謂近世輕巡洋艦の鼻祖と見るべきものなり。日露戰役中明治37年8月20日「コルサコフ」港に於て我が艦隊(千歳•對馬)の爲めに擊破せられ擱坐しありしが、後ち之を收容、同39年7月13日引揚を了し、同39年8月20日帝國軍艦と定め「鈴谷」と命名、大正元年二等海防艦に編入、同2年4月1日除籍。

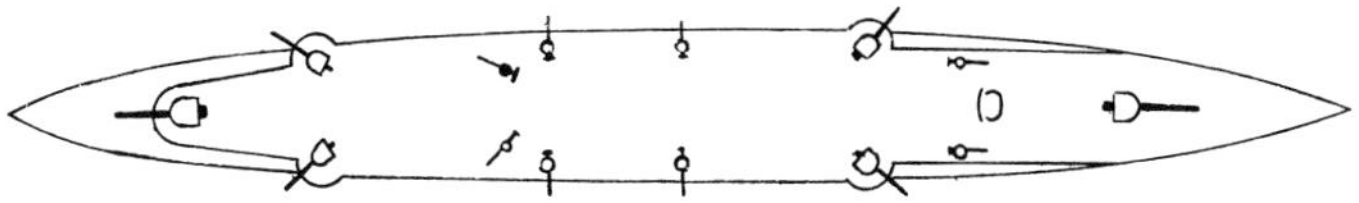

―要　目―

長	347呎	兵装	4.7吋砲 6
幅	39.33呎		3听砲 8
吃水	19呎		發射管 2
排水量	3,000噸	起工	明治31
機關	三聯成汽機3基 シュルツリーニーフロット12臺	進水	同 33-8-15
馬力	17,000	竣工	同 35
速力	25	建造所	獨逸シーショウ
乗組人員	312		
船材	鋼		

筑　波（つくば）【二代】

艦　種　一等巡洋艦　二檣(信號用)

艦名考　艦名の起源は初代「筑波」の項(P.3)參照。

艦　歴　明治37年2月、日露開戰後僅かに數月ならずして我海軍は初瀬・八島兩艦沈沒の不運に遭遇し、愈々之に代るべき大艦の必要を痛感し筑波・生駒の兩艦の建造を決し、呉海軍工廠に於て明治38年1月14日起工。同41年英國皇帝戴冠式に列する爲め同國に回航、次に歐米諸國を回訪(筑波・千歳第二艦隊司令長官伊集院五郎引率、艦長竹内平太郎)。

大正元年8月巡洋戰艦に編入(昭和8年艦船類別標準改正により此の名稱廢され戰艦となる)、同3年乃至9年戰役從軍：同3年9月第一南遣支隊に屬し南洋方面に行動、「マーシャル」・東「カロリン」群島の占領に任ず(艦長大佐竹内次郎)、同6年1月14日横須賀港に於て災禍の爲め爆沈。

── 要　目 ──

長	440 呎	兵　装	12吋砲　4
幅	75 呎		6吋砲　12
吃　水	26 呎		4.7吋砲　12
排水量	13,750 噸		3听砲　6
機　關	往復機關2基、宮原式罐		機關砲　4
馬　力	20,500		發射管　5
速　力	20.5	起　工	明治38-1-14
乘組人員	830	進　水	同　38-12-16
船　材	鋼(甲帶7吋)	竣　工	同　40-1-14
		建造所	呉工廠

生　駒（いこま）

艦　種　一等巡洋艦　二檣(信號用)

筑波と姉妹艦なり。

艦名考　山名に採る、生駒山は大和・河内兩國に跨る、生駒郡北生駒村菜畑より約1里にして其山頂に達す、標高2,112尺。

艦　歴　本艦は防禦甲板を含む全部を三菱長崎造船所に註文製造せしめたり。之れ軍艦構造の大部を私立造船所に請負はしめたる最初の試みなり。明治42年5月「アルゼンチン」國獨立百年祭に參列(艦長大佐庄司義基)、大正元年8月巡洋戰艦に列す(巡洋戰艦の名は、昭和8年廢せられ、戰艦となる)。大正3年乃至9年戰役に從軍：同3年10月第二南遣支隊として英船「モンマスシヤー」を新嘉坡に護送す(艦長大佐平賀德太郎)、同5年7月　皇太子殿下北陸沿岸御巡啓の際及び同7年6月伊豆大島沿岸御巡啓の際御召艦となる。同12年9月20日除籍、廢棄(華府軍備制限條約に由る)。

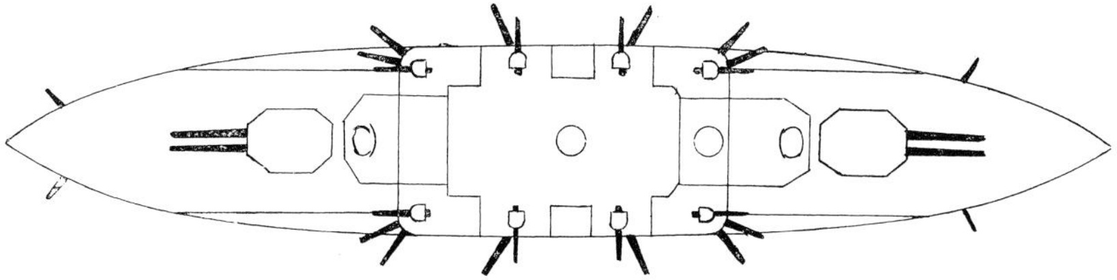

―要　目―

長	440呎	兵裝	12吋砲　4
幅	75呎		6吋砲　14
吃水	26呎		4.7吋砲　12
排水量	13,750噸		3听砲　6
機關	往復機關2基、宮原式罐		機關砲　4
馬力	20,500		發射管　5
速力	20.5	起工	明治38-3-15
乘組人員	830	進水	同　39-4-9
船材	鋼(甲帶7吋)	竣工	同　41-3-24
		建造所	吳工廠

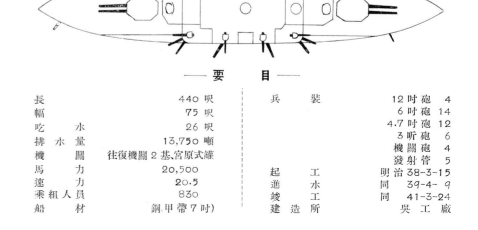

最　上（もがみ）【初代】

艦種　通報艦　一檣(信號用)

艦名考　川名に採る、最上川は羽前の大河にして南置賜郡吾妻山の大日嶽に發源し、上流にては松川と云ひ、下流海口に近づき酒田川と呼ばる。

艦歴　明治40年3月3日三菱長崎造船所に於て起工、同年9月16日竣工、大正元年一等砲艦に編入、同3年乃至9年戰役(日獨)に從軍：同3年第三艦隊に屬し南支那海方面警備(艦長中佐三村錦三郎、同横尾義達)、同10年第三水雷戰隊に屬し露領沿岸警備(艦長中佐鈴木八百藏)、昭和3年4月1日除籍。

―要　目―

長	300呎	兵裝	4.7吋砲 2
幅	31呎7吋		12听砲 4
吃水	9呎7⅞吋		發射管 2
排水量	1,215噸	起工	明治40-3-3
機關	パーソン式タルビン3基 宮原罐6	進水	同 41-3-25
馬力	8,000	竣工	同 41-9-16
速力	23	建造所	長崎三菱造船所
乘組人員	178		
船材	鋼		

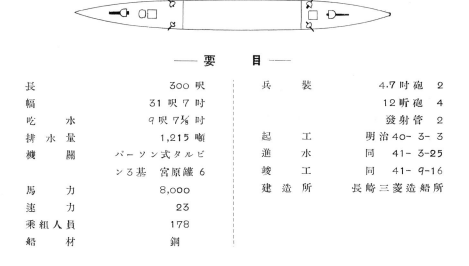

隅　田（すみだ）

艦種　二等砲艦　一檣(信號用)

艦名考　川名に採る、隅田川は角田川或は住田川に作る、淺草川に同じ、詞人は墨水、澄江等として詠ふ、俚俗又之を大川と呼ぶ、東京市の東部を流るる江水にして其上游を荒川と稱し、概ね千住驛以下に於て隅田川と呼ぶ。

艦歴　明治 36 年 11 月 10 日英國「ソーニクロフト」社にて起工、同 39 年 4 月17 日竣工。中立國地帶の關係上、日露戰役の終局を俟ち上海「ファナムホイド」社にて組立つ、日本最初の河用砲艦にして且つ帝國軍艦中最小のものなり(基準排水量 110 噸)。

昭和 6·7 年事變(日支)從軍：同 7 年 1 月上海及揚子江方面警備、同 10 年 3 月除籍。

(備考)　大正 3 年乃至 9 年戰役中は上海に在り、中立國艦船として一時武裝解除、繫泊せしことあり。

――要　目――

長	44.20米	兵裝	6糎砲　2
幅	7.32米	起工	明治 36-11-10
吃水	0.61米	進水	同　36-12-5
排水量	105噸	竣工	同　39-4-17
機關	直立三聯成2軸 ソーニクロフト型	建造所	英國ソーニクロフト社
馬力	550		
速力	13		
乘組人員	40		
船材	鋼		

伏　見（ふしみ）

艦　種　二等砲艦　一檣(信號用)

艦名考　郷名に採る、伏見は古書に俯見に作る、山城國紀伊郡に屬す、山野を負ひ水澤に臨み形勝の地なり、豐臣氏此地に城を築きしより其の名著はる。徳川氏に至りて亦一要鎭たり。後ち城を撤せしも名邑なるを失はず。

艦　歴　英國「ヤーロー」社にて製造、上海に於て川崎造船所の手にて組立竣工す。

大正3年乃至9年戰役中、上海に在りて中立國艦船たる關係上、一時武裝を解除せしことあり。昭和6・7年事變(日支)従軍：同7年1月上海及揚子江方面警備。同10年3月除籍。

――要　目――

長	48.77 呎	兵裝	6糎砲 2
幅	7.47 呎	起工	明治39-3-22
吃水	0.69 呎	進水	同 39-8-8
排水量	150 噸	竣工	同 39-10-1
機關	直立三聯機2軸 ヤロー型	建造所	英國ヤーロー社
馬力	900	組立所	川崎造船所
速力	14		
乘組人員	45		
船材	鋼		

神風型〔三等驅逐艦〕（△は初代）

△吹雪	日露役、大正 3-9 年役從軍	大正13年除籍
霰	同：印度洋方面警備	同
△潮	大正3-9年役從軍：青島戰參加	同
△神風	同：印度洋方面警備	同
△初霜	同	同
△彌生	同	同
△子日	同：青島戰參加	同
△如月	同：印度洋方面警備	同
△若葉	同：青島戰參加	同
△朝風	同	同
△春風	同：印度洋方面警備	同
△夕暮	同：青島戰參加	同
△初雪	同：印度洋方面警備	同
△時雨	同	同
夕立	同：青島戰參加	同
△追風	同	同
△白露	同：青島戰參加	昭和 3 年除籍
△響	同	大正13年除籍
△三日月	同	昭和 3 年除籍
△白雪	同	大正13年除籍
朝露	大正2年七尾灣にて坐礁沈沒	
野分	大正3-9年役從軍青島戰參加	大正13年除籍
△夕凪		同
白妙	大正3-9年役從軍：青島戰參加、膠州灣外にて坐礁	大正13年除籍
△水無月	同：印度洋方面警備	同
△初春	同	同
△卯月	同	同
△松風	同：印度洋方面警備	同
△疾風		同
△長月	同	同
△菊月	同	同
△浦波	同：青島戰參加	同
△磯波	同	同
△綾波	同	同

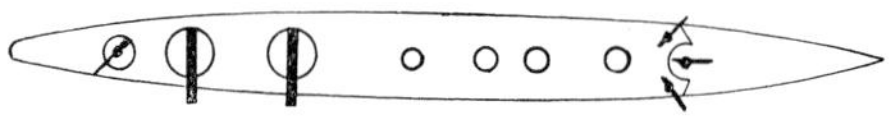

―― 要　目 ――　（表中年代は明治）

長	227 呎	機關	三回膨脹式 2　艦本罐 4	船材	鋼
幅	21 呎 7 吋	馬力	6,000	兵裝	12 听砲 6
吃水	6 呎	速力	29		發射管 2
排水量	381 噸	乘組人員	62		探照燈 1

	起工	進水	竣工	建造所
吹雪	37- 9-29	38- 1-21	38- 2-28	吳工廠
有明	37- 7-30	37-12-17	38- 3-24	横須賀工廠
霰	37-10-29	38- 4- 5	38- 5-10	吳工廠
潮	38- 4-12	38- 6-18	38- 7-15	同
神風	37- 7-20	38- 7-15	38- 8-16	横須賀工廠
初霜	37- 8-20	38- 5-13	38- 8-22	同
彌生	37- 8-20	38- 8- 7	38- 9-23	同
子日	38- 6-25	38- 8-30	38-10- 1	吳工廠
如月	37- 9-10	38- 9- 6	38-10-19	横須賀工廠
若葉	38- 5-20	38-11-25	39- 2-28	同
朝風	37-12-29	38-10-28	39- 4- 1	川崎造船所
春風	38- 2-16	38-12-25	39- 5-14	同
初雪	38- 8-11	39- 3- 8	39- 5-17	横須賀工廠
夕暮	38- 3- 1	38-11-17	39- 5-26	佐世保工廠
白露	38- 2-25	39- 2-12	39- 6- 6	三菱造船所
時雨	38- 6- 3	39- 3-17	39- 7-11	川崎造船所
夕立	38- 3-20	39- 3-26	39- 7-16	佐世保工廠

	起工	進水	竣工	建造所
白妙	38- 3-24	39- 7-30	41- 1-21	長崎三菱造船所
白雪	38- 5-26	39- 5-19	39- 8- 6	三菱造船所
追風	38- 8- 1	39- 1-10	39- 8-21	舞鶴工廠
響	38- 9-28	39- 3-31	39- 9- 6	横須賀工廠
三日月	38- 6- 1	39- 5-26	39- 9-12	佐世保工廠
野分	38- 8- 1	39- 7-25	39-11- 1	同
水無月	39- 2-25	39-11- 5	39-11-20	三菱造船所
夕凪	39- 1-20	39- 8-22	39-12-25	舞鶴工廠
松風	38- 9-25	39-12-23	40- 2-16	三菱造船所
初春	38-11-11	39- 5-21	40- 3- 1	川崎造船所
卯月	39- 3-22	39- 9-20	40- 3- 6	同
疾風	38- 5-25	39- 5-22	40- 3-25	大阪鐵工所
長月	38-10-28	39-12-15	40- 7-31	浦賀船渠會社
菊月	39- 3- 2	40- 4-10	40- 9-20	同
浦波	40- 5- 1	40-12-18	41-10- 2	舞鶴工廠
磯波	41- 1-15	41-11-21	42- 4- 2	同
綾波	41- 5-15	42- 3-20	42- 6-26	同

海 風 型〔二 隻〕

艦種　一等驅逐艦

艦名考　風の種類に採る。以下風に因める驅逐艦總て然り。

海　風（うみかぜ）

艦歴　大正3-9年役從軍：南洋群島占領に參加、昭和5年除籍。

山　風（やまかぜ）

艦歴　大正3-9年役從軍：南洋群島占領に參加、昭和5年除籍。

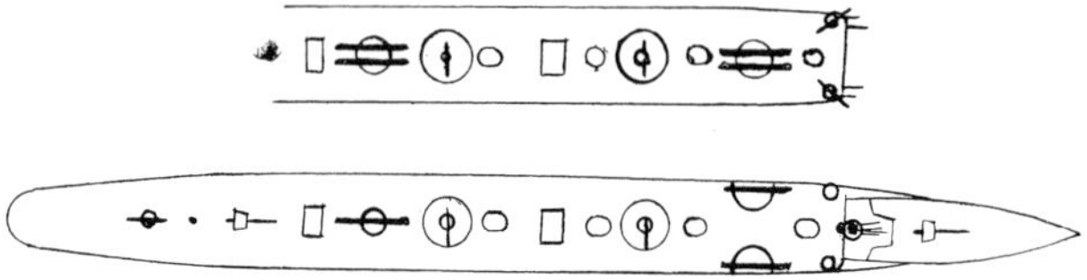

―要　目―

長	94.49米	速力	33
幅	8.56米	乘組人員	140
吃	2.74米	船材	鋼
排水量	1,030噸	兵裝	12糎砲 2
機關	パーソンタルビン 3軸 艦本式罐8		機砲 5
			發射管 4
馬力	20,500		探照燈 2

	起工	進水	竣工	建造所
海風	明治42-11-23	明治43-10-10	明治44-9-28	舞鶴工廠
山風	同 43-6-1	同 44-1-21	同 44-10-21	三菱造船所

櫻　（さくら）

艦種　二等驅逐艦

艦名考　植物樹の名に採る、以下之に準ず。

橘　（たちばな）

（同上）

艦歴　大正 3-9 年戰役從軍、昭和 7 年 4 月 1 日除籍。

―― 要目 ――

長	79.25 米	乘組人員	94
	7.32 米	船材	
吃水	2.21 米	兵裝	12糎砲 1
排水量	530 噸		8糎砲 4
機關	タルビン3軸、艦本罐 5		發射管 4
馬力	9,500		探照燈 1
速力	31		

	起工	進水	竣工	建造所
櫻	明治 44-3-31	明治 44-12-20	明治 45-5-21	舞鶴工廠
橘	同 44-4-29	同 45- 1-27	同 45-6-25	同

樺　　型〔十　隻〕

艦種　二等驅逐艦

艦名考　植物の名に採る。

樺（かば）		昭和7年4月除籍	
楓（かへで）	大正3-9年役參加、	昭和7年4月除籍	
桂（かつら）	同	同	
梅（うめ）	同、印度洋及地中海方面警備	同	
楠（くすのき）	同、同	同	
柏（かしは）	同、同	同	射擊標的として終る
松（まつ）	同、同	同	同
杉（すぎ）	同、同	同	同
榊（さかき）	同、同	同	世界大戰中、地中海にて獨逸潛水艦のため大破せり
桐（きり）		昭和7年4月除籍	

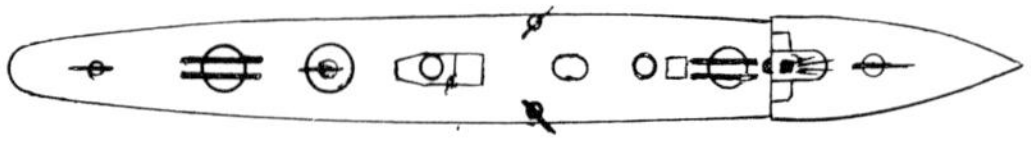

── 要　　目 ──

長	79.25米	速力	31
幅	7.32米	乘組人員	94
吃水	2.36米	船材	鋼
排水量	595噸	兵裝	12糎砲　1
機關	四氣筩三聯成汽機4基		8糎砲　4
	艦本式罐4臺		發射管　4
馬力	9,500		探照燈　1

	起工	進水	竣工	建造所
樺	大正3-12-1	大正4-2-6	大正4-3-15	橫須賀工廠
榊	同　3-11-5	同　4-12-15	同　4-3-22	佐世保工廠
楓	同　3-10-29	同　4-2-20	同　4-3-25	舞鶴工廠
桂	同　3-12-1	同　4-3-4	同　4-3-31	吳工廠
梅	同　3-11-10	同　4-2-27	同　4-3-31	川崎造船所
楠	同　3-11-10	同　4-3-5	同　4-3-31	同
柏	同　3-11-3	同　4-2-14	同　4-4-4	三菱造船所
松	同　3-11-3	同　4-2-14	同　4-4-6	同
杉	同　3-11-24	同　4-2-16	同　4-4-7	大阪鐵工所
桐	同　3-11-24	同　4-2-28	同　4-4-23	浦賀船渠會社

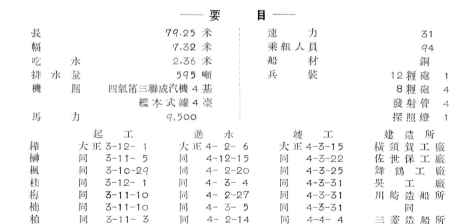

磯風型〔四隻〕

艦種　一等驅逐艦

磯風（いそかぜ）

昭和10年4月除籍

濱風（はまかぜ）

（同上）

天津風（あまつかぜ）

（同上）

時津風（ときつかぜ）

大正7年3月九州宮崎沖に坐礁、舞鶴にて大修理。昭和10年4月除籍。

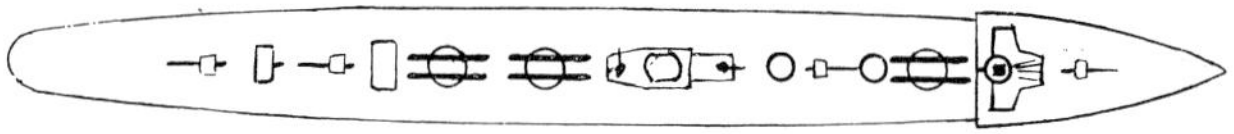

—要目—

長	94.49米	速力	34
幅	8.52米	乗組人員	145
吃水	2.83米	船材	鋼
排水量	1,105噸	兵装	12糎砲 4
機關	パーソンタルビン		機砲 2
	3軸 艦本式罐5		發射管 6
馬力	27,000		探照燈 1

	起工	進水	竣工	建造所
磯風	大正5-4-5	大正5-10-5	大正6-2-28	呉工廠
濱風	同 5-4-1	同 6-10-30	同 6-3-28	三菱造船所
天津風	同 5-4-5	同 5-10-5	同 6-4-14	呉工廠
時津風	同 5-3-10	同 5-12-27	同 6-5-31	川崎造船所

二 等 驅 逐 艦

桑　(く　わ)

大正 3-6 年戰役從軍: 地中海方面警備。
昭和 8 年 9 月 1 日除籍。

欅　(け や き)

同　上

槇　(ま　き)

同 上、昭和 9 年 4 月 1 日除籍。

椿　(つ ば き)

同 上、昭和 10 年 4 月 1 日除籍。

楢　(な　ら)

同 上、昭和 8 年 9 月 1 日除籍。

榎　(え の き)

同　上

―― 要　目 ――

長	83.8 米
幅	7.72 米
吃　水	2.36 米
排 水 量	770 噸
機　關	タルビン
速　力	31.5
兵　裝	12 糎砲 3
	機銃 2
	發射管 6
	探照燈 1

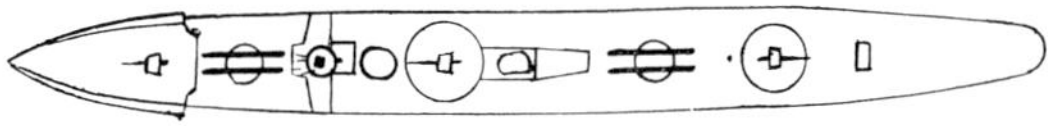

	起　工	進　水	竣　工	建 造 所
桑	大正 6-11- 5	大正 7- 2-23	大正 7-3-31	呉　工　廠
槇	同　6-10-16	同　6-12-28	同　7-4- 7	佐世保工廠
欅	同　6-10-16	同　7- 1-15	同　7-4-20	佐世保工廠
椿	同　6-11- 5	同　7- 2-23	同　7-4-30	呉　工　廠
榎	同　6-10- 1	同　7- 3- 5	同　7-4-30	舞 鶴 工 廠
楢	同　6-11- 8	同　7- 3-28	同　7-4-30	横須賀工廠

谷 風 型〔二 隻〕

艦 種　一等驅逐艦

谷 風（たにかぜ）

昭和10年4月除籍

江 風（かはかぜ）

艦 歴　始め江風は浦風の姉妹艦として英國にて建造せしも大戰中伊太利に讓與し、其代艦を横須賀にて造る。昭和9年4月1日除籍。

（備考）伊太利に讓渡せしものは、目下同國に於て Ge. C, Montanari と稱し、尙ほ同國艦籍表に存す。

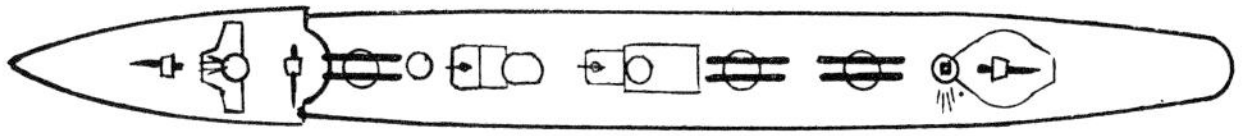

──要 目──

長	97.54米	速 力	34
幅	8.84米	乘組人員	
吃 水	2.83米	船 材	鋼
排水量	1,180噸	兵 裝	12糎砲 3
機 關	タルビン機2軸		機銃 2
	艦本式罐4		發射管 6
馬 力	34,000		探照燈 2

	起 工	進 水	竣 工	建造所
谷 風	大正5-9-20	大正7- 7-20	大正8- 1-30	舞鶴工廠
江 風	同 6-2-15	同 6-10-10	同 7-11-11	横須賀工廠

潛　水　艦

〔ホーランド型〕

第　六　號

明治43年4月5日周防國新湊沖にて潛航中沈沒し艇長佐久間勉大尉以下乘組員全部殉難、船體は引揚げ修理の上使用したるも大正6年12月除籍、潛水學校内に記念として保存さる。

—— 要　　目 ——

長	22.5米	兵裝	發射管 1
幅	2.13米	起工	明治37-11-24
吃水	2.00米	進水	同 38-9-28
排水量	75噸	竣工	同 39-4-5
機關	ガソリン機1	建造所	川崎造船所
馬力	250		
速力	8.5		

潜　水　艦

〔ホーランド型〕

第　七　號

大正9年12月1日除籍

── 要　目 ──

長	25.7米	兵装	發射管 1
幅	2.43米	起工	明治37-11-26
吃水	2.3米	進水	同 38- 9-28
排水量	78噸	竣工	同 39- 4- 5
機關	ガソリン機1	製造所	川崎造船所
馬力	250		
速力	8.5		

潛水艦

第八號（波一號）

昭和4年4月除籍

第九號（波二號）

昭和4年4月除籍

―― 要目 ――

長	43.33米	馬力	600
幅	4.14米	速力	12
吃水	3.43米	乗組人員	
排水量	286噸	兵裝	發射管 2
機關	毘式内燃機1		

	起工	進水	竣工	建造所
第八號	明治40-8-3	41-5-19	42-2-26	英國毘社
第十號	同 40-8-3	41-5-19	42-3- 9	同

潜水艦

第十号（波三号）

昭和4年4月除籍

要目

長	43.33米	兵装	發射管 2
幅	4.14米	起工	明治43-8-1
吃水	4.43米	進水	同 44-3-4
排水量	286噸	竣工	同 44-8-21
機關	毘式内燃機1	建造所	呉工廠
馬力	600		
速力	12		

潜水艦

第十一號（波四號）

昭和4年4月除籍

—— 要目 ——

長	43.33米	兵装	發射管 2
幅	4.14米	起工	明治43- 8- 1
吃水	3.43米	進水	同 44- 3-18
排水量	286噸	竣工	同 44- 8-26
機關	毘式内燃機 1	建造所	呉工廠
馬力	600		
速力	12		

潜　水　艦

第　十　二　號（波　五　號）

昭和４年４月除籍

—— 要　　目 ——

長	43.33 米	兵装	發射管 2
幅	4.14 米	起工	明治 43-8-1
吃水	3.43 米	進水	同 44-3-27
排水量	286 噸	竣工	同 44-8-31
機關	毘式内燃機 1	建造所	呉工廠
馬力	600		
速力	12		
乘組人員			
船材	鋼		

潜 水 艦

〔改良川崎型〕

第十三號（波六號）

昭和4年4月除籍

要　目

長	38.63 米	兵装	發射管 2
幅	3.84 米	起工	明治 43-3-22
吃水	3.05 米	進水	同 45-7-18
排水量	304 噸	竣工	大正 元-9-30
機關	複動式ガソリン機 1	建造所	川崎造船所
馬力	1,160		
速力	10		
乘組人員			
船材	鋼		

潜　水　艦

〔改良Ｃ型〕

第十六號（波七號）

昭和4年4月除籍

第十七號（波八號）

昭和4年4月籍除

―― 要　目 ――

長	43.03米	兵装	發射管　4
幅	4.14米	起工	大正5-1-8
吃水	3.43米	進水	同　5-3-16
排水量	290噸	竣工	同　5-10-21
機關	毘式内燃機1	建造所	呉工廠
馬力	600		
速力	12		
乗組人員			
船材	鋼		

潜水艦

〔ローブーフ複殻式〕

第十四號（波九號）

最初本艦は第十五號艦と共に佛國「シュナイダー」社にて建造し、略ぼ完成の域に達したるとき、歐洲大戰勃發し佛國政府に徵用され「アーミデ」と命名され從軍す、其の後原計畫に多少の改良を加へて呉工廠にて建造したるもの卽ち本艦なり。 昭和４年４月除籍。

—— 要　目 ——

長	58.60米	兵装	機砲 1
幅	5.18米		發射管 4
吃水	3.25米	起工	大正 7-3-21
排水量	480噸	進水	同 7-7- 3
機關	シュナイダー内燃機 2	竣工	同 9-4-20
馬力	2,000	建造所	呉工廠
速力	15		
乗組人員			
船材	鋼		

潛　水　艦

〔ローブーフ型〕

第十五號（波十號）

建造中大戰勃發のため未完成のまま潛水艦運搬船「カンガルー」に搭載し呉軍港に輸送、呉工廠にて完成す、重油機關を採用したる最初の艦なり、又複殼式の第一艦なり。昭和４年４月除籍。

―要　目―

長	56.74米	兵裝	發射管 6
幅	5.21米	起工	大正2-11-20
吃水	3.10米	進水	同 3-4-7
排水量	450噸	竣工	同 6-7-20
機關	シュナイダー内燃機2	建造所	佛國シュナイダー社
馬力	2,000		
速力			
乘組人員			
船材	鋼		

潜　水　艦

呂號第一號

（舊第十八號）昭和7年4月除籍

同第二號

（舊第二十一號）　同上

同第三號

（舊第三十一號）　同上

同第四號

（舊第三十二號）　同上

同第五號

（舊第三十三號）　同上

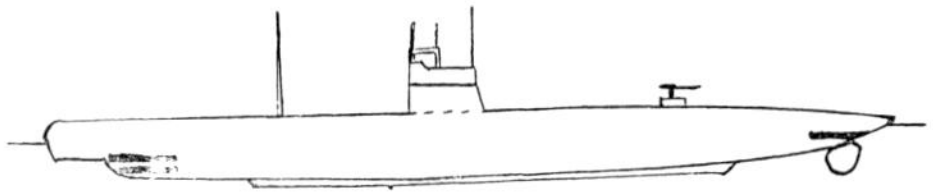

―要　目―

	長	幅	吃水	排水量	機關	馬力	速力	乗組人員	砲	發射管
呂號　第一號	65.58米	6.07	4.19	686	フィアット式内燃機機2	2,600	13	43	—	5
同　第二號	〃	〃	4.15	〃	〃	〃	〃	〃	機銃1	〃
同　第三號	〃	〃	4.04	682	〃	〃	18	〃	〃	〃
同　第四號	〃	〃	〃	〃	〃	〃	〃	〃	〃	〃
同　第五號	〃	〃	〃	〃	〃	〃	〃	〃	〃	〃

	起工	進水	竣工	建造所
呂號　第一號	大正6-1-15	大正8-7-28	大正9-3-31	川崎造船所
同　第二號	同　7-7-1	同　8-11-22	同　9-4-20	同
同　第三號	同　8-10-28	同　10-3-10	同　11-7-15	同
同　第四號	同　8-12-22	同　10-6-22	同　11-5-5	同
同　第五號	同　9-3-1	同　10-6-17	同　11-3-9	同

二等潛水艦

〔海　軍　型〕

呂號　第十一號

(舊第十九號) 海軍型の第一艦
昭和7年4月除籍

同　第十二號

(舊第二十號) 海軍型の第二
艦、昭和7年4月除籍

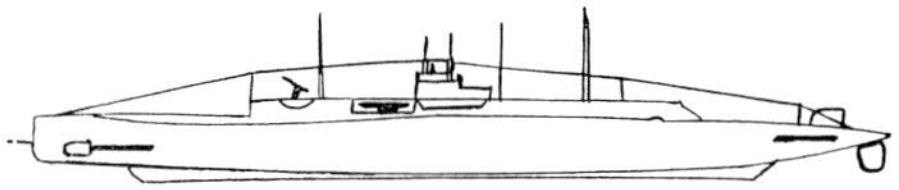

── 要　目 ──

長	69.19 米	速力	18
幅	6.35 米	乗組人員	43
吃水	3.43 米	兵装	砲 1
排水量	717 噸		機銃 1
機關	ズ式内燃機 2		發射管 6
馬力	2,600		

	起工	進水	竣工	建造所
呂號 第十一號	大正 6-4-25	大正 6-10-15	大正 8-7-31	呉工廠
同 第十二號	同 〃	同 6-12- 1	同 8-9-18	同

二等潜水艦

〔海軍中型〕

呂號 第十三號

(舊第二十三號) 昭和7年4月除籍

同 第十四號

(舊第二十二號) 昭和8年9月除籍

同 第十五號

(舊第二十四號) 昭和8年9月除籍

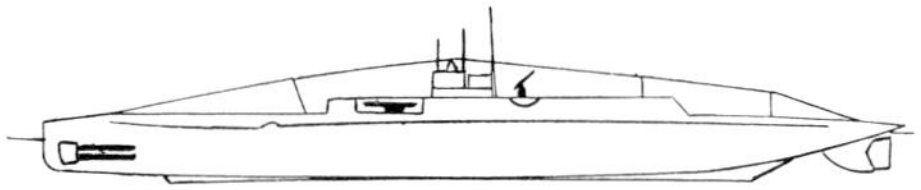

―― 要　目 ――

長	70.10米	速力	17
幅	6.10米	乘組人員	43
吃水	3.68米	兵裝	砲 1
排水量	736噸		機銃 1
機關	ズ式内燃機2		發射管 6
馬力	2,600		

	起工	進水	竣工	建造所
呂號 第十三號	大正7-9-14	大正8-8-26	大正9-9-30	呉工廠
同 第十四號	同 7-9·14	同 8-3-31	同 10-2-17	同
同 第十五號	同 9-6-12	同 9-10-14	同 10-6-3	同

二等潛水艦

呂號 第十六號

(舊第三十七號) 昭和8年9月除籍

同 第二十號

(舊第三十八號) 昭和8年9月除籍

同 第二十一號

(舊第三十九號) 昭和8年9月除籍

同 第二十二號

(舊第四十號) 昭和8年9月除籍

同 第二十三號

(舊第四十一號) 昭和9年4月除籍

同 第二十四號

(舊第四十二號) 昭和9年4月除籍

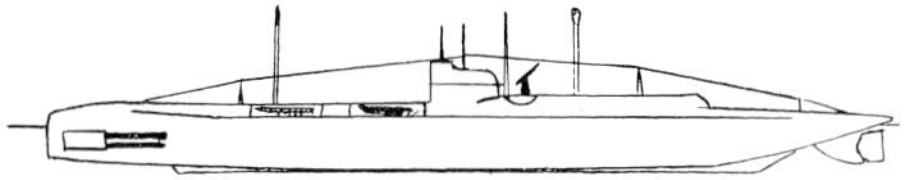

── 要　目 ──

長	70.10米	馬力	2,600
幅	6.12米	速力	17
吃水	3.70米	兵装	砲 1
排水量	735噸		發射管 6
機關	ズ式内燃機2		

	起工	進水	竣工	建造所
呂號 第十六號	大正 9-11-18	大正 10- 4-22	大正 11- 4-29	呉工廠
同 第二十號	同 8- 7-28	同 9-10-26	同 11- 2- 1	横須賀工廠
同 第二十一號	同 8- 7-28	同 9-10-26	同 22- 2- 1	同
同 第二十二號	同 10- 1-20	同 10-10-15	同 11-10-10	同
同 第二十三號	同 10- 1-20	同 10-10-15	同 12- 4-28	同
同 第二十四號	同 8- 4-21	同 8-12- 8	同 9-11-30	佐世保工廠

高　崎（たかさき）

艦　種　特務艦(運送艦)

艦名考　地名にして、對馬國舟志灣内高崎鼻に採る。

艦　歴　舊露艦、原名「ローズリー」、明治37・8年戰役の戰利艦なり。明治38年9月1日「高崎」と命名、運送艦とす。大正3-9年戰役從軍、同9年4月1日特務艦(運送艦)と定めらる。昭和7年4月1日除籍。

——要　　目——

長	375呎	船材	鋼
幅	47呎11吋	兵裝	8糎砲　2
吃水	15呎9吋	起工	
排水量	5,987噸	進水	明治35
馬力		竣工	
速力	10	建造所	英國グラスゴー
乗組人員			

志自岐（しじき）

艦　種　特務艦(運送艦)

艦名考　岬名に採る、志自岐崎は肥前國松浦郡平戸島極南の險峻角にして角上に志自岐山の尖峰屹立す。

艦　歴　大正8年8月15日南洋より歸港の途次、大隅國種子島沖に於て沈沒す。

―要　目―

排水量	5,300噸	進水	大正5-3-15
速力	12	竣工	同　5-5-15
起工	大正4-2-26	建造所	呉工廠

劍　崎（つるぎざき）【初代】

艦　種　特務艦(運送艦)

艦名考　岬名に採る、劍崎は相模國三浦半島の一角にして、東南の方、安房の洲崎と斜に相對し東京海灣の門口をなす。

艦　歴　主推進機として重油機關(四衙式單働 2 基)を裝備せる初めての艦なり、昭和 8 年 9 月除籍。

―― 要　目 ――

長	64.01 米	速　力	9
幅	9.45 米	兵　裝	八糎砲 2
吃　水	4.27 米	起　工	大正 6- 3- 5
排水量	1,970 噸	進　水	同 6- 6-21
機　關	重油機關	竣　工	同 6-11-30
馬　力	1,000	建造所	呉工廠

野　間（のま）

艦種　特務艦（運送艦）

艦名考　地名にして、薩摩國川邊郡野間岬に採る。

艦歴　大正9年4月1日特務艦となり、運送艦に列す。昭和3年4月1日除籍。

―要目―

長	400呎	船材	
幅	52呎	兵裝	
吃水	25呎7吋	起工	
排水量	11,680噸	進水	大正7-12
馬力		竣工	同　8-6
速力	11.5	建造所	英國グラスゴー
乘組人員			

國家に對する海軍の必要

△優勢なる海軍を建設するは、戰爭をなすよりも廉なり。

△海軍艦船艇（航空機を含む）の建造に對する努力は、其の國各種の科學・技術の進歩發達を促進す。

△海軍は職業學校たる意味に於ても、一大國立學校と稱し得べし。 之れ職業に熟達し、愛國心に富み、且つ勇敢なる青年を民間に送り出すこととなればなり。

△海軍は國家信用の一基礎にして又商業貿易の不振を防ぎ、發展を促すの保險なり。 海外發展・商業貿易は海軍の盛衰に從つて隆替す。

△強大なる海軍のウェートは外交に勢力を附與し、時としては戰爭を阻止す。

△海軍力は國際問題を正當に解決する一大要素なり。

戦艦

（現存）

金　剛（こんがう）【二代】

艦種　戦艦

比叡(二代目)・榛名・霧島と姉妹艦なり。

艦名考　初代「金剛」の項参照(P. 24)。

艦歴　明治44年1月17日英國「ビッカース」社にて起工、大正2年8月16日竣工、同3年乃至9年戰役(日獨)從軍：同3年8月第一艦隊第三戰隊に屬し青島戰に參加(艦長大佐山中柴吉)、昭和9年5月巡洋戰艦の種別を廢し戰艦に編入、本艦は既に同8年を以て華府條約代艦建造艦齡20年に達し居るも、倫敦海軍條約により昭和11年まで其の建造延期せらる。

（改造前）

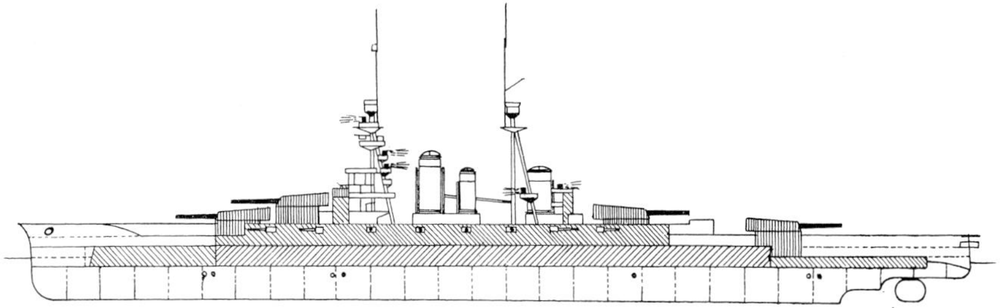

―要　目―

長	199.21米	兵装	36糎砲 8
幅	28.04米		15糎砲 16
吃水	8.38米		12.7糎砲 8
			發射管 4
排水量	29,330噸	起工	明治44-1-17
機關	タルビン4軸	進水	同 45-5-18
馬力		竣工	大正 2-8-16
速力	26	建造所	英國毘社

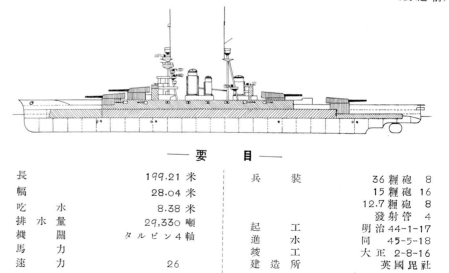

榛　名（はるな）

艦　種　戰　艦

二代目比叡・同金剛・霧島と姉妹艦なり。

艦名考　山名に採る、榛名山、一名榛那山は上野國にあり、標高4,808尺、妙義・赤城の二山と併せ稱して上毛の三名山とす。

艦　歴　明治45年3月16日神戸川崎造船にて起工、大正4年4月15日竣工。

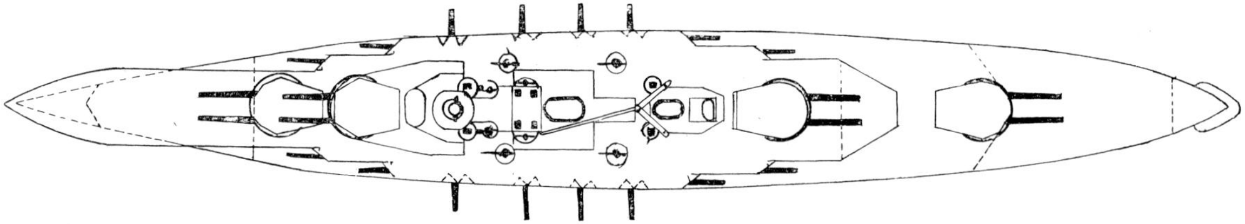

― 要　目 ―

長	199.21米	兵　裝	36糎砲　8
幅	28.04米		15糎砲　16
吃　水	8.38米		12.7糎砲　8
排水量	29,330噸		發射管　4
機　關	タルビン4軸	起　工	明治45-3-6
馬　力		進　水	大正2-12-14
速　力	26	竣　工	同　4-4-19
		建造所	神戸川崎造船所

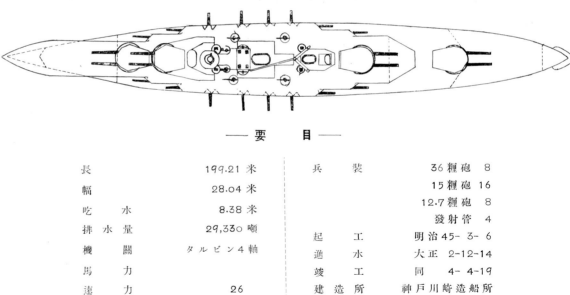

霧　島（きりしま）

艦種　戦　艦

二代目金剛・同比叡・榛名と姉妹艦なり。

艦名考　山名に採る、霧島山は東西二峰あり、西霧島山は別名を西嶽、又韓國嶽と云ひ日向・大隅の兩國に跨る。西諸縣郡飯野村末永より3里にして其山頂に達す、標高 5,610 尺、東霧島山は別名を東嶽、矛峰、オタケ、古名高千穂峰と云ふ。

艦歴　明治 45 年 3 月 17 日三菱造船所(長崎)にて起工。大正 3 年乃至 9 年戰役に從軍。

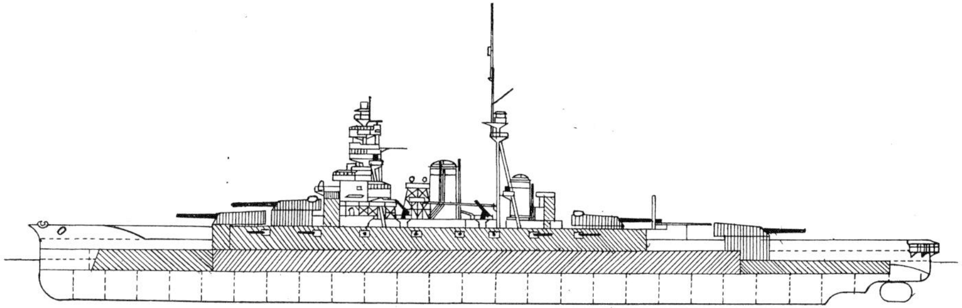

――要　　目――

長	199.21 米
幅	28.04 米
吃　　水	8.38 米
排 水 量	29,330 噸
機　　關	タルビン4軸
馬　　力	
速　　力	26

兵　　装	36糎砲　8
	15糎砲　16
	12.7糎砲　8
	發射管　4
起　　工	明治45-3-17
進　　水	同　2-12-1
竣　　工	大正4-4-19
建 造 所	三菱長崎造船所

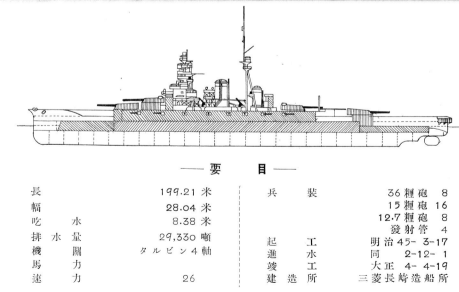

扶　桑（ふさう）【二代】

艦種　戦艦

山城と姉妹艦なり。

艦名考　初代「扶桑」の項参照(P.23)。

艦歴　明治45年3月11日呉海軍工廠にて起工、大正四年11月8日竣工。同3年乃至9年戦役に従軍。

―要　目―

（改装前）

長	192.02米
幅	28.68米
吃水	8.69米
排水量	29,330噸
機關	タルビン4　艦本式
馬力	40,000
速力	22.5
兵裝	36糎砲　12
	15糎砲　16
	12.7糎砲　8
	發射管　2
起工	明治45-3-11
進水	大正　3-3-28
竣工	同　4-11-8
建造所	呉工廠

（改装後）

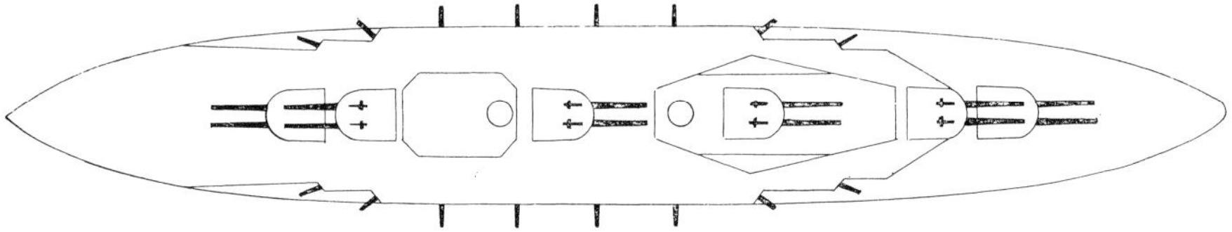

山　城 (やましろ)

艦　種　戰　艦

扶桑と姉妹艦なり。

艦名考　國名なり、畿内山城國に採る。

艦　歴　大正2年11月20日横須賀海軍工廠にて起工、同6年3月31日竣工。同3年乃至9年戰役に從軍。

(改裝前)

―要　目―

長	192.02米	兵　装	36糎砲 12
幅	28.68米		15糎砲 16
吃　水	8.69米		12.7糎砲 8
排水量	29,330噸		發射管 2
機　關	タルビン4 艦本式	起　工	大正 2-11-20
馬　力	40,000	進　水	同 3- 3-28
速　力	22.5	竣　工	同 4-11- 8
		建造所	呉工廠

伊　勢（いせ）

艦種　戰艦

　　　日向と姉妹艦なり。

艦名考　國名なり、東海道伊勢國に採る。

艦歴　大正4年5月10日神戸川崎造船所にて起工、同6年12月15日竣工。

―― 要　目 ――

長	195.07 米	兵装	36 糎砲 12
幅	28.65 米		14 糎砲 18
吃水	8.74 米		12.7 糎砲 8
排水量	29,990 噸		發射管 4
機關	ダルビン4基	起工	大正4-5-10
馬力	45,000	進水	同　5-11-12
速力	23	竣工	同　6-12-15
		建造所	神戸川崎造船所

日　向（ひうが）

艦種　戦艦

伊勢と姉妹艦なり。

艦名考　國名なり、西海道日向國に採る。

艦歴　大正4年5月6日長崎三菱造船所にて起工、同7年4月30日竣工。

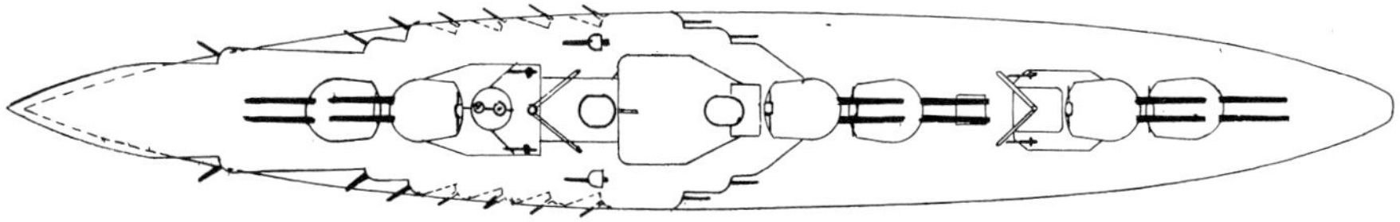

―要　目―

長	195.07米	兵装	36糎砲 12
幅	28.65米		14糎砲 18
吃水	8.74米		12.7糎砲 8
排水量	29,990噸		發射管 4
機關	タルビン4基	起工	大正4-5-6
馬力	45,000	進水	同 6-1-12
速力	23	竣工	同 7-4-30
		建造所	三菱長崎造船所

長　門 (ながと)

艦種　戦艦

陸奥と姉妹艦なり。

艦名考　國名なり、山陽道長門國に採る。

艦歴　大正6年8月28日呉海軍工廠にて起工、同9年11月25日竣工。世界海軍中、40糎砲を裝備したる戦艦の嚆矢なり。

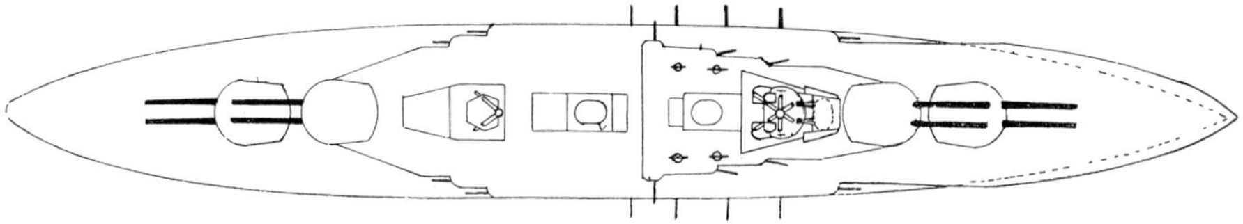

―要　目―

長	201.35米	兵裝	40糎砲 8
幅	28.96米		14糎砲 20
吃水	9.14米		12.7糎砲 8
排水量	32,720噸		發射管 6
機關	タルビン4軸	起工	大正6-8-28
馬力	80,000	進水	同 8-11-9
速力	23	竣工	同 9-11-25
		建造所	呉工廠

陸　奥（むつ）

艦種　戰艦

長門と姉妹艦なり。

艦名考　國名なり、東山道陸奥國に採る。

艦歴　本艦は華府軍縮會議開催中竣工し、其の廢棄に關して米國の主張に對し、國論を沸騰せしめ熱烈なる國民の支援により存置せらる。當時世界中40糎砲を装備したる戰艦は我が長門・陸奥の二艦のみ。大正14年　皇后陛下非公式に御乗艦あらせらる。

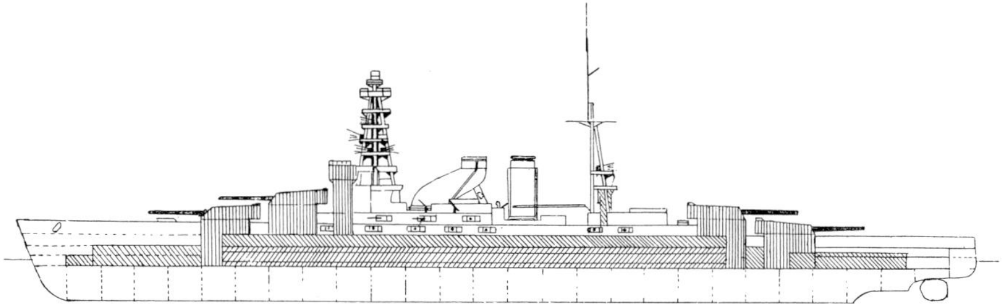

―要　目―

長	201.35米	兵装	40糎砲　8
幅	28.96米		14糎砲　20
吃水	9.14米		12.7糎砲　8
排水量	32,720噸		發射管　6
機關	タルビン4軸	起工	大正　7-6-1
馬力	80,000	進水	同　9-5-31
速力	23	竣工	同　10-11-22
		建造所	横須賀工廠

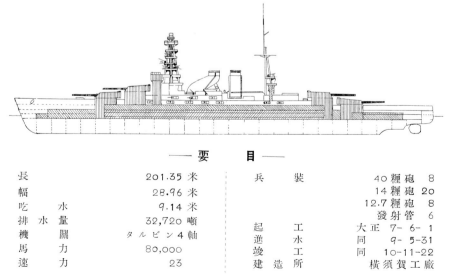

比　叡（ひえい）【二代】

艦種　練習戰艦

金剛と姉妹艦なり。

艦名考　初代「比叡」の項參照(P. 25)。

艦歷　大正3年乃至9年戰役(日獨)從軍: 同3年8月第一艦隊第三戰隊に屬し青島戰に參加(艦長大佐高木七太郎)、昭和7年12月1日練習戰艦に編入(倫敦海軍條約の結果に由る)。

（改裝後）

―要　目―

長	199.19米	兵裝	36糎砲 6
幅	28.04米		15糎砲 16
吃水	6.32米		12.7糎砲 4
排水量	19,500噸		8糎砲 4
機關	タルビン4軸		發射管 4
馬力	13,800	起工	明治44-11-4
速力	18	進水	大正元-11-22
		竣工(改裝)	同 7-12-31
		建造所	横須賀工廠

艦母機上水・艦母空航

（存　　現）

鳳　翔（ほうしやう）【二代】

艦種　航空母艦

艦名考　初代「鳳翔」の項参照(P.19)。

(P.19)

艦歴　昭和6・7年事變(日支從軍: 同7年2月第一航空戰隊に屬し上海及揚子江方面警備(艦長大佐堀江六郎)。

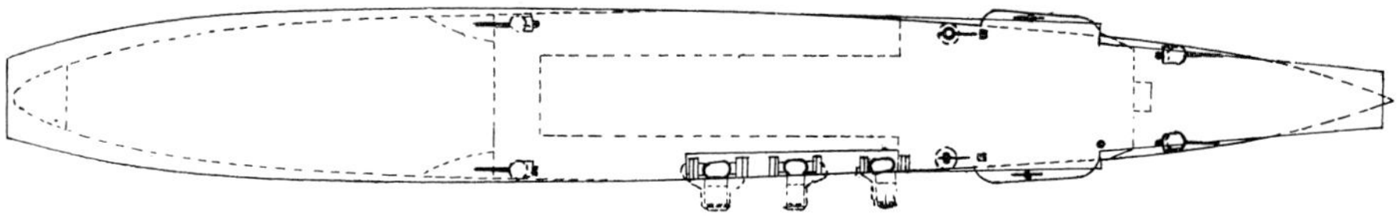

―要　目―

長	155.45米	兵裝	14糎砲 4
幅	14.67米		8糎高角砲 2
吃水	4.57米	起工	大正 8-12-16
排水量	7,470噸	進水	同 10-11-13
機關	タルビン2軸	竣工	同 11-12-27
馬力	30,000	建造所	淺野造船所
速力	25		

赤　城（あかぎ）【二代】

艦種　航空母艦

艦名考　初代「赤城」の項參照(P. 45)。

艦歴　此の艦は巡洋戰艦として大正9年12月6日呉工廠に於て起工の處、海軍々備制限に關する華府條約の結果に由り、同12年11月19日航空母艦に改造することと爲り、昭和2年3月35日竣工。

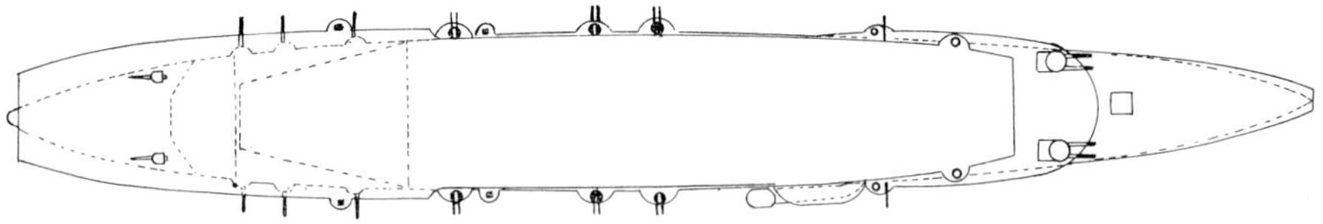

── 要　目 ──

長	232.56 米	兵裝	20糎砲 10
幅	28.04 米		12糎高角砲 12
吃水	6.45 米	起工	大正 9-12- 6
排水量	26,900 噸	進水	同 14- 4-22
機關	タルビン艦本式罐 19臺	竣工	昭和 2- 3-25
馬力	131,000	建造所	呉工廠
速力	28.5		

加　賀（か　が）

艦　種　航空母艦

艦名考　國名なり、加賀國に採る。

艦　歴　大正9年7月19日神戸川崎造船所に於て起工、昭和3年3月31日横須賀工廠にて竣工。此艦は戰艦(排水量39,900噸として起工せられ進水を了したるも、華府條約の結果、一旦廢棄することとなり、更に關東大震災後「天城」の代艦として大正12年11月19日航空母艦に改造することと爲り、昭和3年春竣工したるものなり。昭和6.7年事變(日支)從軍: 同7年2月上海及揚子江方面警備(艦長大佐大西次郎)。

―― 要　目 ――

長	217.93 米	兵　装	20糎砲 10
幅	31.24 米		12糎高角砲 12
吃　水	6.50 米	起　工	大正 9-7-19
排水量	26,900 噸	進　水	同 10-11-17
機　關	タルビン4軸	竣　工	昭和 3-3-31
馬　力	91,000	建造所	横須賀工廠
速　力	23		

龍　　驤（りゆうじやう）【二代】

艦　種　航空母艦

艦名考　初代「龍驤の項」参照(P.18)。

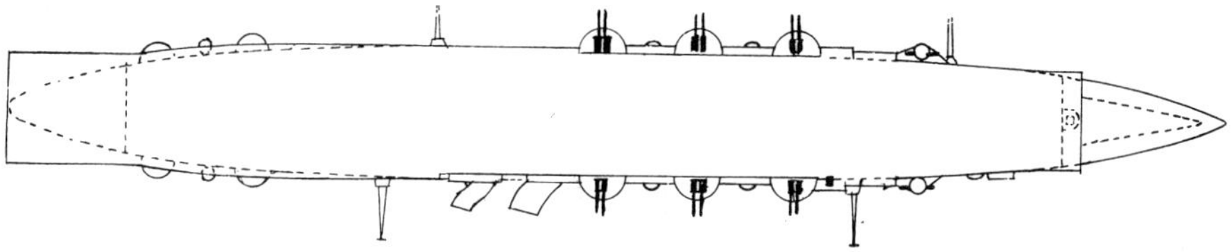

―要　　目―

長	167.20米	兵装	12.7糎砲 12
幅	18.50米	起工	昭和 4-11-26
吃水	4.36米	進水	同 6- 4- 2
排水量	7,100噸	竣工	同 8- 5- 9
機關	タルビン艦本式罐	建造所	横須賀工廠
馬力	40,000		
速力	25		

能登呂 (のとろ)

艦種　水上機母艦

艦名考　岬名なり、樺太大泊支廳區の能登呂岬に採る、能登呂岬は又近藤岬とも云ふ、露人は之を「クリリオン」岬と呼べり、亞庭灣口の西角を成し、北海道北見の宗谷岬と相對す。

艦歴　元特務艦(運送艦)なりしを昭和9年6月1日軍艦に編入し、水上機母艦とす。同6•7年事變(日支)從軍：同7年1月上海及揚子江方面警備(艦長大佐三竝貞三)。

― 要　目 ―

長	138.68米	兵裝	12糎砲　2
幅	17.68米		8糎高角砲　2
吃水	8.08米	起工	大正 8-11-24
排水量	14,050噸	進水	同　9-5-3
機關	直立三聯機2軸	竣工	同　9-8-10
馬力	5,850	建造所	神戸川崎造船所
速力	12		

神　威（かもゐ）

艦種　水上機母艦

艦名考　岬名なり、後志國神威岬に採る、神威岬は方俗古來御《オカ》神《ムイ》と云ふ。

艦歴　此艦は所謂米國式の實費計算に據り米國へ註文したるものにして、我海軍に於て目下電氣推進による唯一の船なり。大正11年12月15日横須賀着。元特務艦(運送船)なりしも、昭和9年6月1日軍艦に編入、水上機母艦となる。昭和6・7年事變(日支)従軍：同8年2月熱河方面作戰に協力(艦長大佐竹田六吉)。

── 要　　目 ──

長	151.18米	兵裝	14糎砲　2
幅	20.42米		8糎高角砲　2
吃水	8.43米	起工	大正10-9-14
排水量	17,000噸	進水	同　11-6-8
機關	電氣推進2軸	竣工	同　11-9-12
馬力	8,000	建造所	紐育シップビルヂング社
速力	15		

一等巡洋艦

（現存）

古　鷹（ふるたか）

艦　種　一等巡洋艦
加古・青葉・衣笠は其の姉妹艦なり。

艦名考　山名なり、安藝國江田島に在る古鷹山に採る。

艦　歴　所謂8吋砲巡洋艦の魁をなしたる艦なり。

──要　目──

長	176.78米	兵　裝	20糎砲　6
幅	15.47米		12糎砲　4
吃　水	4.50米		發射管 12
排水量	7,100噸	起　工	大正11-12- 5
機　關	タルビン4軸	進　水	同　14- 2-25
馬　力	95,000	竣　工	同　15- 3-31
速　力	33	建造所	三菱長崎造船所

加古（かこ）

艦種　一等巡洋艦

姉妹艦に古鷹・青葉・衣笠あり。

艦名考　川名に採る、加古川は又印南川、氷河《ヒノカハ》とも云ふ、丹波國氷上《ヒノカミ》郡に發源し上流を佐治川と云ひ、多紀郡の大雲川を併せ播磨國に入り海に注ぐ。

艦歴　此艦は元球磨型の第十五艦の筈なりしも、後に至り古鷹型に變更、從つて他の姉妹艦三隻の名何れも山名なるも此艦のみは球磨級と共に川名に採る。

―要目―

長	176.78米	兵装	20糎砲 6
幅	15.47米		12糎砲 4
吃水	4.50米		發射管 12
排水量	7,100噸	起工	大正11-11-17
機關	タルビン4軸	進水	同 14-4-10
馬力	95,000	竣工	同 15-7-20
速力	33	建造所	神戸川崎造船所

青　葉（あをば）

艦　種　一等巡洋艦

艦名考　山名に採る、青葉山別稱青羽山、又は彌《ミ》山《セン》と謂ふ。若狹國にあり、附近日本海岸に聳立し、從つて頂上よりは岬角海光の眺望濶大なり、標高2,376尺。

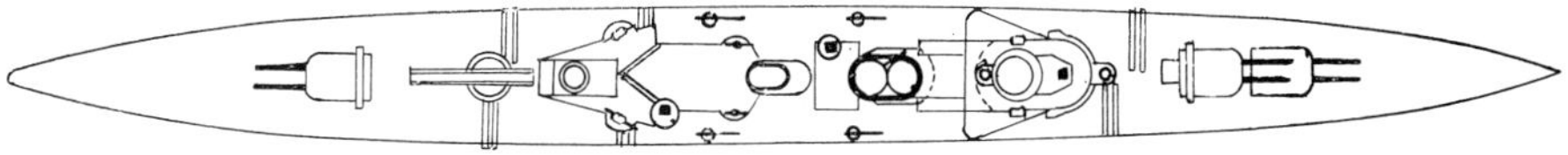

―要　目―

長	176.78米	兵裝	20糎砲　6
幅	15.47米		12糎砲　4
吃水	4.50米		發射管　12
排水量	7,100噸	起工	大正13-2-4
機關	タルビン4軸	進水	同　15-9-25
馬力	95,000	竣工	昭和　2-9-20
速力	33	建造所	三菱長崎造船所

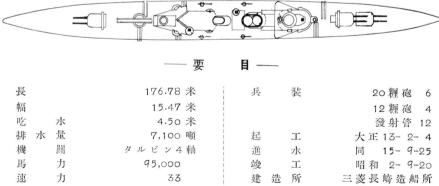

衣　笠（きぬがさ）

艦　種　一等巡洋艦

艦名考　山名に採る、横須賀軍港の南に三浦一族の居城たりし衣笠城址あり、此丘の名に據れるものなり(別に阿波國麻植《ヲエ》・美馬《ミマ》の二郡に跨る標高 3,705 尺の同名の山あり、之に據るとの說あり、附記す)。

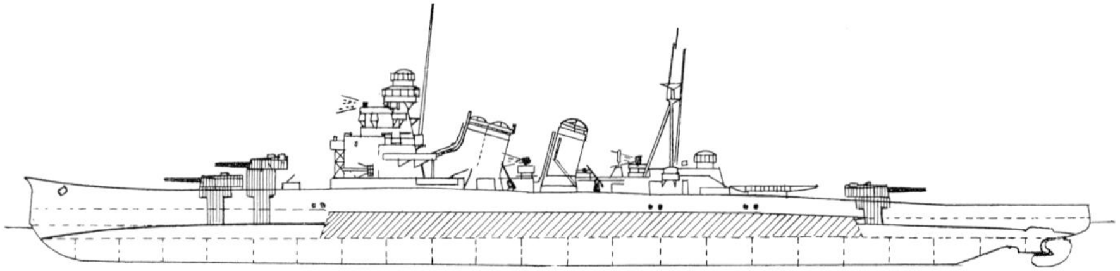

―要　目―

長	176.78 米	兵　裝	20糎砲 6
幅	12.47 米		12糎砲 4
吃　水	4.50 米		發射管 12
排水量	7,100 噸	起　工	大正 13- 1-23
機　關	タルビン4軸	進　水	同 15-10-24
馬　力	95,000	竣　工	昭和 2- 9-30
速　力	33	建造所	神戸川崎造船所

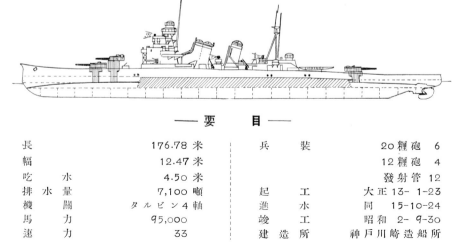

那　智（なち）

艦　種　一等巡洋艦

艦名考　山名に採る、那智山別稱南山は紀伊國にあり、標高 1,620 尺、山中に大小の瀑布あり世に顯はる。

艦　歴　昭和 6・7 年事變(日支)從軍; 同 7 年 2 月上海及揚子江方面警備(艦長大佐田畑敬義)。

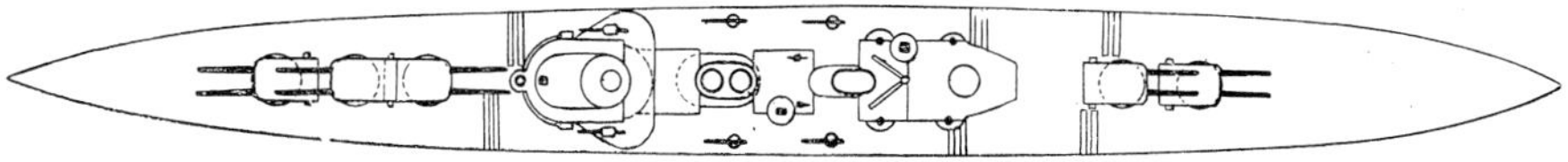

―要　目―

長	192.07 米	兵裝	20 糎砲 10
幅	19.00 米		12 糎砲 6
吃水	5.03 米		發射管 12
排水量	10,000 噸	起工	大正 13-11-26
機關	タルビン艦本式罐	進水	昭和 2- 6-15
馬力	100,000	竣工	同 3-11-26
速力	33	建造所	吳工廠

羽　黒（はぐろ）

艦種　一等巡洋艦

艦名考　山名に採る、羽黒山は羽前國に在り、湯殿山、月山とを併せ之を出羽の三山と稱す、蓋し羽越山脈の雄峰なり。

艦歴　昭和6・7年事變(日支)從軍:同7年2月上海及揚子江方面警備(艦長大佐野村直邦)。

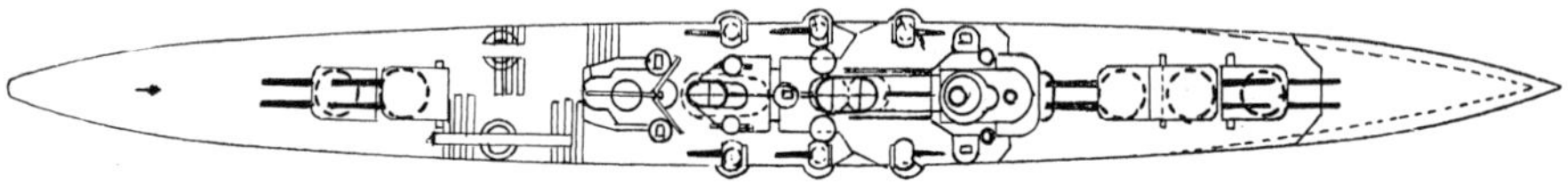

要　目

長	192.07米	兵装	20糎砲 10
幅	19.00米		12糎砲 6
吃水	5.03米		發射管 12
排水量	10,000噸	起工	大正14-3-16
機關	タルビン艦本式罐	進水	昭和 3-3-24
馬力	100,000	竣工	同 4-4-25
速力	33	建造所	三菱長崎造船所

妙　高（めうかう）

艦種　一等巡洋艦

艦名考　山名に採る、妙高山の別名妙香山又は越後富士、越後國にあり。

艦歴　所謂甲級1萬噸級8吋砲巡洋艦の魁にして、那智・足柄・羽黒は其の姉妹艦なり。昭和6・7年事變(日支)從軍:同7年2月上海及揚子江方面警備(艦長大佐井澤春馬)

──要　目──

長	192.07米	兵装	20糎砲 10
幅	19.00米		12糎砲 6
吃水	5.03米		發射管 12
排水量	10,000噸	起工	大正 13-10-25
機關	タルビン艦本式罐	進水	昭和 2- 4-16
馬力	100,000	竣工	同 4- 7-31
速力	33	建造所	横須賀工廠

足　柄　(あしがら)

艦種　一等巡洋艦

艦名考　山名に採る、足柄山は箱根山脈中の一峰なり。

艦歴　昭和 6・7 年事變(日支)從軍:　同 7 年 2 月上海及揚子江方面警備(艦長大佐三木太市)。

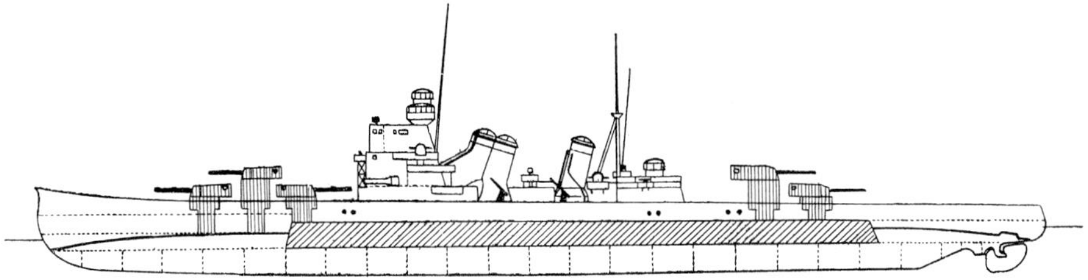

―要　目―

長	192.07 米	兵裝	20 糎砲 10
幅	19.00 米		12 糎砲 6
吃水	5.03 米		發射管 12
排水量	10,000 噸	起工	大正 14-4-11
機關	タルビン艦本式罐	進水	昭和 3-4-22
馬力	100,000	竣工	同 4-8-20
速力	33	建造所	神戸川崎造船所

愛　宕（あたご）【二代】

艦　種　一等巡洋艦

艦名考　初代「愛宕」の項参照(P. 43)。

――要　目――

長	198.00米	兵装	20糎砲 10
幅	19.00米		12糎砲 4
吃水	5.00米		發射管 8
排水量	9,850噸	起工	昭和2-4-28
機關	タルビン4軸	進水	同 5-6-16
馬力	100,000	竣工	同 7-3-30
速力	33	建造所	呉工廠

高　雄（たかを）【二代】

艦　種　一等巡洋艦

艦名考　初代「高雄」の項参照(P. 44)。

―要　目―

長	198.00 米	兵装	20糎砲 10
幅	19.00 米		12糎砲 4
吃水	5.00 米		發射管 8
排水量	9,850 噸	起工	昭和 2-4-28
機關	タルビン4軸	進水	同 5-5-12
馬力	100,000	竣工	同 7-5-31
速力	33	建造所	横須賀工廠

鳥　海（てうかい）【二代】

艦種　一等巡洋艦　高雄型

艦名考　初代「鳥海」の項参照(P. 42)。

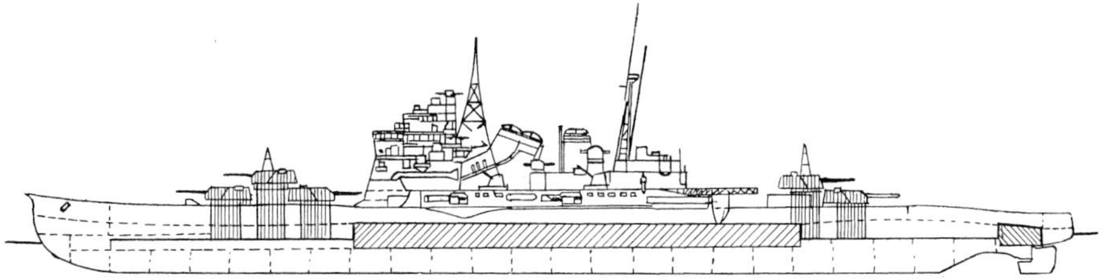

要　目

長	198.00米	兵装	20糎砲 10
幅	19.00米		12糎砲 4
吃水	5.00米		發射管 8
排水量	9,850噸	起工	昭和3-3-26
機關	タルビン4軸	進水	同 6-4-5
馬力	100,000	竣工	同 7-6-30
速力	33	建造所	三菱長崎造船所

摩耶(まや)〔二代〕

艦種　一等巡洋艦　高雄型

艦名考　初代「摩耶」の項参照(P.38)。

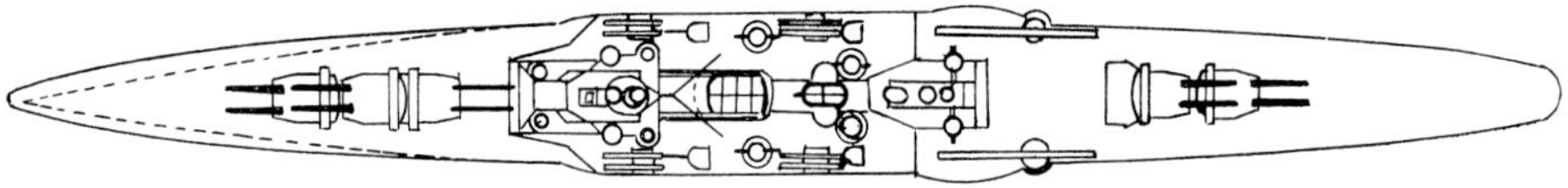

―要目―

長	198.00米	兵装	20糎砲　10
幅	19.00米		12糎砲　4
吃水	5.00米		發射管　8
排水量	9,850噸	起工	昭和3-12-4
機關	タルビン4軸	進水	同　5-11-8
馬力	100,000	竣工	同　7-6-30
速力	33	建造所	神戸川崎造船所

二等巡洋艦

（現存）

平　戸 (ひらど)

艦種　二等巡洋艦

艦名考　港名に採る、平戸は肥前國松浦郡の海港にして平戸海峽の最隘處に臨む、往時貿易市場として内外航運の要樞たりしは夙に世の知る所なり。

艦歴　大正3年乃至9年戰役に從軍：同3年9月第二南遣支隊として西カロリン群島方面警備、次で印度洋方面警備(艦長大佐幸田鉦太郎、大佐金丸清緝)、同6年4月第三特務艦隊として濠洲・新西蘭方面警備(艦長大佐小林躋造)、同10年1月第三水雷戰隊として露領沿岸警備(司令官少將大谷幸四郎、艦長大佐松山茂)、昭和6・7年日支事變に從軍：同7年1月北支上海方面警備(艦長大佐丹下薫二)、同8年2月熱河方面作戰に協同(艦長大佐藤森清一郎)。

── 要　　目 ──

長	134.11米
幅	14.15米
吃水	5.03米
排水量	4,400噸
機關	タルビン2軸
馬力	22,500
速力	26

兵装	15糎砲　8
	8糎砲　2
	8糎高角砲　2
	發射管　3
起工	明治43-8-10
進水	同　44-6-29
竣工	同　45-6-17
建造所	神戸川崎造船所

矢　矧（やはぎ）

艦種　二等巡洋艦

艦名考　川の名、矢作川に採る、川は三河國にあり、矢作は古來矢矧・矢矯・箭作等と混用す、此艦名には矢矧として命名せられたるなり。

艦歴　大正3年乃至9年戰役(日獨)に從軍: 同3年9月第二南遣支隊に屬し西カロリン群島方面警戒、次で印度洋方面警備(艦長大佐長鋪次郎)、昭和6・7年事變(日支)に從軍: 同7年1月南支那方面警備(艦長大佐井上保雄)。

―要　目―

長	134.11米	兵裝	15糎砲 8
幅	14.15米		8糎砲 2
吃水	5.03米		8糎砲 2
排水量	4,400噸		發射管 3
機關	タルビン2軸	起工	明治43-6-20
馬力	22,500	進水	同 44-10-3
速力	26	竣工	同 45-7-27
		建造所	三菱長崎造船所

龍　田（たつた）【二代】

艦種　二等巡洋艦

艦名考　初代「龍田」の項参照(P. 55)。

艦歴　昭和6・7年事變(日支)從軍：同7年1月上海及揚子江方面警備(艦長大佐松木益吉)。

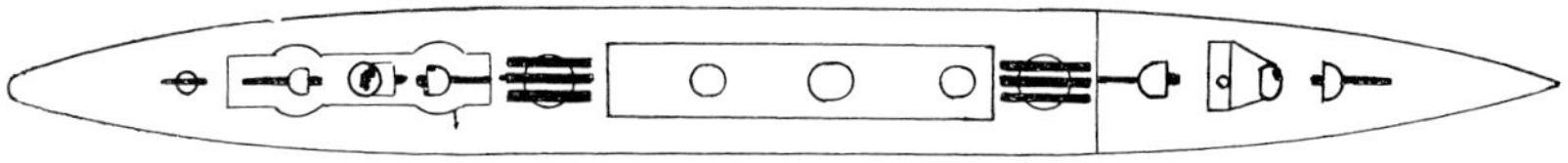

―要目―

長	134.11米	兵裝	14糎砲　4
幅	12.42米		8糎高角砲　1
吃水	3.96米		發射管　6
排水量	3,230噸	起工	大正6-7-24
機關	艦本式罐4臺	進水	同　7-5-29
馬力	51,000	竣工	同　8-3-31
速力	31	建造所	佐世保工廠

天　龍（てんりゆう）【二代】

艦　種　二等巡洋艦

艦名考　初代「天龍」の項参照(P. 32)。

艦　歴　昭和6・7年事變(日支)に從軍：同7年1月北支上海方面警備(艦長大佐斑目健介)。

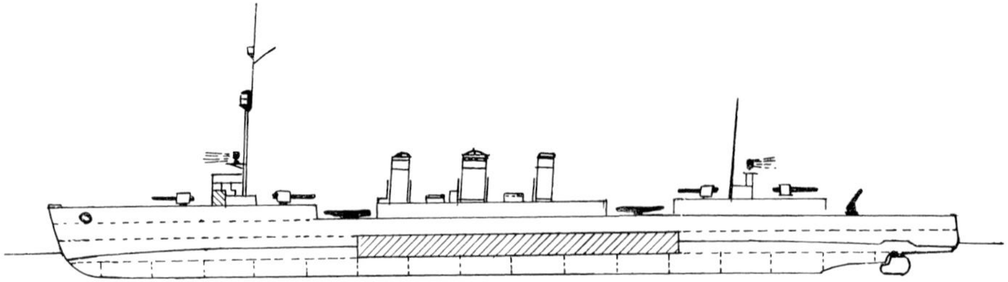

―― 要　目 ――

長	134.11米	兵　装	14糎砲　4
幅	12.42米		8糎高角砲　1
吃　水	3.96米		發射管　6
排水量	3,230噸	起　工	大正6- 5-17
機　關	艦本式罐10臺	進　水	同　7- 3-11
馬　力	51,000	竣　工	同　8-11-20
速　力	31	建造所	横須賀工廠

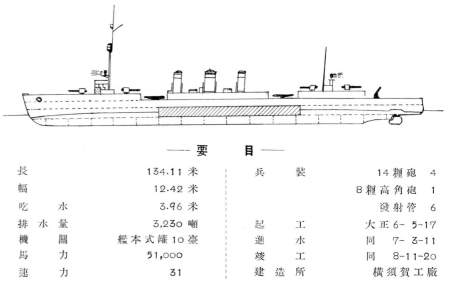

球磨（く　ま）

艦種　二等巡洋艦

艦名考　川名に採る、球磨川は肥後國にある大河なり。

艦歴　所謂 5,500 噸級輕巡洋艦の第一艦なり。昭和 6・7 年事變(日支)從軍: 同 6 年 9 月北支方面警備(艦長大佐湯野川忠一)。

—要　目—

長	152.40米	兵装	14糎砲　7
幅	14.40米		8糎高角砲　2
吃水	4.80米		發射管　8
排水量	5,100噸	起工	大正7-8-29
機關	艦本式罐12臺	進水	同　8-7-14
馬力	90,000	竣工	同　9-8-31
速力	33	建造所	佐世保工廠

多摩（たま）

艦種　二等巡洋艦　球磨型

艦名考　川名に採る、多摩川は武藏國にあり、下流は六郷川と稱す、多摩川は古來多麻川・丹波川・玉川・多波川・田波川などと謂ひ、歌詞等に見ゆ。

艦歴　大正 14 年 8 月故駐日米國大使「バンクロット氏遺骸護送及加州聯邦 75 年祭參加の爲め北米西岸に回航(艦長大佐出光萬兵衞)、昭和 6・7 年事變(日支)從軍: 同 8 年 2 月北支及滿洲國沿岸警備の爲め遼東海灣に回航、熱河討伐に參加(艦長大佐副島大助)。

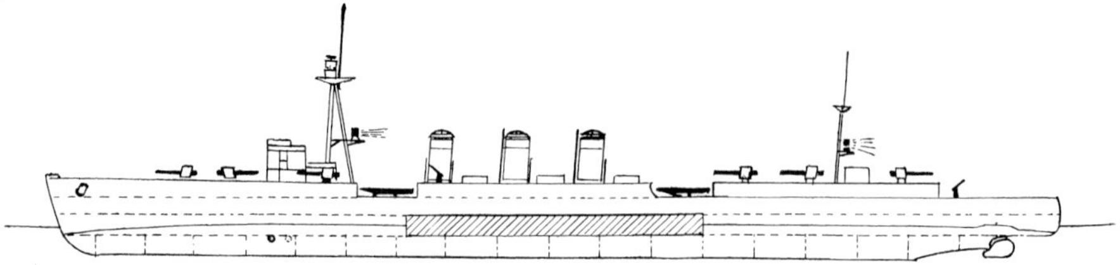

要目

長	152.40 米	兵裝	14 糎砲 7
幅	14.40 米		8 糎高角砲 2
吃水	4.80 米		發射管 8
排水量	5,100 噸	起工	大正 7-8-10
機關	艦本式罐 2 臺	進水	同 9-2-10
馬力	90,000	竣工	同 10-1-29
速力	33	建造所	三菱長崎造船所

北　上 (きたかみ)

艦種　二等巡洋艦　球磨型

艦名考　川名に採る、北上川は奥羽第一の大河なり、又北神川・來神川に作る。北上は蓋し日高見の轉訛ならん乎と云ふ。陸中國にあり。

艦歴　昭和6・7年事變(日支)從軍: 同6年12月南支方面警備(艦長大佐草鹿任一)。

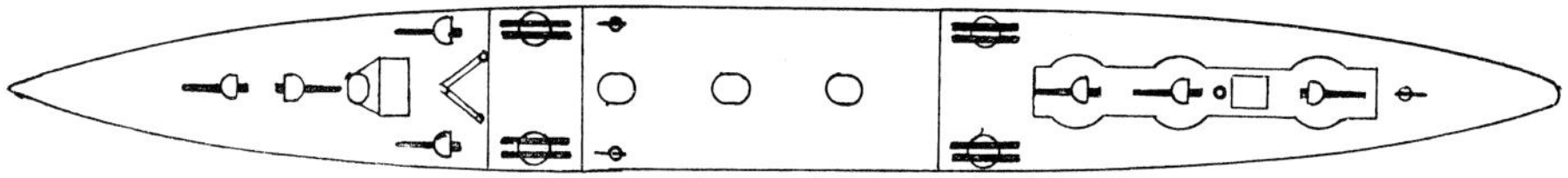

要　目

長	152.40米	兵裝	14糎砲 7
幅	14.40米		8糎高角砲 2
吃水	4.80米		發射管 8
排水量	5,100噸	起工	大正 8-9- 1
機關	艦本式罐12臺	進水	同 9-7- 3
馬力	90,000	竣工	同 10-4-15
速力	33	建造所	佐世保工廠

長　良（ながら）

艦種　二等巡洋艦　球磨型

艦名考　川名に採る、長良川の古名藍見川、川の上流を郡上川と云ふ、下流は岐れて一は木曾川に、他は揖斐川に入る。

―― 要　目 ――

長	152.40米	兵裝	14糎砲　7
幅	14.40米		8糎高角砲　2
吃水	4.84米		發射管　8
排水量	5,170噸	起工	大正 9-9-9
機關	タルビン4臺	進水	同 10-4-25
	艦本式罐12臺	竣工	同 11-4-21
馬力	90,000	建造所	佐世保工廠
速力	33		

木曾（きそ）

艦種　二等巡洋艦　球磨型

艦名考　川名に採る、木曾川は信濃國に源を發し、美濃國に入り飛驒川を併せ、太田川の稱あり。伊勢の國に至りて海に入る。又尾張川・鵜沼川・起川等の別稱あり。

艦歴　昭和6・7年事變(日支)從軍：同7年2月上海及揚子江方面警備(艦長大佐大川内傳七)。

―要目―

長	152.40米	兵裝	14糎砲　7
幅	14.40米		8糎高角砲　2
吃水	4.80米		發射管　8
排水量	5,100噸	起工	大正　8-　6-10
機關	タルビン4臺	進水	同　9-12-14
	艦本式罐12臺	竣工	同　10-　5-　4
馬力	90,000	建造所	三菱長崎造船所
速力	33		

大　井（おほゐ）

艦種　二等巡洋艦　球磨型

艦名考　川名に採る、大井川又の名大堰川・大猪川は駿遠の國界にあり、東海道の巨流なり。

艦歴　昭和6・7年事變(日支)從軍：同7年1月上海及揚子江方面警備(艦長大佐太田泰治)。

── 要　目 ──

長	152.40 米	兵装	14 糎砲　7
幅	14.40 米		8 糎高角砲　2
吃水	4.80 米		發射管　8
排水量	5,100 噸	起工	大正　8-11-24
機關	艦本式罐 12 臺	進水	同　9- 7-15
馬力	90,000	竣工	同　10-10- 3
速力	33	建造所	神戸川崎造船所

名　取（なとり）

艦種　二等巡洋艦　球磨型

艦名考　川名に採る、名取川は陸前國にあり。

── 要　目 ──

長	152.40米	兵装	14糎砲 7
幅	14.40米		8糎高角砲 2
吃水	4.84米		發射管 8
排水量	5,170噸	起工	大正 9-12-14
機關	タルビン4臺	進水	同 11- 2-16
	艦本式罐12臺	竣工	同 11- 9-15
馬力	90,000	建造所	三菱長崎造船所
速力	33		

鬼　怒（きぬ）

艦種　二等巡洋艦　球磨型

艦名考　川名に採る、鬼怒川は古名毛野《ケヌ》川・絹川・衣川等に作る、源を下野國日光山に發し中利根川に注ぐ。

―― 要　目 ――

長	152.40米	兵装	14糎砲　7
幅	14.40米		8糎高角砲　2
吃水	4.84米		發射管　8
排水量	5,170噸	起工	大正10-　1-17
機關	タルビン4臺	進水	同　11-　5-29
	艦本式罐12臺	竣工	同　11-11-10
馬力	90,000	建造所	神戸川崎造船所
速力	30		

由　良（ゆ　ら）

艦種　二等巡洋艦　球磨型

艦名考　川名に採る、由良川は丹後國にあり、音無瀬川一名大雲川又は福知川の下流にして其の海口を由良港とす。

艦歴　昭和6·7年事變(日支)從軍；同7年1月上海及揚子江方面警備(艦長大佐谷本馬太郎)。

――要　目――

長	152.40米	兵裝	14糎砲　7
幅	14.40米		8糎高角砲　2
吃水	4.84米		發射管　8
排水量	5,170噸	起工	大正10-5-21
機關	タルビン4臺	進水	同　11-2-15
	艦本式罐12臺	竣工	同　12-3-20
馬力	90,000	建造所	佐世保工廠
速力	33		

夕　張 (ゆふばり)

艦種　二等巡洋艦

艦名考　川名に採る、夕張川は北海道石狩國夕張山勇拂境の山中に發する諸川の集合に名づく、下流は石狩川に會す。

艦歴　昭和6・7年事變(日支)從軍; 同7年1月上海及揚子江方面警備(艦長大佐齋藤二郎)。

本艦は輕巡洋艦として最小の艦型にて最大の武力を有する艦である、球磨級以後の輕巡洋艦14隻が何れも排水量5,000噸以上で速力30節を有するに對し、本艦は3,000噸に充たざる排水量を以て同一速力38節を出だし、武力は14糎砲1門を減じて6門を裝備す、これら主砲は凡べて艦首尾線上にありて兩舷に發射し得るのみならず、二聯裝砲塔2基を備ふるなど、世界海軍國を驚かしたる艦にて實に造艦上劃期的のものである。

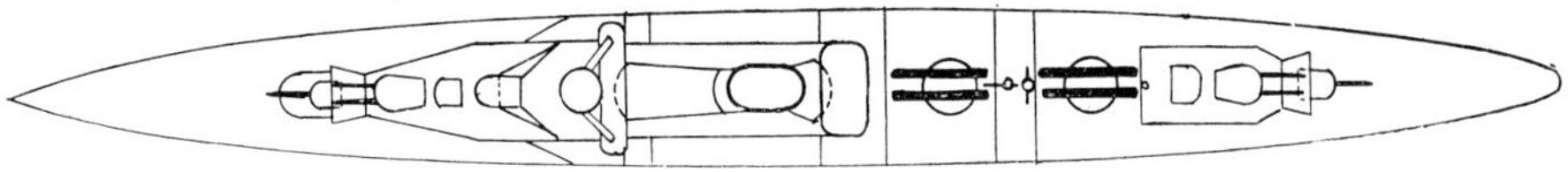

――要　目――

長	132.59米	兵裝	14糎砲　6
幅	12.04米		8糎高角砲　1
吃水	3.58米		發射管　4
排水量	2,890噸	起工	大正11-6-5
機關	タルピン3基	進水	同　12-3-5
	艦本式罐8臺	竣工	同　12-7-31
馬力	57,000	建造所	佐世保工廠
速力	33		

五十鈴（いすず）

艦種　二等巡洋艦　球磨型

艦名考　川名に採る、五十鈴川は一名御《ミ》裳《モ》濯《スソ》川、俗に大川とも云ふ。伊勢神宮附近を流るる有名なる川なり。

艦歴　昭和6・7年事變(日支)從軍：同7年13月南支方面警備(艦長大佐藍原有孝)。

―要　目―

長	152.40米	兵裝	14糎砲　7
幅	14.40米		8糎高角砲　2
吃水	4.84米		發射管　8
排水量	5,170噸	起工	大正　9-8-10
機關	タルビン4臺	進水	同　10-10-29
	艦本式罐12臺	竣工	同　12-8-15
馬力	90,000	建造所	浦賀船渠會社
速力	33		

川　内（せんだい）

艦　種　二等巡洋艦　球磨改良型

艦名考　川名に採る、川内川は又千臺川、仙代川に作る、薩摩國の大河なり。

艦　歴　神通・那珂は姉妹艦なり、球磨型の改良せられたるものにして煙突1個を増し4個と爲れり。

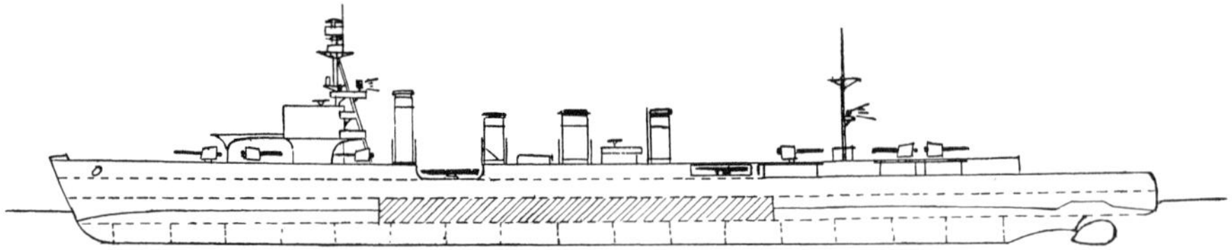

――要　　目――

長	152.40米	兵　裝	14糎砲　7
幅	14.40米		8糎砲　2
吃　水	4.84米		發射管　8
排水量	5,195噸	起　工	大正11- 2-18
機　關	タルビン4基	進　水	同　12-10-30
	艦本式罐16臺	竣　工	同　13- 4-29
馬　力	90,000	建造所	三菱長崎造船所
速　力	33		

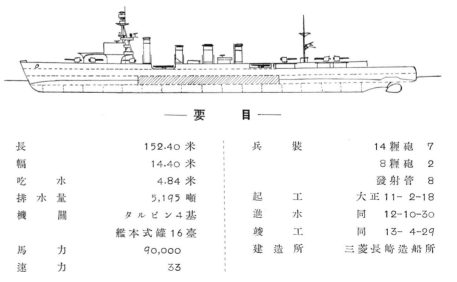

阿武隈（あぶくま）

艦種　二等巡洋艦　球磨型

艦名考　川名に採る、阿武隈川、元は逢隈川と稱せり、其阿武隈川に作るは訛言に從へるなりと云ふ。又古書に遇隈・青熊・大熊・合曲等に作る、磐城國に源を發し、岩代國に入り、磐城の亘理郡荒濱、陸前の名取郡蒲崎の間に至り海に注ぐ、奥州南方の大河なり。

艦歴　昭和6・7年事變(日支)從軍：同7年1月上海及揚子江方面警備(艦長大佐岩村清一)。

―要目―

長	152.40米	兵裝	14糎砲 7
幅	14.40米		8糎砲 2
吃水	4.84米		發射管 8
排水量	5,170噸	起工	大正10-12- 8
機關	タルビン4基	進水	同 12- 3-16
	艦本式罐12臺	竣工	同 14- 5-26
馬力	90,000	建造所	浦賀船渠會社
速力	33		

神　通 (じんつう)

艦　種　二等巡洋艦　球磨改良型

艦名考　川名に採る、神通川、古名賣《メ》比《ヒ》河は飛驒に發し、越中國に入り海灣に注ぐ。

艦　歴　昭和6・7年事變(日支)從軍：同7年2月上海及揚子江方面警備(艦長大佐岩下保太郎)。

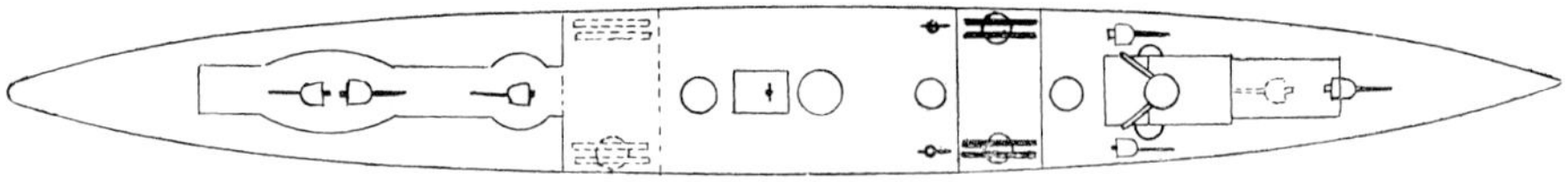

―要　目―

長	152.40米	兵　裝	14糎砲　7
幅	14.40米		8糎砲　2
吃　水	4.84米		發射管　8
排水量	5,195噸	起　工	大正11-8-4
機　關	タルビン4基	進　水	同　12-12-8
	艦本式罐16臺	竣　工	同　14-7-31
馬　力	90,000	建造所	神戸川崎造船所
速　力	33		

那　珂（な　か）

艦　種　二等巡洋艦　球磨改良型

艦名考　川名に採る、那珂川は又中川に作る、下野國那須郡男鹿岳の頂、男鹿沼及び板室村山谷に發源し常陸に入りて海に注ぐ。

艦　歴　昭和 6•7 年事變(日支)從軍：同 7 年 1 月上海及揚子江方面警備(艦長大佐山本弘毅)。

―要　目―

長	152.40米	兵　装	14糎砲　7
幅	14.40米		8糎砲　2
吃　水	4.84米		發射管　8
排水量	5,195噸	起　工	大正11- 6-10
機　關	タルビン4基	進　水	同　14- 3-24
	艦本式罐16臺	竣　工	同　14-11-30
馬　力	90,000	建造所	横濱船渠會社
速　力	33		

最上（もがみ）【二代】

艦種　二等巡洋艦

艦名考　初代「最上」の項参照(P. 146)。

三隈（みくま）

艦種　二等巡洋艦　最上型

艦名考　川名に採る、三隈川は筑後川の中流部を云ふ。最上(二代)と姉妹艦なり。

鈴谷（すずや）【二代】

艦種　二等巡洋艦

艦名考　初代「鈴谷」の項参照(P. 143)。

熊野（くまの）

艦種　二等巡洋艦

艦名考　紀州熊野に採る。

（寫眞にあらず）

──要目──

長	190.5米	機關	タルビン4基
幅	18.2米	速力	33
吃水	4.5米	兵裝	15糎砲 15
排水量	8,500噸		12糎高角砲 8

	起工	進水	竣工	建造所
最上	昭和 6-10-27	昭和 9- 3-14	昭和 10	呉工廠
鈴谷	同 8-12-11	同 9-11-20	昭和 10	横須賀工廠
三隈	同 6-12-24	同 9- 5-31	昭和 10	三菱長崎造船所
熊野	同 9- 4- 5		建造中	神戸川崎造船所

潜水母艦

（現存）

韓　崎（からさき）

艦　種　潛水母艦

艦名考　岬名に採る、韓崎は一名丸山埼と云ふ、對馬國の北端たり。

艦　歴　明治29年英國「ホーソンレスリー」社にて進水せるもの、日露戰役の戰利汽船(明治37年2月6日釜山沖に於て拿捕)原名「エカテリノスラブ」、明治39年3月8日帝國軍艦と定め「韓崎」と命名、大正元年8月二等海防艦に編入、同9年4月水雷母艦に編入、大正13年12月1日潛水母艦と爲る。

(備考)　寫眞中、横付せるは初期の潛水艇一號型なり。

── 要　目 ──

長	127.71米	兵　装	8糎砲　1
幅	15.16米		8糎高角砲　1
吃　水	5.26米	起　工	
排水量	9,570噸	進　水	明治29
機　關	直立三聯機2軸	竣　工	
馬　力	2,900	建造所	英ホーソンレスリー社
速　力	12.6		

駒　橋（こまはし）

艦種　潜水母艦

艦名考　郷邑の名。甲斐國都留郡駒橋に採れるものの歟。

［註］日露戦役後我海軍は伊國より救難船を購入し、其の原名「サルス」に因み「猿橋丸」と命名し、佐世保港務部に管せしむ。其の後呉には栗橋丸なる救難船あり。

艦歴　本艦は初め雑役船「駒橋丸」と稱せしも、大正3年8月16日軍艦と定め「駒橋」と命名、同9年水雷母艦に編入、同13年12月1日艦船類別標準改定に由り潜水母艦となる。

―要　目―

長	64.01米	兵装	8糎砲 2
幅	10.67米		8糎高角砲 1
吃水	3.86米	起工	大正元-10- 7
排水量	1,125噸	進水	同 2- 5-21
機關	直立三段膨脹圓罐 2	竣工	同 3- 1-20
馬力	1,200	建造所	佐世保工廠
速力	13.9		

迅　鯨（じんげい）【二代】

艦種　潜水母艦

艦名考　初代「迅鯨」の項参照(P. 29)

艦歴　「長鯨」二代と姉妹艦なり。大正 13 年 12 月 1 日水雷母艦は潜水母艦と改称。

長　鯨（ちやうげい）

艦種　潜水母艦

艦名考　魚類名に採る、長鯨は大なる鯨、杜甫の飲中八仙歌に「飲如長鯨吸百川」とあり。

(備考)　幕末當時「長鯨」なる運送船あり、1864 年英國「グラスゴー」に於て製造の汽船、原名「ドムバルトン」、蒸汽外車、鐵製、長さ 41 間 4 尺、幅 6 間、深さ 3 間 4 尺、馬力 300、排水量 996 噸、慶應 2 年 8 月徳川幕府購入し「長鯨丸」と命名、運送船として使用す、明治 2 年 5 月函館の役に於て官軍之を收容せしが同 11 月民部署に交付せり。

── 要　目 ──

長	115.82 米	馬力	
幅	16.15 米	速力	16
吃水	6.91 米	兵装	14 糎砲　4
排水量	5,160 噸		8 糎高角砲　2
機關			

	起工	進水	竣工	建造所
迅鯨	大正 11-2-16	12-5- 4	12-8-30	長崎三菱造船所
長鯨	大正 11-3-11	13-3-24	13-8- 2	同

大　鯨（たいげい）

艦　種　潜水母艦

艦名考　魚類の名に採る、迅鯨と同じく巨大なる鯨の意。

艦　歴　船體に電弧熔接法を採用し、起工後僅に7ケ月にして進水せしのみならず、ディーゼル機械を推進機としたる最初の大艦なり。

── 要　　目 ──

長	197.30 米
幅	18.04 米
吃水	5.20 米
排水量	10,000 噸
機關	ディーゼル機 4
馬力	13,000
速力	20

兵装	12.7糎高角砲 4
起工	昭和 8- 4-12
進水	同 8-11-16
竣工	同 9- 3-31
建造所	横須賀工廠

敷設艦・海防艦

（現　存）

常　　磐（ときは）〔再出〕

艦　種　敷設艦

艦名考　前に出づ(P. 81)。

艦　歴　前に出づ: 大正十一年九月三十日敷設艦に編入。

――要　　目――

長	124.36 米	兵　装	20糎砲　2
			15糎砲　8
幅	20.45 米		8糎砲　2
吃　水	7.42 米		8糎高角砲　1
排水量	9,240 噸	起　工	明治 30-1-6
機　關		進　水	同　31-7-6
馬　力		竣　工	同　32-5-18
速　力	21.25	建造所	英國安社

勝　力（かつりき）

艦　種　敷設艦

艦名考　岬名にして横須賀軍港内に在る勝力鼻に採る。

艦　歴　初め敷設船「勝力丸」と称す、大正9年4月1日軍艦と定められ、「勝力」と命名。

―要　目―

長	73.15米	兵装	8糎砲　3
幅	11.89米	起工	大正5-5-15
吃水	4.11米	進水	同　5-10-5
排水量	1,540噸	竣工	同　6-1-15
馬力		建造所	呉工廠
速力	13		

白　鷹（しらたか）【二代】

艦　種　敷設艦

艦名考　鳥名に採る。

（備考）　初代「白鷹」は明治33年竣工の水雷艇にして日露戦役に従軍、大正11年11月除籍。

―― 要　目 ――

長	79.20 米	速力	16
幅	11.50 米	兵裝	12糎高角砲 3
吃水	2.80 米	起工	昭和2-11-24
排水量	1,345 噸	進水	同 4- 1-25
機關		竣工	同 4- 4- 9
馬力		建造所	石川島造船所(東京)

嚴島（いつくしま）【二代】

艦種　敷設艦

艦名考　初代「嚴島」の項參照(P.48)。

艦歴　此の艦は日本に於ける最初のディーゼル機關を有する軍艦である。

―要目―

長	100.00米
幅	12.75米
吃水	3.08米
排水量	1,970噸
機關	ディーゼル3基
馬力	3,000
速力	16
兵裝	14糎砲　3
	8糎高角砲　2
起工	昭和3-2-2
進水	同　4-5-22
竣工	同　4-12-26
建造所	浦賀船渠會社

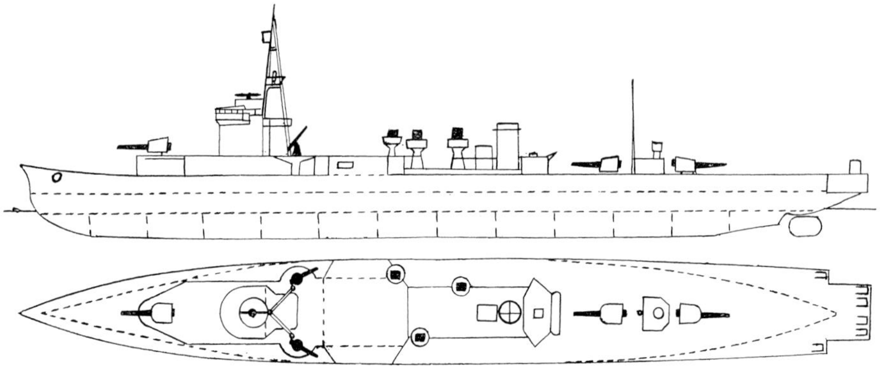

八 重 山 (やへやま) 【二代】

艦　種　敷設艦

艦名考　初代「八重山」の項参照(P.49)。

艦　歴　此艦は船體の大部に電弧熔接を應用しあり。

―― 要　　目 ――

長	85.50米	兵　装	12糎高角砲　2
幅	10.56米	起　工	昭和5-8-2
吃　水	2.46米	進　水	同　6-10-15
排水量	1,135噸	竣　工	同　7-8-31
機　關		建造所	呉工廠
馬　力			
速　力	20		

沖　島（おきのしま）【二代】

艦種　敷設艦

艦歴　昭和9年9月27日播磨造船工場にて起工。

〔註〕初代沖島は海防艦(P. 103)参照。

——要　目——

淺　間 (あさま) 〔再出〕

艦種　海防艦

艦名考
艦歴
既に「日清戰役後、日露戰役迄の艦艇」の部に出づ(P.79)。

―― 要　目 ――

長	124.36米
幅	20.45米
吃水	7.42米
排水量	9,240噸
機關	直立三聯機2軸
馬力	18,000
速力	21.25

兵裝	20糎砲　4
	15糎砲　12
	8糎砲　4
	8糎高角砲　1
	發射管　4
起工	明治29-10-20
進水	同　31- 3-21
竣工	同　32- 3-18
建造所	英國安社

八雲（やくも）〔再出〕

艦種　海防艦

艦名考
艦歴
既に「日清戦役後、日露戦役迄の艦艇」の部に出づ(P. 88)。

―― 要目 ――

長	124.66 米	兵装	20糎砲　4
幅	19.58 米		15糎砲　12
吃水	7.24 米		8糎砲　4
排水量	9,010 噸		8糎高角砲　1
機關	直立三聯機2軸		發射管　2
馬力	7,000	起工	明治31-9-1
速力	16	進水	同　32-7-8
		竣工	同　33-6-20
		建造所	獨逸ヴァルカン社

吾　妻（あづま）〔再出〕

艦種　海防艦

艦名考
艦歴
既に「日清戰役後、日露戰役迄の艦艇」の部に出づ(P. 84)。

―要　目―

長	135.89米
幅	18.14米
吃水	7.21米
排水量	8,640噸
機關	直立三聯機2軸
馬力	7,000
速力	16

兵装	20糎砲 4
	15糎砲 12
	8糎高角砲 4
	8糎砲 1
	發射管 4
起工	明治31-2-1
進水	同 32-6-24
竣工	同 33-7-28
建造所	佛國ロワール社

磐　手（いはて）〔再出〕

艦種　海防艦

艦名考
艦歴

既に「日清戦役後、日露戦役迄の艦艇」の部に出づ(P. 89)。

出　雲（いづも）〔再出〕

艦種　海防艦

艦名考
艦歴

既に「日清戦役後、日露戦役迄の艦艇」の部に出づ(P. 86)。

── 要　目 ──

長	121.92米	速力	(出雲)	20.75
幅	20.93米		(磐手)	16.00
吃水	7.39米	兵装	20糎砲	4
排水量	9,180噸		15糎砲	14
機關	直立三聯機2軸		8糎高角砲	1
馬力		發射管	(出雲)	2
			(磐手)	4

	起工	進水	竣工	建造所
出雲	明治31- 5-14	明治32-9-13	明治33-9-25	英國安社
磐手	同　31-11-11	同　33-3-29	同　34-3-18	同

春　日（かすが）〔再出〕

艦　種　海防艦

艦名考
艦　歴
既に「日清戰役後、日露戰役迄の艦艇」の部に出づ(P. 95)。

對　島（つしま）〔再出〕

艦　種　海防艦

〔註〕寫眞・要目共「日清戰役後、日露戰役迄の艦艇」の部參照(P. 94)。

―― 要　目 ――

長	104.88米	兵装	20糎砲　2
幅	18.90米		15糎砲　14
吃水	7.29米		8糎砲　4
排水量	7,080噸		8糎高角砲　1
速力	20		發射管　4

起工	進水	竣工	建造所
明治35-3-10	明治35-10-22	明治37-1-7	伊國アンサルド社

如何に狂風（替歌）

一、如何に狂風吹きまくも
如何に怒濤は逆まくも
たとへ敵艦多くとも
何恐れんや「正義の師」
大和魂充ち滿てる
我等の眼中難事なし

二、「勅語《みこと》かしこみ訓練の」
伎倆ためさむ時はきぬ
我が帝國の艦隊は
榮辱生死の波わけて
「洋上遠く乗り出でて」
撃ち滅さん敵」の「艦

三、空飛び翔る砲丸に
水より躍る水雷に
敵の艦隊見る中に
皆々砕かれ粉微塵
艫《とも》より舳《へ》より沈みつゝ
廣き海原影もなし

四、早くも空は雲晴れて
四方の眺めも浪ばかり
餘りに脆ろし敵の艦
此の戰はもの足らず
大和魂充ち滿てる
我等の眼中難事なし

艦　　　砲

（存　　現）

宇　治（うぢ）

艦種　砲艦　一檣(信號用)

艦名考　川名に採る、宇治川は源を近江國琵琶湖に發し、山城國宇治郡にては宇治河と云ひ、宇治橋以下は平流と爲り伏見・淀に至り淀河の名あり。

艦歴　明治37・8年戰役從軍、大正3年乃至9年(日獨)戰役從軍：同3年8月第二艦隊第六戰隊に屬し青島戰に參加(艦長少佐江副九郎)、同じく南支那海方面警備、昭和6・7年事變(日支)從軍：同7年1月上海及揚子江方面警備。

―要　目―

長	54.99米	兵裝	8糎砲　4
幅	8.41米	起工	明治35-9-1
吃水	2.11米	進水	同　36-3-14
排水量	540噸	竣工	同　36-8-11
機關	直立三聯機2軸	建造所	吳工廠
馬力	1,000		
速力	13		

淀　　(よ　ど)

艦　種　砲艦　一檣(信號用)

艦名考　川名に採る、淀河は畿内第一の大河にして大阪灣に注ぐ。

艦　歴　始め通報艦なりしが、大正元年一等砲艦に編入、同3年乃至9年戰役(日獨)從軍: 同3年8月第三艦隊に屬し南支那海方面警備(艦長中佐土師勘四郎、同田尻敏郎)、昭和6・7年事變(日支)從軍; 同7年1月北支那方面警備。

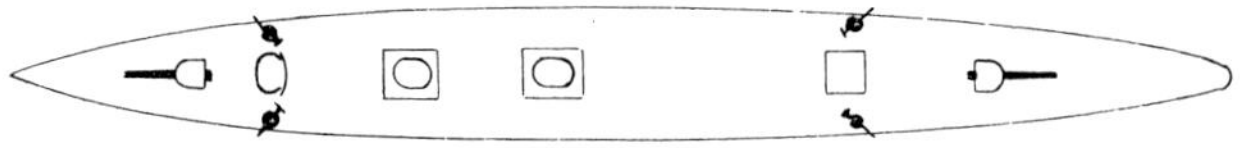

――要　目――

長	85.34米	兵裝	8糎砲　2
幅	9.78米		發射管　2
吃水	3.35米	起工	明治39- 1- 6
排水量	13,20'噸	進水	同　40-11-19
機關	四氣筩三聯成汽機2基	竣工	同　41- 4- 8
	宮原式罐4臺	建造所	神戸川崎造船所
馬力	6,500		
速力	22		

鳥羽（とば）

艦種　砲艦　一檣(信號用)

艦名考　郷名に採る、鳥羽は山城國紀伊郡に在り、古書に鳥羽田に作る。往昔此處に離宮を置かれ、「城南鳥羽」と稱せらる、當時の盛鄉たりしと云ふ、後ち廢墟に屬せしも依然として今日尙ほ京都南郊の名邑なり。

艦歷　昭和6•7年事變(日支)從軍：同7年1月上海及揚子江方面警備。

要目

長	54.86米	兵裝	短8糎砲　2
幅	8.23米	起工	明治44- 7- 7
吃水	0.79米	進水	同　44-11- 7
排水量	215噸	竣工	同　44-11-17
機關	直立三聯機3軸	建造所	佐世保工廠
馬力	1,400		
速力	15		

嵯峨（さ　が）

艦種　砲艦

艦名考　名所の名に採る、山城國葛野郡田邑郷宇多野以西の地域を稱して嵯峨と云ふ、弘仁帝此處に別館を置き給ひしより歷朝高貴の住止あり、洛西の勝地たり。嵐峽鳴塞の絶景あるを以て遊賞者四時群至す。

艦歴　大正3年乃至9年戰役(日獨)從軍：同3年8月第二艦隊第六戰隊に屬し青島戰參加(艦長少佐横地錠二)、同3年8月第三艦隊に屬し南支那海方面警備(艦長少佐横地錠二、少佐石川庄一郎)、昭和6•7年事變(日支)從軍：同7年1月南支方面警備。

―― 要　目 ――

長	64.00米	兵裝	12糎砲 1
幅	8.99米		8糎高角砲 3
吃水	2.20米	起工	明治45-1-17
排水量	685噸	進水	大正元-9-27
機關	三聯成汽機2軸	竣工	同　元-11-16
	艦政式罐2臺	建造所	佐世保工廠
馬力	1,600		
速力	15		

安　　宅（あ　た　か）

艦　種　砲　艦

艦名考　古跡の名に採る、安宅は加賀國能美郡梯川の右岸海濱に在り、往昔北國守護の要樞として關塞を設けありし所なり、關址今は安宅町に屬すと云ふ。

艦　歴　初め「勿來《ナコソ》」と命名、建造中大正 10 年 10 月 11 日「安宅」と改名せらる。昭和 6・7 年事變(日支)從軍：同 7 年 1 月上海揚子江方面警備。

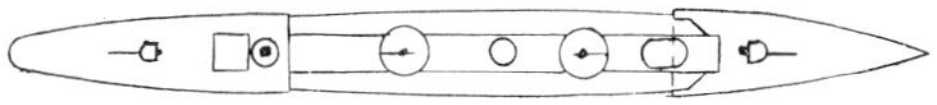

── 要　　目 ──

長	67.67 米	兵　装	12 糎砲　2
幅	9.75 米		8 糎高角砲　2
吃　水	2.29 米	起　工	大正 10-8-15
排水量	725 噸	進　水	同　11-4-11
機　關	三聯成汽機艦本罐 2 臺	竣　工	同　11-8-12
馬　力	1,700	建造所	横濱船渠會社
速　力	16		

比良（ひら）

艦種　砲艦

艦名考　名所の名なり、琵琶湖畔の名所に採る、近江八景のなり。

艦歴　勢多・堅田・保津・比良は互に姉妹艦なり。昭和6·7年事變（日支）從軍：同7年1月上海及揚子江方面警備。

保津（ほづ）

艦種　砲艦（比良型）

艦名考　川名に採る、丹波國北桑田郡の奥大悲山に發源し、山城國に入り大井川又桂川と稱す、淀川の一支源たり。

艦歴　昭和6·7年事變（日支）從軍：同7年1月上海及揚子江方面警備。

勢多（せた）

艦種　砲艦（比良型）

艦名考　名所の名なり、琵琶湖畔の名所勢田に採る、勢田は近江八景の一なり（砲艦比良の項參照）、勢田·勢多古來混用す、今玆には勢多を用ひられたるなり。

艦歴　昭和6·7年事變（日支）從軍：同7年1月上海及揚子江方面警備。

堅田（かたた）

艦種　砲艦（比良型）

艦名考　名所の名なり、琵琶湖畔の名所堅田に採る、近江八景の一なり（比良の項參照）。

艦歴　昭和6·7年事變（日支）從軍：同7年1月上海及揚子江方面警備。

—— 要目 ——

長	54.86米	機關	
幅	8.23米	馬力	2,100
吃水	1.02米	速力	16.6
排水量	305噸	兵裝	8糎高角砲 2

	起工	進水	竣工	建造所
比良	大正 11-4-17	大正 12-3-24	大正 12-8-24	三菱神戸造船所 揚子機器有限公司組立
保津	同 11-4-17	同 12-4-19	同 12-11-7	同
勢多	同 11-4-29	同 12-6-30	同 12-10-6	播磨造船所 上海東華造船會社組立
堅田	同 11-4-29	同 12-7-16	同 12-10-20	同

熱　海（あたみ）

艦種　砲艦

二見と姉妹艦なり。

艦名考　地名、伊豆國熱海に採る。

艦歴　昭和6・7年事變(日支)從軍：同7年1月上海及揚子江方面警備。

二　見（ふたみ）

艦種　砲艦

艦名考　名所の名なり、伊勢國度會郡二見浦、五十鈴川の海に注ぐところ、古來歳首朝陽を拜するの名所として著名なり。

艦歴　昭和6・7年事變(日支)從軍：同7年1月上海及揚子江方面警備。

――要　目――

長	45.30米	機關	直立三聯機2軸
幅	6.30米	馬力	1,200
吃水	0.92米	速力	16
排水量	170噸	兵裝	8糎高角砲　1

	起工	進水	竣工	建造所
熱海	昭和3-11-6	昭和4-3-30	昭和4-6-30	三井玉造船工場
二見	同　4-6-25	同　4-11-20	同　5-2-28	藤永田造船所

軍艦マーチ

一

守るも攻むるもくろがねの
浮べる城ぞたのみなる
うかべる其の城日の本の
御國の四方を守るべし
眞金の其のふね日の本に
仇なす國を攻めよかし

二

いわきの煙はわだつみの
たつかとばかりなびくなり
たま打つひゞきはいかづちの
音かとばかりどよむなり
萬里の波濤を乗りこえて
御國の光り輝かせ

一等驅逐艦

（現存）

浦　風 (うらかぜ)

艦種　一等驅逐艦

艦歷　日露戰役後外國に註文したる第一艦。大正 3-9 年役從軍。
昭和 6・7 年(日支)事變從軍: 呉淞警備。

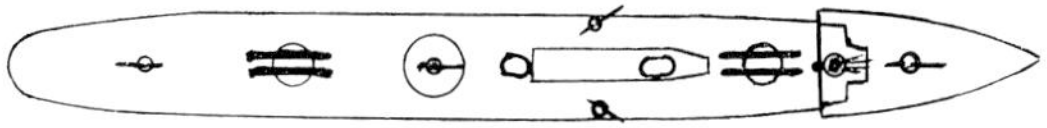

―要　目―

長	83.9 米	船材	鋼
幅	8.41 米	兵裝	12糎砲 1
吃水	2.44 米		8糎砲 4
排水量	810 噸		發射管 4
機關	タルビン 2 軸	起工	大正 2-10- 1
	ヤーロー型罐 3	進水	同 4- 2-16
馬力	22,000	竣工	同 4- 9-14
速力	28	建造所	英國ヤーロー社
乘組人員	117		

峰風型〔十五隻〕

艦種　一等驅逐艦

艦名考　風の種類に採る

澤風（さはかぜ）　昭和6·7年(日支)事變從軍、上海揚子江方面警備
峰風（みねかぜ）　同
沖風（おきかぜ）　同
矢風（やかぜ）　同
羽風（はかぜ）　同
島風（しまかぜ）　同
秋風（あきかぜ）　同
汐風（しほかぜ）　同
夕風（ゆふかぜ）　同
灘風（なだかぜ）　同
太刀風（たちかぜ）　同
帆風（ほかぜ）　同
野風（のかぜ）　同
沼風（ぬまかぜ）　同
波風（なみかぜ）　同

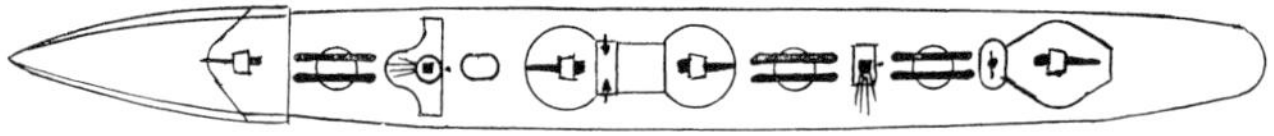

要目

長	97.54米	機關	タルビン機2　艦本罐4	兵裝	12糎砲　4
幅	8.92米	馬力	38,500		發射管　6
吃水	2.90米	速力	34		探照燈　1
排水量	1,215噸				(汐風以下は2基)

	起工	進水	竣工	建造所
峯風	大正 7-4-20	大正 8-2-8	大正 9-5-29	舞鶴工廠
澤風	同 7-1-7	同 8-1-7	同 9-3-16	三菱長崎造船所
沖風	同 8-2-22	同 8-10-3	同 9-8-17	舞鶴工作部
島風	同 8-9-5	同 9-3-31	同 9-11-15	同
灘風	同 9-1-9	同 9-6-26	同 10-9-30	同
矢風	同 7-8-15	同 9-4-10	同 9-7-19	三菱長崎造船所
羽風	同 7-11-11	同 9-6-21	同 9-9-16	同
汐風	同 9-5-15	同 9-10-22	同 10-7-29	舞鶴工作部
秋風	同 9-6-7	同 9-12-14	同 10-4-1	三菱長崎造船所
夕風	同 9-12-14	同 10-5-28	同 10-8-24	同
太刀風	同 9-8-18	同 10-3-31	同 10-12-5	舞鶴工作部
帆風	同 9-11-30	同 10-7-12	同 10-12-22	同
野風	同 10-4-16	同 10-10-1	同 11-3-31	同
波風	同 10-11-7	同 11-6-24	同 11-11-11	同
沼風	同 10-8-10	同 11-2-25	同 11-7-24	同

神風型〔九　隻〕

艦　種　一等驅逐艦

艦名考　風の種類に採る。

神　風（かみかぜ）〔二代〕

朝　風（あさかぜ）〔二代〕

春　風（はるかぜ）〔二代〕

松　風（まつかぜ）〔二代〕

旗　風（はたかぜ）

追　風（おひて）〔二代〕

朝　凪（あさなぎ）

夕　凪（ゆふなぎ）〔二代〕

疾　風（はやて）〔二代〕

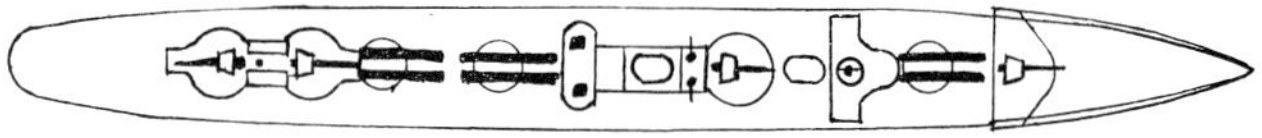

―要　目―

長	97.54米	馬力	38,500
幅	9.14米	速力	34
吃水	2.92米	兵裝	12糎砲　4
排水量	1,270噸		發射管　6
機關	タルビン機2　艦本罐4		探照燈　2

	起工	進水	竣工	建造所
神風	大正10-12-15	大正11-9-25	大正11-12-28	三菱長崎造船所
朝風	同　11-2-16	同　11-12-8	同　12-6-16	同
春風	同　11-5-16	同　11-12-18	同　12-5-31	舞鶴工廠
松風	同　11-12-2	同　12-10-30	同　13-4-5	同
旗風	同　12-7-3	同　13-3-15	同　13-8-30	同
追風	同　12-3-16	同　13-11-27	同　14-10-30	浦賀船渠會社
疾風	同　11-11-11	同　14-3-23	同　14-12-21	石川島造船所
朝凪	同　12-3-5	同　13-4-21	同　13-12-29	藤永田造船所
夕凪	同　12-9-17	同　13-4-23	同　14-4-24	佐世保工廠

睦月型〔十二隻〕

艦種　一等驅逐艦

艦名考　月の呼稱に採る。

睦月	（むつき）		昭和6•7年日支事變從軍：上海揚子江警備
彌生	（やよひ）	【二代】	同
如月	（きさらぎ）	【二代】	同
皐月	（さつき）	【二代】	同
卯月	（うづき）	【二代】	同
菊月	（きくづき）	【二代】	同
長月	（ながつき）	【二代】	同
水無月	（みなづき）	【二代】	同
三日月	（みかづき）	【二代】	同
文月	（ふみづき）	【二代】	同
望月	（もちづき）		同
夕月	（ゆふづき）		同

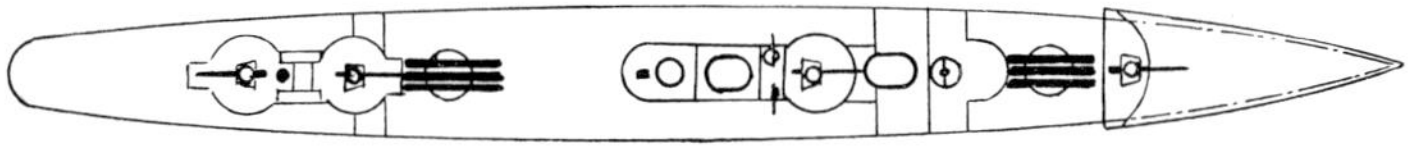

―要目―

長	97.54米	馬力	38,500
幅	9.14米	速力	34
吃水	2.96米	兵装	12糎砲　4
排水量	1,315噸		發射管　6
機關	タルビン機2　艦本罐4		探照燈　3

	起工	進水	竣工	建造所
睦月	大正 13- 5-21	大正 14- 7-23	大正 15- 3-25	佐世保工廠
如月	同 13- 6- 3	同 14- 6- 5	同 14-12-21	舞鶴工作部
彌生	同 13- 1-11	同 14- 7-11	同 15- 8-28	浦賀船渠會社
卯月	同 13- 1-11	同 14-10-15	同 15- 9-14	石川島造船所
皐月	同 13-12- 1	同 14- 3-25	同 14-11-15	藤永田造船所
水無月	同 14- 3-24	同 15- 5-25	昭和 2- 3-22	浦賀船渠會社
文月	同 13-10-20	同 15- 2-16	大正 15- 7- 3	藤永田造船所
長月	同 14- 4-16	同 15-10- 6	昭和 2- 4-30	石川島造船所
菊月	同 14- 6-15	同 15- 5-15	大正 15-11-20	舞鶴工作部
三日月	同 14- 8-21	同 15- 7-12	昭和 2- 5- 7	佐世保工廠
望月	同 15- 3-23	昭和 2- 4-28	同 2-10-31	浦賀船渠會社
夕月	同 15-11-27	同 2- 3- 4	同 2- 7-25	藤永田造船所

吹雪型〔十六隻〕

艦種　一等驅逐艦

艦名考　風波等氣象に採る。

吹雪	（ふぶき）	【二代】	昭和6・7年（日支）事變從軍：上海揚子江方面警備
浦波	（うらなみ）	【二代】	同
磯波	（いそなみ）	【二代】	同
綾波	（あやなみ）	【二代】	同
敷波	（しきなみ）	【二代】	同
朝霧	（あさぎり）	【二代】	同
夕霧	（ゆふぎり）	【二代】	同
白雲	（しらくも）	【二代】	
東雲	（しののめ）	【二代】	
薄雲	（うすぐも）	【二代】	
白雪	（しらゆき）	【二代】	
初雪	（はつゆき）	【二代】	
叢雲	（むらくも）	【二代】	
深雪	（みゆき）		
狹霧	（さぎり）		
天霧	（あまぎり）		

朧型〔八隻〕

朧	（おぼろ）	【二代】	昭和6・7年（日支）事變從軍：上海揚子江方面警備
曙	（あけぼの）	【二代】	同
潮	（うしほ）	【二代】	同
漣	（さざなみ）	【二代】	
響	（ひびき）	【二代】	
雷	（いかづち）	【二代】	
電	（いなづま）	【二代】	
曉	（あかつき）	【二代】	

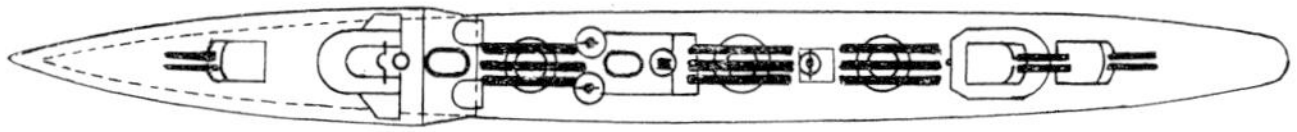

―要目―

長	113.20米	排水量	1,700噸	兵裝	12.7糎砲 6
幅	10.30米	馬力			發射管 9
吃水	2.97米	速力			

	起工	進水	竣工	建造所
吹雪	大正15- 6-19	昭2-11-15	3- 8-10	舞鶴工作部
白雪	昭和 2- 3-19	3- 3-20	3-12-18	横濱船渠會社
初雪	昭和 2- 4-12	3- 9-29	4- 3-30	舞鶴工作部
叢雲	昭和 2- 4-25	3- 9-27	4- 5-10	藤永田造船所
深雪	昭和 2- 4-30	3- 6-26	4- 6-29	浦賀造船所
東雲	大正15- 8-12	昭2-11-26	3- 7-25	佐世保工廠
薄雲	大正15-10-21	昭2-12-26	3- 7-26	石川島造船所
白雪	大正15-10-27	昭2-12-27	3- 7-28	藤永田造船所
磯波	大正15-10-18	昭2-11-24	3- 6-30	浦賀船渠會社
浦波	昭和 2- 4-28	3-11-29	4- 6-30	佐世保工廠
綾波	昭和 3- 1-20	4-10- 5	5- 4-30	藤永田造船所
敷波	昭和 3- 7- 6	4- 6-22	4-12-24	舞鶴工作部

	起工	進水	竣工	建造所
朝霧	昭和 3-12-12	4-11-18	5- 6-30	佐世保工廠
夕霧	昭和 4- 4- 1	5- 5-12	5-12- 3	舞鶴工作部
天霧	昭和 3-11-28	5- 2-27	5-11-10	石川島造船所
狹霧	昭和 4- 3-28	4-12-23	6- 1-23	浦賀船渠會社
朧	昭和 4-11-29	5-11- 8	6-10-31	佐世保工廠
曙	昭和 4-10-25	5-11- 7	6- 7-31	藤永田造船所
漣	昭和 5- 2-21	6- 6- 6	7- 5-19	舞鶴工作部
潮	昭和 4-12-24	5-11-17	6-01-14	浦賀船渠會社
曉	昭和 5- 2-17	7- 5- 7	7-11-30	佐世保工廠
響	昭和 5- 2-21	7- 6-16	8- 3-31	舞鶴工作部
雷	昭和 5- 3- 7	6-10-22	7- 8-15	浦賀船渠會社
電	昭和 5- 3- 7	7- 2-25	7-11-15	藤永田造船所

初春型〔六　隻〕

艦　種　一等驅逐艦

艦名考　氣象等に採る。

初　春	（はつはる）	【二代】
子　日	（ねのひ）	【二代】
若　葉	（わかば）	【二代】
初　霜	（はつしも）	【二代】
有　明	（ありあけ）	【二代】
夕　暮	（ゆふぐれ）	【二代】

白露型〔三　隻〕

艦　種　一等驅逐艦

艦名考　氣象等に採る。

白　露	（しらつゆ）	【二代】
時　雨	（しぐれ）	【二代】
村　雨	（むらさめ）	【二代】

（初春型）

――要　目――

長	102.96 米
幅	9.94 米
吃　水	2.67 米
排水量	1,368 噸
機　關	タルビン 2 軸　艦本罐 3
馬　力	37,000
速　力	34
兵　裝	12.7 糎砲 5 發射管 6 探照燈 1

	起　工	進　水	竣　工	建造所
初　春	昭和 6- 5-14	8- 2-27	8- 9-30	佐世保工廠
子　日	昭和 6-12-15	7-12-22	8- 9-30	浦賀船渠會社
若　葉	昭和 6-12-12	9- 3-18	8- 9-30	佐世保工廠
初　霜	昭和 8- 1-31	8-11- 4	9- 9-27	浦賀船渠會社
有　明	昭和 8- 1-14	9- 9-27	9- 9-27	神戸川崎造船所
夕　暮	昭和 8- 4 -9	9- 5- 6		舞鶴工作部

（白露型）

――要　目――

（村雨・五月雨を除く）

長	102.24 米
幅	9.67 米
吃　水	2.78 米
排水量	1,368 噸
速　力	34
兵　裝	12.7 糎砲 5 發射管 8

	起　工	進　水	竣　工	建造所
白　露	昭和 8-11-14	10- 6-20	建造中	佐世保工廠
時　雨	昭和 8-12- 9	10- 5-18	同	浦賀船渠會社
村　雨	昭和 9- 2- 1	10- 6-20	同	藤永田造船所
五月雨	昭和	10- 6-20		浦賀船渠會社

二等驅逐艦

（現存）

桃　型〔四　隻〕

艦　種　二等驅逐艦

艦名考　此の型皆植物名に採る。

桃（も　も）大正3-9年戰役從軍、地中海方面警備。昭和6･7年日支事變參加。

樫（か　し）同

檜（ひのき）同

柳（やなぎ）同

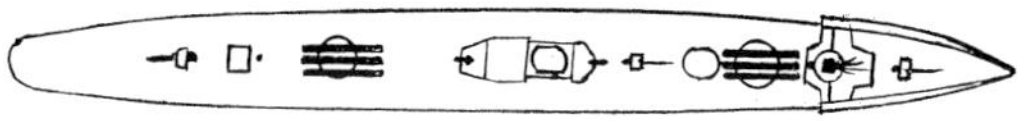

―― 要　目 ――

長	83.82米	馬力	16,000
幅	7.72米	速力	31.5
吃水	2.36米	兵裝	12糎砲 3
排水量	755噸		機砲 2
機關	タルビン軸2軸		發射管 6
	艦政罐4臺		探照燈 1

	起工	進水	竣工	建造所
桃	大正5-2-28	大正5-10-12	大正5-12-23	佐世保工廠
樫	同　5-3-15	同　5-12-1	同　6-3-31	舞鶴工廠
檜	同　5-5-5	同　5-12-25	同　6-3-31	同
柳	同　5-10-21	同　6-2-24	同　6-5-5	佐世保工廠

樅　　型〔二十一隻〕

艦　種　　二等驅逐艦

艦名考　　植物に採る。

樅（も　み）　昭和７年除籍
梨（な　し）　昭和6・7年日支事變從軍
竹（た　け）　同
榧（か　や）　同
楡（に　れ）　同
柿（か　き）　同
栗（く　り）　同
栂（つ　が）
菊（き　く）
葵（あほひ）
萩（は　ぎ）　昭和6・7年日支事變從軍
薄（すすき）　同
藤（ふ　ぢ）　同
蔦（つ　た）　同
葦（あ　し）　同
蕨（わらび）　昭和２年８月美保關沖にて衝突沈沒
菱（ひ　し）　昭和6・7年日支事變從軍
菫（すみれ）　昭和6・7年日支事變從軍
蓮（は　す）
蓬（よもぎ）
蓼（た　で）

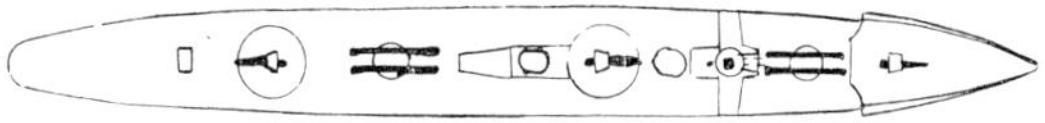

——要　　目——

長	83.82 米			
幅	7.92 米	〔萩以降〕		21,500
吃水	2.44 米	速力		31.5
排水量	770 噸	兵裝	12糎砲	3
機關	タルビン２軸		發射管	4
	艦本式罐３臺		探照燈	1
馬力	17,500	〔蔦以降〕	同	2

	起工	進水	竣工	建造所
樅	大正 7-12-23	8- 6-10	8-12-27	横須賀工廠
榧	大正 7-12-23	8- 6-10	9- 3-28	同
楡	大正 8- 9- 5	8-12-12	9- 3-31	呉工廠
栗	大正 8-12- 5	9- 3-19	9- 4-30	同
梨	大正 7-12- 2	8- 8-26	8-12-10	神戸川崎造船所
竹	大正 7-12- 2	8- 8-26	8-12-25	同
柿	大正 8- 2-27	8-10- 0	9- 8- 2	浦賀船渠會社
栂	大正 8- 3- 5	9- 4-17	9- 7-20	石川島造船所
菊	大正 9- 1-30	9-10-13	9-12-10	神戸川崎造船所
葵	大正 9- 4- 1	9-11- 9	9-12-20	同
萩	大正 9- 2-28	9-10-29	10- 4-20	浦賀船渠會社
薄	大正 9- 5- 3	10- 2-21	10- 5-25	石川造船所
藤	大正 8-12- 6	9-11-27	10- 5-31	藤永田造船所
蔦	大正 9-10-16	10- 5- 9	10- 6-30	神戸川崎造船所
葦	大正 9-11-15	10- 9- 3	10-10-29	同
菱	大正 9-11-10	10- 5-30	11- 3-23	浦賀船渠會社
蓮	大正10- 3- 2	10-12- 8	11- 7-31	同
菫	大正 9-11-24	10-12-14	12- 3-31	石川島造船所
蓬	大正10- 2-26	11- 3-14	11- 8-19	同
蓼	大正 9-12-20	11- 3-15	11- 7-31	藤永田造船所
蕨	大正 9-10-12	10- 9-18	10-12-19	同

若竹型〔七　隻〕

艦　種　二等驅逐艦

艦名考　植物名に採る。

若　竹（わかたけ）昭和 6・7 年(日支)事變從軍
呉　竹（くれたけ）同
早　苗（さ な へ）同
朝　顔（あさがほ）
芙　蓉（ふ よ う）
夕　顔（ゆふがほ）
刈　萱（かるかや）

×早　蕨（さわらび）昭和 6・7 年日支事變從軍、同 7 年 12 月臺灣海峽にて覆沒。

〔註〕早蕨は除籍艦なるも、寫眞の都合上、此處に收めたり。

―要　目―

長	83.32 米	馬力	17,500
幅	8.08 米	速力	31.5
吃水	2.51 米	兵裝	12糎砲 3
排水量	820 噸		發射管 4
機關	タルビン2軸		探照燈 2
	艦本式罐3臺		

	起工	進水	竣工	建造所
若竹	大正 10-12-13	大正 11- 7-24	大正 11- 9-30	神戸川崎造船所
呉竹	同 11- 3-15	同 11-10-21	同 11-12-21	同
早苗	同 11- 4- 5	同 12- 2-15	同 12-11- 5	浦賀船渠會社
朝顔	同 11- 3-14	同 11-11- 4	同 12- 5-10	石川島造船所
夕顔	同 11- 5-15	同 12- 4-14	同 13- 5-31	同
芙蓉	同 11- 2-16	同 11- 9-23	同 12- 3-16	藤永田造船所
刈萱	同 11- 5-16	同 12- 3-19	同 12- 8-20	同

海を讀み、海を吟ず

○都にて山のは見し月なれど
　浪より出でてなみにこそいれ（西行法師）

○海原のおきの高くも見ゆるかな
　いく重つもりし水にかあるらむ（香川景樹）

○荒海をよもにめぐらす日の本は
　神のかためしみ國なりけり（廣足）

○舟のへのいたらむきけみ海原も
　君につかゆる道はありけり（方印）

○舟くだき家居くだきし荒海の
　昨日にも似ぬ海の色かな（佐々木信綱）

太平洋上偶感

詩嚢酒瓮客中携　探句檣頭醉欲題
米北米南雲斷續　道黄道赤暑高低
波爲推處鯨能躍　船不到邊禽自栖
茫渺太平洋上路　家郷遠在夕陽西
夕照入波々亦紅　望中得句嘯長風
南溟今夜涼如水　萬里檣頭月一弓

（井上圓了）

△出づる日を過ぎる鳥や春の海（樂堂）
△夏の海鷗の飛んで明けにけり（一雲）
△名月や海に落ち込む星淡き（極浦）
△皇國や海一杯の日のひかり（聽秋）
△とこしへに照るや海の日海の月（雀志）
△荒海や日は入り際の雲の峯（鳥聲）

一等潜水艦

（現存）

一等潛水艦

伊號第一

伊號第二

伊號第三

伊號第四

伊號第五

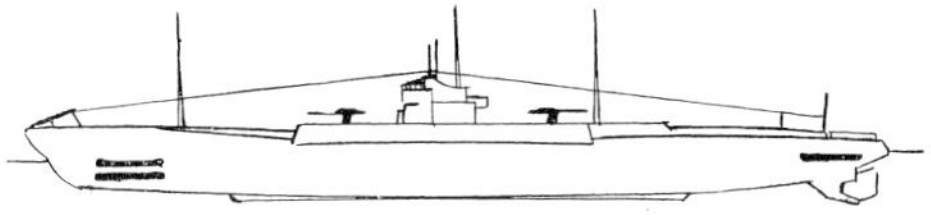

―― 要　目 ――

長	97.50 米		馬力	6,000
幅	9.22 米		速力	17
吃水	4.80 米		兵裝	14糎砲 2
排水量	1,955 噸			發射管 6
機關	羅式內燃機 2			

	起工	進水	竣工	建造所
伊號一	大正 12- 3-12	大正 13-10-15	大正 15- 3-10	神戶川崎造船所
伊號二	同 12- 8- 6	同 14- 2-23	同 15- 7-24	同
伊號三	同 12-11- 1	同 14- 6- 8	同 15-11-30	同
伊號四	同 15- 4-17	昭和 3- 5-22	昭和 4-12-24	同
伊號五	昭和 4-10-30	同 6- 6-19	同 7- 7-31	同

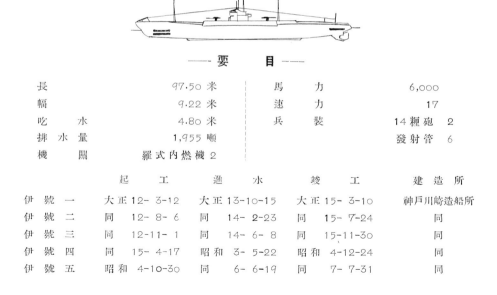

一等潜水艦

伊號第二十一

伊號第二十二

伊號第二十三

伊號第二十四

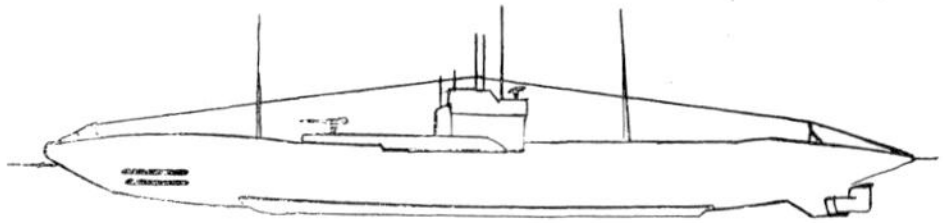

── 要　　目 ──

長	85.20 米	馬力	2,400
幅	7.50 米	速力	14
吃水	4.30 米	兵裝	14 糎砲　1
排水量	1,142 噸		發射管　4
機關	艦本式内燃機 2		

	起工	進水	竣工	建造所
伊二十一	大正 13-10-20	大正 15- 3-30	昭和 2- 3-31	神戸川崎造船所
伊二十二	同　14- 2-28	同　15-11- 8	同　2-10-28	同
伊二十三	同　14- 6-12	昭和　2- 3-19	同　3- 4-28	同
伊二十四	同　15- 4-17	同　2-12-12	同　3-12-10	同

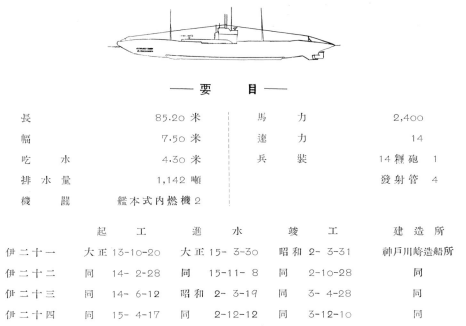

一等潜水艦

伊號第五十一

伊號第五十二

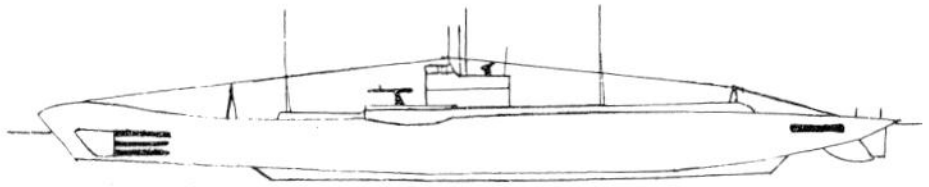

―要　目―

(伊號第五十一)

長	91.44 米	兵装	12糎砲 1
幅	8.81 米		發射管 8
吃水	4.60 米	起工	大正 10-4-6
排水量	1,390 噸	進水	同 10-11-29
機關	「ズ」式内燃機 4	竣工	同 13-6-20
馬力	5,200	建造所	呉工廠
速力	17		

―要　目―

(伊號第五十二)

長	100.85 米	兵装	12糎砲 1
幅	7.64 米		發射管 8
吃水	5.14 米	起工	大正 11-2-14
排水量	1,390 噸	進水	同 11-6-12
機關	「ズ」式内燃機 2	竣工	同 14-5-20
馬力	6,000	建造所	呉工廠
速力	19		

一等潛水艦

伊號第五十三

伊號第五十四

伊號第五十五

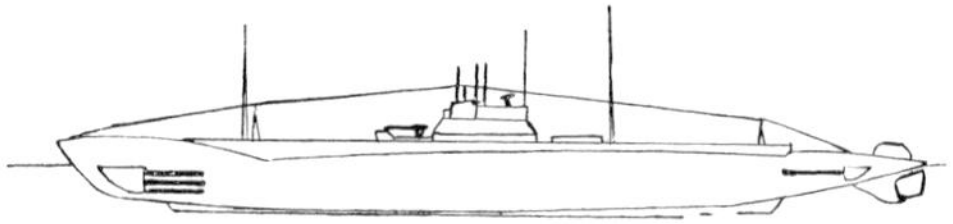

—— 要　目 ——

長	100.85 米	馬力	6,000
幅	7.96 米	速力	19
吃水	4.90 米	兵裝	12糎砲 1
基準排水量	1,635 噸		發射管 8
機關	「ズ」式内燃機 2		

	起工	進水	竣工	建造所
伊五十三	大正 13- 4- 1	大正 14-8- 5	昭和 2- 3-30	吳工廠
伊五十四	同 13-11-15	同 15-3-15	同 2-12-15	佐世保工廠
伊五十五	同 13- 4- 1	同 14-9- 2	同 2- 9- 5	吳工廠

一等潜水艦

伊號第五十六

伊號第五十七

伊號第五十八

伊號第五十九

伊號第六十

伊號第六十三

――要　目――

長	101.00 米	馬力	6,000
幅	7.90 米	速力	19
吃水	4.86 米	兵裝	12糎砲 1
排水量	1,635 米		發射管 8
機關	「ズ」式内燃機 2		

	起工	進水	竣工	建造所
伊五十六	大正15-11-3	昭和3-3-23	昭和4-3-31	呉工廠
伊五十七	昭和2-7-8	同3-10-1	同4-12-24	同
伊五十八	大正13-12-3	大正14-10-3	同3-5-15	横須賀工廠
伊五十九	昭和2-3-25	昭和4-3-25	同5-3-31	同
伊六十	同2-10-10	同4-4-24	同4-12-24	佐世保工廠
伊六十三	大正15-8-12	同2-9-28	同3-12-20	同

一等潜水艦

伊號第六十一

伊號第六十二

伊號第六十四

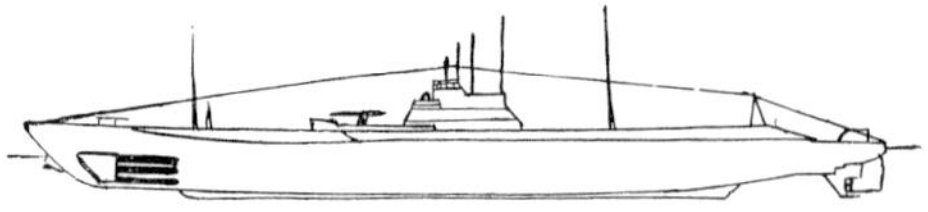

—— 要　　目 ——

長	97.70 米	馬力	6,000
幅	7.80 米	速力	19
吃水	4.83 米	兵装	12糎砲 1
排水量	1,635 噸		發射管 6
機關	羅式内燃機2		

	起工	進水	竣工	建造所
伊六十一	大正15-11-15	昭和2-11-12	昭和4-4- 6	三菱神戸造船所
伊六十二	昭和 2- 4-20	同 3-11-29	同 5-4-24	同
伊六十四	同 3- 3-28	同 4-10- 5	同 5-8-30	呉工廠

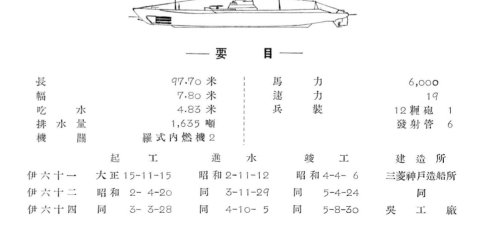

一等潛水艦

伊號第六十五

伊號第六十六

伊號第六十七

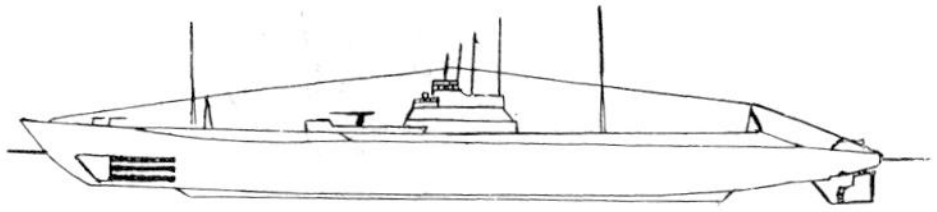

―― 要　目 ――

長	97.70米	速力	19
幅	8.20米	兵裝	10糎砲　1
吃水	4.83米		發射管　6
排水量	1,638噸		

	起工	進水	竣工	建造所
伊六十五	昭和4-12-19	昭和6-6-2	昭和7-12-1	呉工廠
伊六十六	同　4-11-8	同　6-6-2	同　7-11-10	佐世保工廠
伊六十七	同　4-10-4	同　6-4-7	同　7-8-8	三菱神戸造船所

一等潜水艦

伊號第六十八

伊號第六十九

伊號第七十

—— 要　目 ——

長	101.00 米	馬　力	6,000
幅	8.20 米	速　力	20
吃　水	3.95 米	兵　裝	10糎砲 1
排水量	1,400 噸		發射管 6
機　關	艦本式内燃機 2		

	起　工	進　水	竣　工	建造所
伊六十八	昭和6- 6-18	昭和8-6-26	昭和9-7-31	呉工廠
伊六十九	同　6-12-22	同　9-2-15	建造中	三菱神戸造船所
伊七十	同　8- 1-25	同　9-6-14	同	佐世保工廠

一等潛水艦

伊號第七十一

伊號第七十二

伊號第七十三

―要　目―

長	101.00米	速力	20
幅	8.20米	兵裝	12糎砲　1
吃水	3.95米		發射管　6
排水量	1,400噸		

(第七十二、七十三の要目未發表)

	起工	進水	竣工	建造所
伊七十一	昭和8-2-15	昭和9-8-25	建造中	神戸川崎造船所
伊七十二	同　8-12-16		同	三菱長崎造船所
伊七十三	同　9-4-5		同	神戸川崎造船所

一等潜水艦

伊號第六

伊號第七

—— 要　　目 ——

長	94.3 米	速　　力	17
幅	9.05 米	兵　　裝	12糎砲　2
吃　　水	4.70 米		發射管　6
排水量	1,900 噸		

	起　工	進　水	竣　工	建造所
伊第六	昭和7-10-14	昭和 9-9-31		神戸川崎造船所
伊第七	同　9- 9-12	同　10-7- 3	建造中	呉　工　廠

二等潜水艦

（現存）

二等潜水艦

呂號第十七

舊第三十四號

呂號第十八

舊第三十五號

呂號第十九

舊第三十六號

呂號第二十五

舊第四十三號

呂二十五（舊四十三號）は大正13年3月19日佐世保港外にて潛航中、軍艦龍田に衝突沈沒、當時船内と電話を通じ通信し得たるも救助意の如くならず艦長桑折少佐以下45名殉難す、約1ケ月を經て船體を引揚げ修理を加へ復舊す。

—— 要　目 ——

長	70.10米	機關	「ズ」式 2	發射管 6
幅	6.12米	馬力	2,600	（呂19，呂25）は發射管 4
吃水	3.70米	速力	17	
排水量	735噸	兵裝	砲 1	

	起工	進水	竣工	建造所	
呂十七	大正9-9-24	10-2-24	10-10-20	吳工廠	以下現存
呂十八	同 9-10-20	10-3-25	10-12-15	同	
呂十九	同 9-9-9	9-12-28	11-3-15	同	
呂二十五	同 9-2-19	9-7-17	10-10-25	同	

二等潜水艦

呂號第二十六

舊第四十五

呂號第二十七

舊第五十八

呂號第二十八

舊第六十二

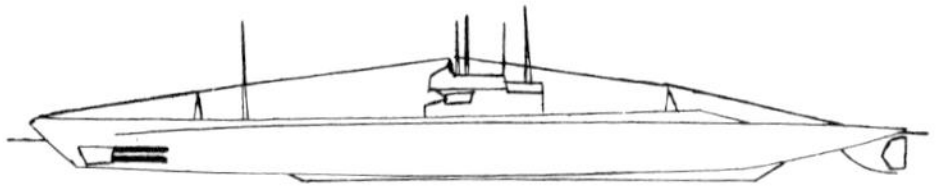

―要目―

長	74.22 米	馬力	2,600
幅	6.12 米	速力	16
吃水	3.73 米	兵裝	8糎砲 1
排水量	746 噸		發射管 4
機關	ズ式機2		

	起工	進水	竣工	建造所
呂二十六	大正 10- 3-10	大正 10-10-18	大正 12- 1-25	佐世保工廠
呂二十七	同 10- 7-16	同 13- 7-22	同 13- 7-31	横須賀工廠
呂二十八	同 10-11-10	同 11- 4-13	同 12-11-30	佐世保工廠

二等潜水艦

呂號第二十九

舊第六十八號

呂號第三十

舊第六十九號

呂號第三十一

舊第七十號

大正12年8月21日淡路刈屋沖に於て公試運轉中沈没造船所員を加へ88名殉職、後再建したるもの。

呂號第三十二

舊第七十一號

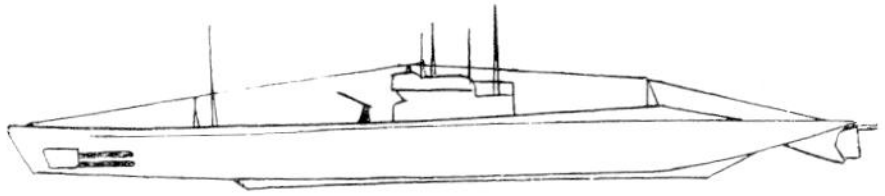

―― 要目 ――

長	74.22米	馬力	1,200
幅	6.12米	速力	13
吃水	3.73米	兵装	12糎砲 1
排水量	655噸		發射管 4
機關	「ズ」式機2		

	起工	進水	竣工	建造所
呂二十九	大正10-6-2	大正11-12-5	大正12-9-15	川崎造船所
呂三十	同 10-6-27	同 12-1-18	同 13-4-29	同
呂三十一	同 13-12-20	同 15-9-25	昭和 2-5-10	同
呂三十二	同 10-10-25	同 12-3-19	大正13-5-31	同

二等潜水艦

呂號 第五十一

呂號 第五十二

呂號 第五十三

呂號 第五十四

呂號 第五十五

呂號 第五十六

（備考） 要目中吃水（※）

呂五十一	3.89
呂五十二	3.94

— 要　目 —

長	70.59 米	馬力	2,400
幅	7.16 米	速力	17
吃水（※）	3.96 米	兵装	8糎砲 1
排水量	893 噸	（五十三號 4）	發射管 6
機關	毘式2		

	起工	進水	竣工	建造所
呂五十一	大正7- 8-10	大正 8-10-10	大正 9- 6-30	三菱神戸造船所
呂五十二	同 7- 8-10	同 9- 3- 9	同 9-11-30	同
呂五十三	同 8- 4- 1	同 9- 7- 6	同 10- 3-10	同
呂五十四	同 8-11- 1	同 9-11-13	同 10- 9-10	同
呂五十五	同 9- 3-30	阿 10- 2-10	同 10-11-15	同
呂五十六	同 9- 7-10	同 10- 5-11	同 11- 1-16	同

二等潛水艦

呂號第五十七

舊第四十六號

呂號第五十八

舊第四十七號

呂號第五十九

舊第五十七號

―要　目―

長	76.20 米	馬力	2.400
幅	7.16 米	速力	17
吃水	3.96 米	兵裝	8糎砲 1
排水量	889 噸		發射管 4
機關	毘式2		

	起工	進水	竣工	建造所
呂五十七	大正 9-11-20	大正 10-12- 3	大正 11- 7-30	三菱神戸造船所
呂五十八	同 10- 2-15	同 11- 3- 2	同 11-11-25	同
呂五十九	同 10- 5-18	同 11- 6-28	同 12- 3-20	同

二等潛水艦

呂號第六十

呂號第六十一

呂號第六十二

呂號第六十三

呂號第六十四

呂號第六十五

呂號第六十六

呂號第六十七

呂號第六十八

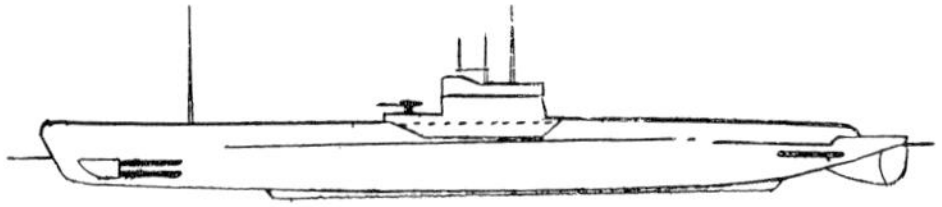

―要　目―

長	76.20米	馬力	2,400
幅	7.38米	速力	16
吃水	3.77米	兵裝	8糎砲　1
排水量	988噸		發射管　6
機關	毘式2		

	起工	進水	竣工	建造所
呂六十	大正 10-12- 5	大正 11-12-20	大正 12- 9-17	三菱神戸造船所
呂六十一	同 11- 6- 5	同 12- 5-19	同 13- 2- 9	同
呂六十二	同 11- 9- 8	同 12- 9-29	同 13- 7-24	同
呂六十三	同 12- 4- 2	同 13- 1-24	同 13-12-20	同
呂六十四	同 12-10-15	同 12- 8-19	同 14- 4-30	同
呂六十五	同 13-11-15	同 14- 9-19	同 15- 6-30	同
呂六十六	同 14-12- 1	同 15-10-25	昭和 2- 7-28	同
呂六十七	同 14- 3- 5	同 15- 3-18	大正 15-12-15	同
呂六十八	同 13- 2- 6	同 14- 2-28	同 14-10-29	同

二等潛水艦

呂號第三十三

呂號第三十四

──要　目──

長	73.00米	速力	16
幅	6.70米	兵裝	8糎砲　1
吃水	3.25米		發射管　4
排水量	700噸		

（第三十四の要目は未發表）

	起工	進水	竣工	建造所
呂三十三	昭和8-8-8			吳工廠
呂三十四	同　9-4-25			三菱神戸造船所

海の金言

□品川の水は龍《ロン》動《ドン》に通ず　林子平

蓋し至言なり、之を平凡と云ふは其の人平凡なり（編者）

□海上の行使管制は世界歴史の一大要素たり、過去既に然り、現在亦た然り、而して永久に然らん　米提督マハン

□獨逸の將來は海上に在り　前獨帝ウイルヘルム二世

□海上を制するもの必ず海上貿易を支配し、世界の海上貿易を支配するもの必ず世界の富を掌握す、果して然らば世界自體も亦其の有に歸せん　英人サー・ウオーター・ラレー

□英國の海軍は英國の總ての總てなり　テニスン

□有力なる海軍は島國國防の第一線にして、而かも唯一無二の實力線たり　（英國格言）

□船舶の我が國旗を飜へして進むところ、之れ卽ち帝國の前進と知る可し　大隈重信

□汝若し平和に汝の領土を保有し、汝の敵を制御せんと欲せば、須らく海上の支配を確保せざるべからず　元西班牙皇帝チャールス一世（遺言）

□帝國が其國防の本義を完うし、世界的發展を爲すべき進路は共に其軌道を同うして海上に在り、是れ帝國が世界的發展を爲し、之を永遠に保持すべき雄大なる資格を有する所以なり。　海軍中將佐藤鐵太郎

艇　　雷　　水

（存　　現）

水　雷　艇

千　鳥（ちどり）【二代】

眞　鶴（まなづる）【二代】

友　鶴（ともづる）

昭和9年3月12日佐世保港外に於て演習中大暴風の爲め遭難顚覆せしも其の後修理を加へ復舊せり。

初　雁（はつかり）

——要　目——

長	77.40米	馬力	7,000
幅	7.36米	速力	26
吃水	1.82米	兵裝	12糎砲　3
排水量	527噸		發射管　2
機關	タルビン機2軸　艦本罐2		

	起工	進水	竣工	建造所
千鳥	昭和6-10-13	昭和8-4-1	昭和8-11-20	舞鶴工作部
眞鶴	同　6-12-22	同　8-7-11	同　9-1-31	藤永田造船所
友鶴	同　7-11-11	同　8-10-1	同　9-2-24	舞鶴工作部
初雁	同　8-4-6	同　8-12-19	同　9-7-15	藤永田造船所

水雷艇

鴻　（おほとり）【二代】

鵯　（ひよどり）

雉　（きじ）【二代】

隼　（はやぶさ）【二代】

要目

長	80.15 呎	馬力	9,000
幅	7.88 呎	速力	28
吃水	2.05 呎	兵装	12糎砲　3
排水量	595 噸		

	起工	進水	記事	建造所
鴻			建造中	舞鶴工作部
鵯	昭和　9-11-26	10-10-25	同	石川島造船所
雉	同　10-10-24	——	同	三井玉造船所
隼	同　9-12-19	10-10-28	同	横濱船渠會社

掃海艇

（現存）

掃　海　艇

第　一　號

第　二　號

第　三　號

第　四　號

第　五　號

第　六　號

── 要　目 ──

長	71.63 米	馬力	4,000
幅	8.03 米	速力	20
吃水	2·29 米	兵装	12糎砲　1
排水量	615 噸		8糎高角砲　1
機關	直立三段膨脹機2軸 艦本水製罐3		

	起工	進水	竣工	建造所
第一號	大正11- 5-10	12- 3- 6	12-6-30	播磨造船所
第二號	大正11- 4-13	12- 3-17	12-6-30	玉造船工場
第三號	大正11- 8- 1	12- 3-29	12-6-30	大阪鐵工所
第四號	大正12-12- 1	13- 4-24	14-4-29	佐世保工廠
第五號	昭和 3- 3-25	3-10-30	4-2-25	玉造船工場
第六號	昭和 3- 3-10	3-10-29	4-2-25	大阪鐵工所

掃　海　艇

第七號（舊一等驅逐艦海風）

第八號（舊一等驅逐艦山風）

―― 要　　目 ――

長	94.49 米	馬力	
幅	8.56 米	速力	24
吃水	2.74 米	兵裝	12糎砲 1
排水量	1,030 噸		8糎砲 4

	起工	進水	竣工	建造所
七號	明治42-11-23	43-10-10	44- 9-28	舞鶴工廠
八號	同 43- 6- 1	44- 1-21	44-10-21	三菱長崎造船所

↓

↑

掃　海　艇

第九號（舊二等驅逐艦樅）

第十號（舊二等驅逐艦榎）

―― 要　　目 ――

長	83.82 米	馬力	
幅	7.72 米	速力	24
吃水	2.39 米	兵裝	12糎砲 2
排水量	770 噸		

	起工	進水	竣工	建造所
九號	大正6-11-8	7-3-28	7-4-30	横須賀工廠
十號	同 6-10-1	7-3- 5	7-4-29	舞鶴工廠

掃　海　艇

第十三號
第十四號
第十五號
第十六號
第十七號

要　目

長	70.80 米	馬力	3,200
幅	7.67 米	速力	20
吃水	1.85 米	兵装	12糎砲 2
排水量	492 噸		

	起工	進水	竣工	建造所
第十三號	昭和6-12-22	8-3-30	8-8-31	藤永田造船所
第十四號	同 6-12-22	8-5-20	8-9-30	大阪鐵工所
第十五號	同 8-4-6	9-2-14	9-8-21	藤永田造船所
第十六號	同 8-6-20	9-3-30	9-9-29	玉造船所
第十七號	同 8-6	10-8-3		大阪鐵工所

水雷艇の威海衛夜襲（明治二十八年）

一

月は隠れて海暗き
二月四日の夜の空
暗を知るべに探り入る
我軍九隻の水雷艇

二

目指す敵艦沈めずば
生きて歸らじ退かじ
手足は彈に碎くとも
指は氷にちぎるとも

三

朧氣ながらも星かげに
見ゆるは確に定遠號
いざ一打と勇み立つ
將士の心ぞ勇ましき

四

忽ち下る號令の
下に打ち出す水雷は
天地も震ふ心地して
目指す旗艦に當りたり

五

走る電打つ霰
襲はば襲へ我艦を
神はいかでか義に背く
敵の勝利を護るべき

六

見よ定遠は沈みたり
見よ來遠は沈みたり
音に聞えし威海衛
はや我物ぞ我土地ぞ

七

あゝ我水雷艇隊よ
汝が譽は我軍の
光と共に輝やかん
かゝる愉快は又やある

八

敵の關門破れたり
敵の海軍亡びたり
我指す處は今は早や
四百餘州も何ならず

特務艦

（現存）

富　士（ふ　じ）〔再出〕

艦　種　特務艦

艦名考
艦　歴
「日清戰役以降、日露戰役迄の艦艇」の部參照(P. 74)。

―― 要　目 ――

長	114.00米	起　工	明治27-8
幅	22.25米	進　水	同　29-3-31
吃　水	6.66米	竣　工	同　30-8-17
排水量	9,176噸	建造所	英國テームス社
速　力	18.25		

朝　日（あさひ）〔再出〕

艦種　特務艦

艦名考
艦歴　「日清戰役以降、日露戰役迄の艦艇」の部参照(P. 85)。

要　目

長	122.10米	起工	明治30-8-18
幅	22.94米	進水	同　32-3-13
吃水	6.93米	竣工	同　33-7-31
排水量	11,441噸	建造所	英國ジョン・ブラウン社
速力	18.20		

敷　　島（しきしま）〔再出〕

艦　種　特務艦

艦名考
艦　歴　「日清戦役以降、日露戦役迄の艦艇」の部参照(P.83)。

―要　　目―

長	121.92米	起　工	明治30-3-29
幅	23.01米	進　水	同　31-11
吃　水	6.60米	竣　工	同　33-1-26
排水量	11,275噸	建造所	英國テームス社
速　力	18.6		

攝　津（せつつ）〔再出〕

艦　種　特務艦

艦名考
艦　歴
「日清戰役以降、日露戰役迄の艦艇」の部参照(P.140)。

―― 要　目 ――

長	152.40 米	起　工	明治 42-1-18
幅	25.60 米	進　水	同 44-3-30
吃　水	7.09 米	竣　工	同 45-7-1
排水量	16,130 噸	建造所	呉工廠
速　力	21		

膠　州（かうしう）

艦　種　特務艦(測量艦)

艦名考　支那の山東省膠州灣に採る。大正3乃至7年(日獨)戰役の戰利汽船、原名「ミヘールエブセン」。

艦　歴　大正4年8月23日「膠州」と命名し、運送船と定む、同9年4月1日特務艦(運送船)に、次で同11年特務艦(測量艦)となる。

―要　目―

長	76.96米	兵　装	8糎砲　2
幅	11.02米	起　工	
吃　水	3.73米	進　水	明治37
排水量	2,080噸	竣　工	
速　力	10.3	建造所	獨逸

青　島 (せいとう)

艦　種　特務艦(運送艦)

艦名考　支那の山東省青島に採る。大正3乃至7年戦役の戦利汽船、原名「デューレンダート」、大正4年8月23日「青島」と命名し運送船と定む。同3乃至9年戦役従軍、同9年4月1日特務艦(運送艦)となる。

―― 要　目 ――

長	73.69米	兵装	8糎砲　2
幅	15.06米	起工	
吃水	6.62米	進水	
排水量	7,542噸	竣工	
速力	10	建造所	獨逸

洲　崎（すのさき）

艦　種　特務艦(運送艦)

艦名考　岬名に採る。洲崎は安房國館山町の西二里半、千葉縣の西南端にして、相模三浦半島の劒崎と相俟つて東京海灣の門戸を成す。

艦　歴　大正9年4月1日特務艦(運送艦)となる。

―要　目―

長	121.92米	兵装	12糎砲 2 8糎高角砲 2
幅	15.24米	起工	大正6-11-29
吃水	7.01米	進水	同 7-6-22
排水量	8,800噸	竣工	同 7-9-26
速力	14	建造所	横須賀工廠

室　戸（むろと）

艦　種　特務艦(運送艦)

艦名考　岬名に採る。土佐國室戸埼、別名最御《ホツミ》埼と云ふ。西足摺岬と遙かに相對す。埼頭凡そ400呎の絶壁にして海上よりの好目標たり

艦　歴　大正9年4月1日特務艦(運送艦)となる。

――要　目――

長	105.16米	兵　装	12糎砲 2
幅	15.24米	起　工	大正7-7-4
吃　水	7.29米	進　水	同　7-10-23
排水量	8,215噸	竣　工	同　7-12-7
速　力	12.5	建造所	三菱神戸造船所

野　島（のじま）

艦種　特務艦(運送艦)

艦名　岬名に採る。野島崎は千葉縣安房郡白濱村の南岬なり。

―要目―

長	105.16米	兵装	12糎砲　2
幅	15.24米	起工	大正7-7-16
吃水	7.29米	進水	同　8-2-3
排水量	8,215噸	竣工	同　8-3-31
馬力		建造所	三菱神戸造船所
速力	12.5		

知床型

艦種　特務艦(運送艦)

知　床（しれとこ）

岬に採る。北見國知床半島の北端に江島後島の北にルキ岬と相對して根室海峽の北口を成す。

襟　裳（えりも）

岬名。日高國にあり。

佐　多（さた）

岬名。大隅國肝屬郡佐多村に屬す。

鶴　見（つるみ）

岬名。豐後國海部郡にあり。

尻　矢（しりや）

岬名。陸奥國下北郡にあり。

石　廊（いらう）

岬名。伊豆國加茂郡にあり。

隱　戸（おんど）

海峽名。安藝國の隱戸瀬戸に採る。

早　鞆（はやとも）

海峽名。馬間海峽の東口なり。

鳴　戸（なると）

海峽名。阿波國淡路馬間の海門なり。

要目

長	138.68米	速力	12
幅	17.68米	兵裝	12糎砲　2
吃水	8.08米		「佐多」以後は14糎砲　2
排水量	14,050噸		8糎角高砲　2
馬力			

	起工	進水	竣工	建造所
知床	大正　9-2-16	9-7-17	9-9-20	神戸川崎造船所
襟裳	同　9-5-3	9-10-28	9-12-16	同
佐多	同　9-3-6	9-10-28	10-2-24	横濱船渠會社
鶴見	同　10-3-10	10-9-29	11-3-14	大阪鐵工所
尻矢	同　10-4-7	10-11-12	11-2-8	横濱船渠會社
石廊	同　10-9-2	11-8-5	11-10-30	大阪鐵工所
隱戸	同　11-3-15	11-10-21	12-3-12	神戸川崎造船所
早鞆	同　11-3-14	11-12-4	13-5-18	呉工廠
鳴戸	同　11-4-11	12-1-30	13-10-30	横須賀工廠

間　宮（まみや）

艦　種　特務艦(運送艦)

艦名考　岬名に採る。間宮海峡は樺太韃靼海峡の最狭部なり。

──要　目──

長	144.78米	兵装	14糎砲　2
幅	18.59米		8糎高角砲　2
吃水	8.43米	起工	大正11-10-25
排水量	15,820噸	進水	同　12-10-26
機關	直立三聯機2軸	竣工	同　13- 7-15
馬力	10,000	建造所	神戸川崎造船所
速力	14		

大　　泊（おほどまり）

艦　種　特務艦(碎氷艦)

艦名考　港名に採る、大泊は樺太亞庭灣内に在り。「ボロアン」泊の和名にして、今九春港を併せ樺太の主要港たり。

── 要　　目 ──

長	60.95 米	兵　装	8糎砲　1
幅	15.24 米	起　工	大正 10- 6-24
吃　水	6.40 米	進　水	同　10-10- 3
排水量	2,330 噸	竣　工	同　10-11- 7
機　關	直立三聯機2軸	建造所	神戸川崎造船所
馬　力	4,000		
速　力	13		

劍　崎（つるぎざき）【二代】

艦種　特務艦(運送艦)

艦名考　岬名に採る。相模國三浦半島の南部安房國の洲崎と相對して東京灣の門口を成す。

〔註〕初代「劍崎」は亦運送船にして排水量 1,970 噸、速力 11 浬、今は除籍。

―要　目―

長	201.26 米	兵裝	12糎砲 4
幅	18.11 米		探照燈 2
吃水	6.43 米	起工	昭和 9-12-3
排水量	12,000 噸	進水	同 10- 6-1
機關	艦本式內火機關 艦本式罐	竣工	
		建造所	橫須賀工廠
速力	19		

敷設艇

（現存）

燕（つばめ）【二代】

艦種　敷設艇

艦名考　鳥名に採る。

［註］初代「燕」は明治36年竣工の水雷艇なり、同艇は明治37•8年日露戰役及大正3-9年戰役從軍：大正11年4月除籍。

鷗（かもめ）【二代】

艦種　敷設艇

艦名考　鳥名に採る。

［註］初代「鷗」は明治37年竣工の水雷艇なり、同艇は明治37•8年戰役從軍：大正12年12月除籍。

―― 要目 ――

長	63.00米	機關	直立三段膨脹式2　艦本罐
幅	7.20米	馬力	2,500
吃水	1.93米	速力	19
排水量	450噸	兵裝	8糎高角砲　1

	起工	進水	竣工	建造所
燕	昭和3-9-17	昭和4-4-24	昭和4-7-15	橫濱船渠會社
鷗	同　3-10-11	同　4-4-27	同　4-8-30	大阪鐵工所

夏　島（なつしま）【二代】

艦種　敷設艇

艦名考　横須賀軍港外にある夏島に採る、伊藤博文公等が帝國憲法を起草せし處なり。今は追濱航空隊の敷地の一部となりて島としての形を失ふ。

〔註〕初代は夏島丸といふ。近代型敷設艇の鼻祖たり、今は除籍。

—— 要　目 ——

長	68.62 米	兵装	8糎高角砲 2
幅	7.47 米	起工	昭和 6-12-24
吃水	1.75 米	進水	同 8- 3-24
排水量	443 噸	竣工	同 8- 7-31
機關	直立三段膨脹式 2 艦本罐	建造所	石川島造船所
馬力	2,300		
速力	19		

第二篇　主なる海戰の概要

一、幕末の海戰

(イ)阿波沖の海戰（明治元年陰暦正月四日）

——幕府・薩藩海軍の交戰——

慶應二年十二月、內憂外患交々至るのときに當り、畏くも時の至上　孝明天皇崩御あらせられ、翌三年正月皇太子御踐祚遊ばされた。之より先、將軍德川家茂既に他界し、人心愈ゝ恟々たりしが、

明治天皇御踐祚と共に、時勢は急轉直下し、同十月將軍慶喜大政を奉還し、征夷大將軍をも拜辭し、爰に王政復古の大御代となつた。然るに、江戶に於ては、尙ほ舊幕府方と薩摩藩士等と互に反目嫉視せる結果、遂に兩者の間に衝突勃發し、舊幕府方は三田の薩摩藩邸を襲擊するに至つた。

之と相前後して、薩藩は、三條實美以下の五卿を筑前より京師迄護衞すべき命を受けたので、藩士西鄕信吾（從道）等、同藩の軍艦春日に乘込み博多に回航し、五卿を乘せて、慶應三年十二月二十五日兵庫に入り、西鄕信吾等は五卿と共に入洛して西鄕吉之助(隆盛)等に會し、種々協議中同二十九日江戶より薩州邸襲擊の顚末を報じ來り、數日を經ざるに、又兵庫碇泊の春日艦よりも、舊幕府の艦隊兵庫港を封鎖し、大阪を出帆したる薩藩汽船平運丸は兵庫沖で砲擊を受け、是非なく兵庫に入港した旨報告して來た。

是に於て薩摩藩主は、第一遊擊隊長赤塚源六を春日艦長に、砲隊長伊東祐麿を同副長に任じ、其の他の同藩士を選拔して同艦の乘員たらしめ備ふる所があつた。

是より先、兵庫に於ける春日乘員は、德川方の軍艦の無法な發砲を憤り、之を詰問せんと決議した。時に德川方は、榎本釜次郞(武揚)艦隊司令長として旗艦開陽に座乘し、富士山、蟠龍、翔鶴、順動の五隻を率ゐて此の港に碇泊し、各艦皆嚴重に戰鬪準備をなし、一令の下に開戰せんとするの氣勢を示した。春日艦方は開陽艦に使して、榎本釜次郞に面接し、無法の砲擊を詰問せしめたが、釜次郞儼然として、其の決意を示し、飽く迄も初志を飜す色を見せたかつたので然らばよしと、使者は急ぎ春日艦に歸りて、之を報じ、直に戰鬪準備をした。既にして明治元年正月三日の夜に至り赤塚艦長以下著任し、卽時、港內に碇泊せる同藩の汽船平運丸、翔鳳丸の船長を召集し『春日は翔鳳丸を護衞し明四日の拂曉敵の封鎖を破つて港外に出づ可く、平運丸は春日に顧慮せず全速力を以て瀨戶內を經て鹿兒島に歸るべし』と命じ、各艦內の配置を定めた。

翌四日未明、四面猶ほ寂寞たる折しも、徐ろに錨を揚げた春日艦は、翔鳳丸を伴ひ、竊かに兵庫港を脫し、平運丸は之に先だちて既に西航した。

初め榎本等德川方は春日の戰鬪準備を見るや、諸艦の配置を定めて、開陽を專ら春日に當らしむることとし、機を見て一擊に春日を粉韲せんと計つたが、三日の夜半大阪の方に炎々たる火災（伏見鳥羽の戰）を望見せるにより、遽かに天保山沖に回航し、兵庫の封鎖は自然に之を解くに至つた。春日は二汽船を護衞し、速力を早めて南下し、軈て平運丸は淡路の瀨戶方面に、春日は、翔鳳を曳きつゝ阿波沖へ進航した。因に記す春日には後年の東鄕元帥が三等士官三番司令官として乘組んでゐた。

夜は明け放れた。折しも遙かに兵庫の方から、黑烟を曳きて一巨艦が驀進して來た。春日は忽ち、之が開陽なると知つて直ちに曳索を斷ち、翔鳳を單獨先航せしめ、總員を戰鬪配置に就け從容として

敵艦の來るを待つた。開陽は近づくや一發の空砲を放つて春日に停止せよとの意を示した。かくと見た春日は檣頭高く轡の紋の旗を飜し、百片砲の巨彈を發す、こゝに於て海戰の幕は開かれた。

此の日天晴れて風なく、砲烟煤烟海面に漂ひ、敵も味方も見えつかくれつ、巴の如く施轉して戰つたが、開陽に比し春日の速力大に優つてゐたので、常に有利の地位を占め、爲に砲力優勢なる開陽も之を如何ともすること能はず、終に勝敗決せずして相分るゝに至り、開陽は迂回して兵庫に歸り、春日は南方に針路をとりて目的地に向つて急行し、六日の早朝鹿兒島灣に入り、京都に於ける狀況及び海戰の顚末を報告した。此の阿波沖の海戰は、我が國に於ける歐式軍艦交戰の嚆矢である。

(ロ)宮古灣の海戰　(明治二年陰暦三月二十五日)

舊幕府の海軍總督榎本釜次郎(武揚)等、德川家處分に關し薩長の爲す所にあきたらず、窃に遊擊隊その他同志と相通じ、江戸の幕軍潰走の後ち武揚を統帥に仰ぎ、荒川郁之助を司令官として明治元年八月十九日、兵二千餘を軍艦回天(艦長甲賀源吾)、開陽(艦長澤太郎左衞門)蟠龍(艦長松岡磐吉)千代田形(艦長森本弘策)及び運送船咸臨・神速・長鯨・三嘉保の八隻に分乘せしめ、品川灣を脫して北走した。途中暴風に遭遇し咸臨・三嘉保の二運送船を失ひしも、陸路を北走せる大島圭介・土方歳三等二千五百人の陸兵と合流し、これを他の各艦に分乘せしめて函館に走り同地を占領し、尙ほも戰鬪の準備を怠たらず、官軍の動勢を探つてゐた。

翌明治二年、蝦夷地征討の議決し、甲鐵・春日・陽春・丁卯及び運送船四隻は、三月二日品川灣を拔錨し、北征の途に就いた。途中風波の難に遭ひ、爲めに之を避けて陸中宮古灣に寄港したる所、端なくも脫走幕艦回天の襲擊する所となりこゝに一大血戰を現出することゝなつた。

之より先き、脫走幕艦側に於ては、官艦大擧來襲の諜報を得、榎本總督、將校を集めて軍議を開き、回天艦長甲賀源吾の進言を納れ、北征途上の「甲鐵」を要して之を捕獲するの議一決した。

こゝに於て回天・蟠龍・高雄の三艦を襲擊隊とし、荒井司令官之を督し、回天には陸軍奉行土方歳三等乘組み、蟠龍には遊擊隊一小隊、高雄には神木隊一小隊を夫々乘組ましめ、三月二十一日三艦は函館を拔錨して官艦逆擊の途に就いた。

三艦は官艦の所在を索め、山田港に至る途中、天候險惡となり風波荒く、爲に僚艦互に相失し、蟠龍は遂に山田港に姿を表はさず、他の二艦は辛うじて着港するを得たが、官艦八隻宮古灣に在るを土民から耳にし、襲擊の時機を逸することを慮り、蟠龍の來るを待たずして同月二十四日午後三時同港を拔錨、相並んで宮古灣に向つた。然るに不幸にして高雄は機關に故障を生じ落伍するの止むなきに至つた。甲賀回天艦長は衆を勵まし單艦驀進に決し、互に手を握りて訣別し、亂戰の目標として白布を裂きて肩にかけ、突入隊を舷側に潜ましめ二十五日黎明宮古灣口に入り、米國旗を掲げて徐々に「甲鐵」に向つて進行した。官艦は異樣なる米國艦と見て回天なるを覺らず、是に於て回天は急に舵を轉じて機關を止め徐々に進みて「甲鐵」の左舷中央に乘りかゝつた。此時司令官は米國旗を卸して旭日旗を掲げしめ、數個の彈丸を甲鐵「甲板」へ浴びせかけた。甲鐵の甲板は回天よりも低きこと一丈、突入隊は白刃を揮つて勇躍之に躍り込んだ。「甲鐵」艦を始めとし、突然の襲擊に一時狼狽したるも、全官軍亦よく奮戰して是等を斃し、交戰三十分に過ぎざるに死傷既に五十餘名を出し、爲に甲板は全く血を以て染めらるゝの慘狀を呈し、甲鐵に突入したものゝ如き、生還したるものは僅に二人に過ぎなかつた。

此の間甲賀艦長は艦橋に在り官艦より雨集する彈丸の中にあり、遂に右股を打たれ右腕を貫かれ、尙も苦痛を忍びつゝ部下を督勵したが、偶々甲鐵の放ちたる速射砲の彈丸に顳顬を貫かれ、遂に艦橋に斃る。是に於て荒井司令官は事成らずと見て、自ら舵をとりて港外に免れた。間もなく港外にて高雄に、午後二時に至り更に蟠龍に會し、共に函館に向ひて歸航の途に就いた。然るに途中高雄は機關に故障を生じ、漂泊中に官艦の追擊に會ふを慮りて、自ら羅賀附近に坐礁、艦に火を放ちて上陸し、南部藩に降服した。他の二艦回天・蟠龍は無事函館に歸ることを得た、時に明治二年三月二十六日であつた。

(八) 函館の海戰 (明治二年陰曆五月)

前項に說けるが如く、舊幕府の海軍總督榎本釜次郎(後海軍中將子爵榎本武揚)は明治元年八月十九日、開陽、回天、蟠龍、千代田形の四艦及び運送船四隻を率ゐて品川灣を脫走し、北海に向ひ、函館を陷れて之に據つた。但し途中暴風のため運送船二隻を失ひ函館占領の際開陽を失ひ、又北征途上の官艦を宮古灣に要して襲擊せしも成らず、函館に歸りて修繕を加へ尙ほ戰備を整へ、官軍の來襲を待ち合せた。

一方宮古灣の海戰に回天を擊退せる官艦は氣勢大いに揚り、更に朝陽艦を合はせて靑森灣に進み、戰備をとゝのへ、二千餘の陸兵を搭載せる運送船を護衞して明治二年陰曆四月六日同灣を拔錨した。而して官艦は九日拂曉、江差砦の沖を通過し、これより北方海岸三里を距つる乙部村海岸に上陸して江差に向ひて進軍し、途中小衝突ありしも容易に江差を占領することを得た。

次いで陸軍は松前城を占領せんとし、二路に分れて進擊せしが、幕軍は善戰して之を破り、勢に乘じて江差を襲ふべく十七日朝淸部村に至りしが、官艦春日、海岸近く艦をのりよせ、陸兵と共に此を夾擊せしため、幕軍支ふることを得ずして敗退した。而して一時松前城に據りしも利あらず、十九日大鳥圭介等幕軍は福島を經て五稜郭附近へ引揚ぐるに至つた。

函館に於ては二十四日朝、官艦五隻襲來し、幕艦回天・蟠龍・千代田形と砲火を交へ、幕艦は佯り退き、官艦を辨天臺場の着彈距離內に誘ふた。官艦之を覺らず、勢に乘じて敵に迫つたが、砲臺よりの猛擊を浴びせられ、爲に朝陽大損傷を被り、他艦も戰勢不利なるを察して港外に退いた。

二十六日官艦五隻再び攻擊を行ひ、幕艦三隻及び砲臺之に應戰、相方共に傷つき、官艦亦退き去つた。

陸上に於ては、四月二十九日矢不來(地名)に於て激戰があり、幕軍屢々官軍を破つたが、併し官の海軍に側面を砲擊せられ、遂に大敗に及び、悉く函館、五稜郭方面に引揚げた。

同日海上に於ても小衝突あり、又千代田形は闇に迷ひて辨天砲臺沖の暗礁に觸れたるを以て、艦長は機關を破碎し、部下を率ゐて上陸した。

五月二日又小海戰あり、官艦午後に至り退く。三日夜、幕の陸軍夜襲を試み、官の陸軍を敗走せしめたが、幕軍遠くは追はず、四日朝官艦列を成して函館に迫り戰を挑んだ、幕艦及び臺場より之に應戰し、蟠龍に一彈命中、士官一名負傷、又官艦甲鐵、春日共に敵彈をうけて損傷し、遂に港外に遁れ去つた。

五月六日、官軍は幕軍が海中に張りたる大綱を切斷するに成功し、七日拂曉、官艦五隻進んで回天・蟠龍に迫る。此の時蟠龍四日の海戰に漏所を生じ、運轉自在ならず。依つて碇泊して應戰し、回天獨り港內に活躍し猛烈に砲火を交ふる內、甲鐵の放ちし三百斤彈其の他多數回天に命中し、死傷者を出だし、運轉不能に陷りたるを以て、砂濱に坐洲し、浮砲臺として頑强に抵抗した爲め、官艦又逐次有川沖に退いた。

十一日に至りて官軍總攻擊の準備を整へ、陸兵を函館山の背面に上陸せしめ、背面より幕軍を强襲して遂に函館山を占領した。然れども辨天崎砲臺は守兵奮戰して容易に陷落の色を見せなかつた。のみならず幕艦蟠龍は其の修復成り、出でゝ官艦朝陽、丁卯と戰ふて官艦朝陽を遂に沈沒に至らしめた。之れ艦長松岡盤吉の操縦巧妙を極め、同艦の放てる一彈朝陽の舷側を貫き、爲めに火薬庫爆發した爲めであつた。

之に勢を得て幕兵の士氣大いに振ひ、蟠龍亦之を援け爲に、官軍苦戰に陥る。併し官艦延年、丁卯の二艦來援するに及び、衆寡敵せず、且つ彈丸悉く盡きたるを以て艦を淺瀨に乘上げ、回天と共に火を放ち、乘組一同は上陸した。

函館市街も亦た陷落し、幕の本營五稜郭は官軍海陸の包圍攻擊に會ひ死傷頗る多かつた。此の間官軍屢々恭順を說けども榎本等之を斥けて聞かず、然れども辨天砲臺に在りし松岡盤吉、永井玄蕃等は彈藥竭きて十五日降服し、幕軍の統制亂れ、又よく戰ふ能はず、こゝに至り五月十七日榎本以下二千九百人遂に官軍に降つた。

二、明治二十七八年戰役

(イ)豊島海戰　（明治二十七年七月二十五日）

第一游擊隊は明治二十七年七月廿五日午前四時には安眠島西方海上に在つて、嚮きに常備艦隊引き揚げに際して朝鮮に殘留を命ぜられた八重山、武藏を索めたが遂に其の艦影を認め得ず、更に十二節の速力で單縦隊を制り、豊島附近に向つた。この日天氣は快晴であつたが時々淡靄發生して視野を妨げた。午前六時半頃遥か豊島方向の海上に二條の煤煙を發見したが、相近づくに及んで、始めてそれが軍艦なることを知り、坪井司令官は各艦に戒嚴を命じ、十五節に速力を増し、漸く五十米の距離に達して、その軍艦は清國の濟遠及び廣乙なることを知つた、兩艦は自國運送船を迎へんが爲めに牙山より出航して來たものであつた。

而して是等清國軍艦は我が將旗に對して禮砲を發しないのみか、或は八重山等を擊沈して更に我が艦隊を邀擊せんとするのではないかとの疑もあつたので、益ゝ嚴重な警戒を以て彼に接近して行つた。午前七時五十二分彼我の距離三千米に達するや濟遠先づ砲火を開き、旗艦吉野（艦長河原要一大佐）之に應じ、此處に日清戰爭の火蓋は切つて落された。清艦廣乙は濟遠に近く續行してゐたが、吉野の砲擊を見るや針路を左方に轉じて、秋津洲（艦長上村彥之丞少佐）浪速（艦長東郷平八郎大佐）に向つて猛進し來つた。此處に於て吉野は後續艦の水雷發射力を妨げないように、左方に旋回して今や逃走せんとする濟遠を追うた。

同七時五十八分廣乙は秋津洲の艦尾六百米の近きに達し、互に猛烈なる砲火を交はし、秋津洲の一彈は彼の檣樓に命中した。この時已に硝煙は霧と相和して、敵の艦影を蔽ひ、稍々あつて、煙霧晴れた時には廣乙は浪速の左舷艦尾三、四百米の距離にあり、浪速は直ちに猛烈に砲火を之に浴せた。我が砲の打出す彈丸は概ね虛發なく、その一彈は彼れの艦橋附近に爆發し、爲めに彼は倉皇として逃走せんと企てた。この時敵の一彈浪速の左舷を穿ち多少の損害を與へた。

之より先き、濟遠の追擊に向つた吉野は、屢々煙霧に妨げられたが、已にして之が晴れるや、左舷前方に濟遠を認めたるを以て、續行せる秋津洲と共に砲火を浴びせ、彼我の砲聲殷々として海を壓す、濟遠の砲彈は一は吉野の艦首附近の海面に、一は右舷側の近くに落ち、微損害を蒙つた。此の時已に廣乙は機關に損傷を被り、速力鈍り濟遠を離れて東へ走り、我が三艦は合して濟遠を追つた。追擊急なるに際して遥か西方海上に二條の煤煙を發見した。この時司令官は各艦に命じて自由行動をとらしめた。乃ち秋津洲は艦列から離れて廣乙を追ひ、吉野浪速は尙も濟遠に迫つた。この時初めて嚮きに現れた二汽船は清國軍艦操江及び英國商船旗を揚げた商船であることを知つた。操江は濟遠の信號によつて直ちに西方に逃走せんとする如くであつた。濟遠は浪速の追撃を支へ得ず、遂に白旗を揭げて降服を申し出で、浪速は「直ちに止れ」の信號を揭げつゝ濟遠に接近して行つた。この時に當り英商船は獨り浪速の右舷を通過して仁川に向はんとした。浪速艦長はその清兵を搭載する疑あるを見て、時を移さず之に停船を命じた。浪速は一方に於て英商船に投錨を命じつゝ隙に乘じて逃走せる濟遠を追つた。時に秋津洲は廣乙を追つて本隊より遠く離れて居たが、吉野からの本隊復歸の信號に接し直ちに引き還して、吉野と共に濟遠操江を追つた。濟遠は既に吉野を去ること七海里の地點に逃走して居たのであるが、吉野は快速を利用して間もなく操江に追ひつき之に砲火を浴びせるに至り、操江は急に國旗を降し戰鬪意志の無きことを示した。乃ち吉野は砲擊を中止して尙も濟遠の追撃を弛めず、午後零時三十八分には二千五百米にまで追ひつめ、右舷砲により砲撃を開始した。しかし其の近傍に淺瀨があつて危險を感じたので追擊を中止し、秋津洲の方位に向つた。秋津洲は吉野に後れて續行してゐたが、十一時半吉野の通跡を離れる操江に迫り『止れ』の信號を揭げ、且空砲を發射したが彼は尙も應じなかつた。そこで秋津洲は其十二糎砲一發を試みたところ、彼は驚駭して直に白旗を揚げ同時に我が國旗をも揭げた。秋津洲は發砲を止め、吉井大尉以下廿八名を派して之を捕獲せしめた。間もなく同艦は、旗艦吉野が引き還して來て、操江を曳きて群山沖に至る可き旨の訓令を受けた。吉野は戰況を本隊に速かに報ずる爲めに、單獨にてベーカー島に向け航進し午後三時豐島沖に至り、八重山、大島、武藏、浪速の四艦に出合つた。

是に先だち、浪速は吉野、秋津洲と離れて英國商船の近傍にあり、之に停船を命じ、海軍大尉人見善五郎をして其の艦內を檢閱せしめた。同船は倫敦にある印度支那汽船會社の代理店ジャージン・マディソン・カムパニーの所有なる高陞號で、淸國政府の依賴により淸兵千百名大砲十四門其の他の武器を積載し牙山に向ふ途次であつた。人見大尉は直に歸艦して、東鄕艦長にこの旨を報告した。艦長は直ちに高陞號に隨行を命じた所が、彼再び談ずることありとて端舟を送らんことを乞ふて來た。乃ち人見大尉再び英船に乘込んだ。艦長は「淸將は出發の時に開戰を知らなかつたが故に太沽に引き返さんことを要求せよと强張し貴艦の命に服從する色なき旨」を告げた。大尉は船內不穩の狀態を見、歸つて艦長に報じた、艦長はこの報告に基き遂に高陞號擊沈を決意し、高陞號船員に向ひ其の船を見捨てよとの信號を揭げた。高陞號は尙も我が端舟を送らんことを乞ふたが淸兵不穩なるを知り敢て之を拒み、再び艦を見捨てよとの信號を揭げると共に、左舷前部水雷と右舷砲を一齊に發した。第一發の榴彈は汽罐に命中し、午後一時十五分後部より徐々に沈沒、淸兵は先を爭ふて海に投じた。我が浪速は直ちに第一第二のカッターを降しこれを救助せしめた。この時會〻仁川より航進し來つた八重山、武藏、大島に出合つた。浪速艦長は八重山に戰況を告げ、之を本隊に報告する爲めに先發せしめた。他の二艦も之に從ひ群山沖に向つた。その途中吉野に會ひ、幾くばくもなくして浪速も之に追及し、吉野に英商船擊沈の顚末を詳かに報じた。於是、吉野は浪速に對し秋津洲と共に操江を曳きて群山に來る可きを命じ、自らは直に本隊の停泊地群山沖に向ひ、午後十時五分には長官旗艦松島の北方に投錨した。又一方浪速、秋津洲は同夜はベーカー島附近に假泊し、翌廿六日早朝出發して吉野、高千穗、千代田に迎へられ、威風堂々午前九時四十四分本隊に歸還した。

此の海戰に於て吾が艦の被つた損害は僅小であつた。然るに淸國軍艦濟遠は吾が三艦の猛射を受け、其の艦首砲は使用に耐へず、後部及び舵機にも大なる損害を蒙り、死者十三名、負傷者廿七名を出だしたと云はれてゐる。又廣乙の如きは我艦隊の追擊に周章狼狽し、カロリン灣口に坐礁した、後ち調査する所によれば其火藥庫を爆發し、機關室は前後に分裂、海水侵入し、更に艦體の木部は悉く燒き盡され、鋼骨のみ殘り、艦上各所に燒死せる屍體散亂實に慘狀を極めてゐた。戰死者十名、負傷者四十名に達し、其の乘員中十八名は英國軍艦アーチャー號に救助され、再び參戰せざる旨を誓つて淸國に送還されたと傳へられてゐる。又高陞號を護衛してゐた操江は竟に秋津洲の捕獲する所となり、後に我が艦籍に入つた。

豊島海戰　彼我勢力、主要職員及損害一覽（明治二十七年七月二十五日）

日本側

常備艦隊司令官　少將　坪井航三
參謀　大尉　釜屋忠道
參謀　大尉　中村靜嘉
祕書　大主計　三村鎭太郎

名	種	排水量噸	速力節	主要兵裝	主要職員	損害
吉野	巡	四、二一六	二三・五	一五糎安式速射砲　四 一二糎同　八 水雷發時管　五	艦長　大佐　河原要一 副長　少佐　山田彥八 砲術長　大尉　加藤友三郎 水雷長　同　村上格一 航海長　同　梶川良吉 機關長　機關少監　深見鐘三郎	跳彈命中　三　損害少し
浪速	巡	三、七〇九	一八・〇	八〇年式二六糎克砲二 同　一五糎克砲　六 水雷發時管　四	艦長　大佐　東鄕平八郎 副長　少佐　石井猪太郎 砲術長　大尉　廣瀨勝比古 水雷長　同　小花三吾 航海長　同　有馬良橘 機關長　機關少監　山本直德	命中彈なし
秋津洲	巡	三、二一〇	一九・〇	一五糎安式速射砲　四 一二糎　同　六 水雷發時管　四	艦長（心得）　少佐　上村彥之丞 副長　同　中溝德太郎 砲術長　大尉　服部雄吉 水雷長　同　志賀直藏 航海長　同　林三子雄 機關長　機關少監　橫山正恭	跳彈命中　二　損害少し

淸國側

名	種	排水量噸	速力節	主要兵裝	主要職員	損害
濟遠	巡	二、三〇〇	一五・〇	二一糎克砲　二 一五糎同　一 水雷發射管　四		艦首砲及舵機破損、水線上下部甚しく毀損、死者一三名、傷者二七名
廣乙	巡	一、〇〇〇	一七・〇	一二糎克砲　三		逃走の際座礁火藥庫爆發の爲火災を起し殘骸を殘すのみ死者一〇名、傷者四〇名なりと云ふ
操江	砲	九五〇	九・〇	一六听砲　二 一三听砲　一		秋津洲の爲め捕獲せらる

(ロ) 黄海海戰 (明治二十七年九月十七日)

開戰劈頭に於て豊島の一敗を喫したる清國北洋水師は意氣沮喪、渤海灣奥に雌伏して出でず、我が海軍は屢々旅順口、威海衛を窺うて之を誘出せんと試むと雖、應ずるの色なく、我が海軍は長直路の根據地を頻りに出入し、折角積み込みたる石炭を消費するのみにして、髀裏肉生ずるを歎ずるのみ。然かも當時未だ戰爭に慣れざる國民は、早くも海軍の存在を疑ひ、無爲無能を云々するに至る、艦隊の將士切齒扼腕すること四十餘日、明治二十七年九月、艦隊は第二軍の仁川上陸援護を了り、艦隊司令長官伊東中將(後の元帥海軍大將伯爵祐亨)は本隊及び第一第二遊擊隊を率ゐて更に北上し、十五日を以て朝鮮黄海道の西南端にある大東溝の錨地に入つた。此の行、軍令部長樺山中將(資紀)の座乘せる假裝洋巡洋艦西京丸の同行するあり、事態平常と異にして將士の胸中自ら多少の獲物あるべしとの豫感を懷かしめたが、果せる哉其の翌日軍艦磐城大同江より歸來し、當日平壤に對して作戰中なりし我陸軍の參謀より「敵の北洋水師は提督丁汝昌の指揮下に其の精鋭を盡して陸兵運送船を護衞して大洋河口に到着せり」との重大通報を齎らし來つた。當時此の附近の海圖疎略にして所謂大洋河の所在は詳ではなかつたが、敵が鴨綠江以西附近の乾にあることは明白となつた。是に於て伊東艦隊司令長官は此の敵をもとめて擊滅するの目的を以て十六日午後五時本隊長官直率旗艦松島、千代田、嚴島、橋立、扶桑、比叡及第一遊擊隊(司令官坪井少將旗艦吉野、高千穗、秋津洲、浪速)竝に砲艦赤城(艦長少佐坂元八郎太)の十一隻を率ゐて黄海に進出し、假裝巡洋艦西京丸は軍令部長樺山中將を乘せて之に加つた、艦隊の將士勇氣頓に加はり、陰曆八月十五夜の月光に浴し、靜かに海波を分けて先づ海洋島に向ふ。

九月十七日拂曉、艦隊は海洋島沖に達し赤城をして進んで其の泊地ソーントン灣を偵察せしめたが敵の隻影なく、只陸上驢馬嘶くの狀を見たるのみ。衆一笑、更に航路を北東に轉じて大孤山沖に向ふ。時に曉風面を吹きて秋冷を覺え、日出づるに及びて海面薄靄ありしも、天氣晴朗なり。乃ち初めて夏衣を脫し黑服を纏ふ。

艦隊は眼を四方に配り敵やいづこと警戒航行する內、時恰も午前十時二十三分、我が先頭に位置せる遊擊隊の旗艦吉野の桁端、「東北東の方向に煤煙見ゆ」との信號の翩々たるを認め、諸艦歡びて其の方向を凝視すれば直立せる煤煙は二條となり三條となり四條となり、逐次其の數を增して遂に一大艦群其處にあるを確認するに至つた。(註)此の煤煙は九月十六日陸兵運送船を護衞して大連灣を發し、同日夕刻此の地に到着し、陸兵上陸中なりし北洋水師諸艦の煤煙で、北洋艦隊は午前九時頃我に先つこと約一時間半、我が艦隊との距離約三十浬の頃から石炭を焚いて黑濛々たる煤煙——當時我が艦隊にては之を大和魂の發揮と稱へた——を揚げて進み來れる我艦隊を認めて出港の準備を行ひつゝあつたものであつた。若し北洋水師にして其の最速巡洋艦致遠、淸遠の如きものを放つて警戒中であつたならば我が軍は大に困難した事であつたらう。

是に於て午前十時三十分、艦隊は三艦群陣の航行隊形を解き戰闘隊形たる單縱陣となし、赤城と西京丸に令して本隊の左側に占位せしめ、十海里の戰闘速力(第一遊擊隊は十四海里)を以て肅々として北進す。全軍の將士勇氣百倍、靜かに戰備を整へ旗令に依り午餐を滿喫し、談笑の間互に冥土に於ける再會を期し、正午過ぎ五分命によつて分れ戰闘部署に就き、氣已に敵艦隊を吞む。此の時彼我相距ること約十浬、敵艦隊は十隻、旗艦定遠を角點に置き左右各五艦の後翼梯陣(卽ち鶴翼の陣形)を張り右に鎭遠、來遠、靖遠、超勇、揚威あり、左に定遠、經遠、致遠、廣甲、濟遠あり、頗る堂々として略ぼ南西の針路を以て我に向つて來た。但し其の速力は僅かに七、八節と見受けられた。尙其の後方に立昇る煤煙によつて更に數艦の存在するを知ることを得た。

午後零時三十分彼我相距ること八千米、同四十分、兩艦隊更に近づき約六千米を隔つるに至るや、敵の旗艦定遠先づ第一彈を發射し、諸艦之に倣つて頻りに發砲を開始したが、照準は不正確であつた。我が艦隊は肅然として毫も應射せず、先登の第一遊擊隊は敵を右舷側にかわして前進し、午後〇時五十分頃相距つること三千米に至りし時、初めて其の速射砲を猛射す。照準精確、早くも敵の一翼を擊破し、揚威艦上に大火災を起さしめた。午後〇時五十分頃本隊も亦距離四千米に迫つた時から初めて射擊を開始し、第一遊擊隊と呼應して敵を夾擊し、其の右翼諸艦をして火災を起し、紛亂逃避せしめたが、同時に我が本隊の後尾は鎭遠、定遠、經遠等の爲めに肉薄攻擊せられ、殆んど死地に陷らんとし、殿艦扶桑は漸く速力を增加して之を避けたるも比叡は能はず、決然敵艦の間に闖入し大損害を被つた。併し尙ほ同艦は克く砲彈魚雷の間を潛りて生を全ふし、却つて敵艦隊をして一層混亂に陷らしめることが出來た。扶桑、比叡を逸したる敵艦隊は、怒りて其の鋒を赤城と西京丸とに轉じ、之が爲め兩艦共に暫時は惡戰苦鬪せしも、第一遊擊隊の來援に接したる爲めに幸に危地を脫するを得た。赤城艦長坂本少佐の戰死、西京丸が三十糎半砲の集彈を受けて舵機を損せるも亦た此の間の出來事であつた。それ迄を第一次の合戰とす。(午後一時二十分前後)

第一次合戰の後、日本艦隊は第一遊擊隊と本隊とに分れ、兩隊共に正々の陣形を以て相呼應して敵を挾擊し、淸國艦隊は其の間にありて陣形今や全く亂れ、揚威は火焰に包まれて逃走せんとし、誤つて超勇に衝突して之を沈め、次いで已れも亦坐礁した。左翼に占位せる濟遠・廣甲も亦落伍し、次いで戰場を去つた。此の間(午後二時五十分本隊が敵の右翼を旋回し終れる頃)敵の主力の後を追つて大洋河口から戰場に馳せ參じたる平遠・廣丙の兩艦、及び水雷艇福龍及び他の一隻は、漸く我に近づき、平遠の如きは勇敢にも我旗艦松島に迫り、千六百米の距離に於て二十六糎砲の一彈を送りて中部水雷室附近に命中せしめ將士十餘人を殺傷せしも、我速射砲彈の雨注によつて忽ち避易し、去つて西原丸に向つた。これを第二次合戰とす。(午後二時四十分頃迄)

第三次合戰に於ては戰場は二つに分れ、本隊の五隻(比叡を缺く)は南方にありて定遠・鎭遠と頻りに砲火を交へたが、定遠は前檣の半を失ひ、大火災を起して大に苦戰に陷つてゐた。鎭遠は克く旗艦と行動を共にして之を保護し、戰を繼續した。我が第一遊擊隊は、北方にありて敵の巡洋艦來遠・經遠・靖遠・致遠が定遠・鎭遠と分れて逃走せんとするを追擊して猛擊を之に加へた。更に其の少しく北方にありては、曩きに松島の爲めに其の前部砲塔を擊破せられて退却中の平遠あり、同艦は、水雷艇二隻と相前後して、舵機を損じて操縱の自由を缺き居れる我が西京丸に迫り、水雷艇福龍の如きは六七十米に肉薄、魚雷を發射したが近距離に過ぎたが爲め魚雷は却つて船底下を通過し西京丸は奇蹟的に沈沒を免れた。

第四次合戰(午後二時三十分より午後三時三十分に至る)に於ては、戰場にも松島以下五隻の本隊が、火焰に包まれながら尙ほ應戰する定遠・鎭遠兩艦に對して三千五六百米を隔てゝ盛んに相戰ふあるのみで、其の他は遠く視界外に遠かり去つた。(第一遊擊隊は此の間を以つて敵艦致遠を沈む)而して午後三時三十分我が本隊は左舷を以て定遠・鎭遠と反航砲戰中であつた、敵艦鎭遠の三十糎半砲塔よりせる齊射の二彈、不幸我松島砲甲板の四番十二糎砲と其の附近とに命中、前者は炸裂し、當時甲板上に堆積してあつた多量の發射藥に引火して大爆發を起し、殆んど全砲臺を破壞し、砲臺長志摩淸直大尉以下死傷九十餘人を出し、剩へ大火災を起し火焰の奔騰すること檣頭に及び、艦體大に傾斜し、其儘顚覆するかと疑はれたが、幸に免れて復原した。之が爲め艦は全然戰鬪力を喪失し(後部三十二糎砲も偶々裝塡作業中であつた爲め爆發の震動で尾栓垂下し再び閉塞せず遂に發射不能になつた)十數分時の後漸く火災を消し止め、砲具を整備し、再び發砲を行ひ得るに至つた。彼の有名なる軍歌の主人公「勇敢なる水兵」の現はれたるは此の際のことであつた。此の間千代田以下の諸艦は松島に追隨して漸く戰場を遠ざかつた。

第五次合戰　松島は火災の撲滅に力めつゝ一回轉をなし、再び千代田以下を從へ單縱陣を制り、左舷側を以て定遠・鎭遠に對抗し、敵の殆んど應砲せざるを見るや「各艦隨意の行動を取れ」の信號を揚げ諸艦をして一齊に敵に向はしめんとしたが、暫時の後之を中止して單縱陣に復歸せしめ、尙ほ兩敵艦を監視、暮色漸く四方を包まんとせるを以て暫らく行進を止め、司令長官は旗艦を橋立に變更し松島をして損所修理の爲め呉軍港に向はしめた。此の間に第一遊擊隊は敵を求めて北上し來り本隊に接近せるを以て、命じて本隊と合同せしめた、此の時赤城は亦健氣にも旗艦を求めて來會苦戰の跡歴然たるを示し萬歳を以て歡迎せられた。而して西京丸と比叡とに至つては此のとき既に消息を斷つた。

　其の後の行動　伊東司令長官は將旗を橋立に移したる後（時に日已に暮る）再び行動を起し、定遠・鎭遠の敵艦を追躡せしも已に相離れて其の形を見るを得ず、而して敵は水雷艇を伴へるを以つて夜間の行動は愼重なるを要した。これを以て、我艦隊は合戰を翌朝に期し、全隊を集めて南方威海衛に向ひたるも、終に敵影を見ず。依つて引返して前日の戰場に至り普く海面を掃蕩したる上、大同江口の錨地に歸着し比叡及び西京丸の已に歸泊し居れるを見て愁眉を開き、乃ち諸艦の報告を集め戰況を檢討し爰に初めて我軍の大捷を確認し、運送船玄海丸（速力十三、四節にして當時の最快速船）を仁川に遣はし、電報を以て捷を大本營に奏し、又運送船明石丸の監督將校（少尉松村豐記）をして宇品に急航し、詳況を大本營に傳へしめたるに、　叡感斜ならず、即ち　優詔を聯合艦隊に下し賜ひ、且つ侍從武官海軍少佐齋藤實を特に戰地に遣はされて將士の勞を慰し、恩賜の物品を頒たしめられた。次いで　皇后陛下も亦た令旨を艦隊に賜はつた。

九月二十三日聯合艦隊に賜はりたる勅語

朕我聯合艦隊ノ黄海ニ奮戰シ大捷ヲ得タルヲ聞キ其ノ威力已ニ敵海ヲ制壓スルヲ覺エ深ク將校下卒ノ勤勞ヲ察シ茲ニ特殊ノ勳功ヲ奏スルヲ嘉ス

艦隊の將士は此の優渥なる　勅語を拜し恩賜に接し、感激措く能はず、益々精忠をぬきんでゝ聖旨に報ぜんことを期した。乃ち伊東長官の奉答文に曰く、

曩ニ黄海ニ於ケル戰捷ニ對シ特ニ優渥ナル　勅語ヲ賜ヒ今又遙カニ勅使ヲ下シ親シク慰藉セラレ加フルニ恩賜ヲ忝フシ將校下士卒恐懼感泣シ益々粉骨碎身以テ聖恩ニ報ヒ奉ラントス、臣祐亨謹テ奏スと。

斯くして帝國常備艦隊は爰に大勝を博し、上は宸襟を安んじ奉り、下は國民の信頼に副ふを得、而して東洋平和の基礎を定めた。

尙ほ恐懼に堪へざる次第なるが、當時　聖上が海戰の勝敗を深く御軫急遊ばされしことは、黄海の勝報天聽に達するや玉顏初めて麗はしく、直ちに御製の軍歌「頃は菊月半ば過ぎ」の一篇を下し賜はり、海軍々樂隊をして作譜吹奏せしめられたること、及び松島が修理の爲めに呉軍港に歸着するや、（松島は十七日夕刻、他艦と分れて歸國せるが、其の翌十八日午後、朝鮮東岸にて左舷抽氣機破損、爾後右舷片舷機にて二百餘浬を徐航して二十一日佐世保入港、修理の上二十八日呉に安着した）直ちに　天覽を仰せ出され、十月二日軍艦松島に行幸、彈痕尙ほ新たにして血腥き砲甲板を御巡視遊ばされたる空前の御心に照らして拜察し得らるゝ次第である。

附記　熟ら按ずるに前記の海戰は一八六六年、墺伊戰爭中のリッサの海戰以後の大海戰にして、而かも輓近に採用せられたる新式兵器を實用に供せるものなる點に於て、大に世界の注意を喚起したばかりでなく、帝國としては實に開闢以來の大戰で、同時に國運を賭したる底のものであつた。抑も我が海軍が外觀劣弱なる兵力を提げて敢然優勢なる彼に當るに至れる所以は、素より周圍幾多の事情已むを得ざるものに逼られたる結果ならんも、實は苦辛慘憺十餘年、彼れの定遠・鎭遠の艦體を貫通して一擧に之を水中に葬むるに足るの巨砲の我れに存せることが、亦た我が將士をして安んじて戰爭

に赴かしめたる理由と考へられる。而して海戰の結果、大に豫期に反し水兵をして「まだ沈まずや定遠は」の問を、いまはの際に發せしむるに終つたが、之に先ちて我が當局が斷然列國に先んじて採用した速射砲の效果は其の圖に中り、敵艦をして蜂窠の如くに壞破せしめ、其の結果或は覆沒又は戰鬪不可能なる大損害を受くるに至らしめたることは、世界に與へたる一大教訓であつた。我が海軍は此の海戰の結果、幾多祕密の知識を其の間に拾得し、之を新造艦其の他に適用し、依つて列國に優れる一大勢力を構成し、以つて後年の日露の戰役に臨んで至大の效果を收めたるを思へば此の海戰の及ぼせる影響の如何を察すべきである。

因に記す、黄海々戰と云ふは此の海戰の公式稱呼で我國では或は之を海洋島の戰、大孤山沖の戰とも言ひ、西洋史にては鴨綠江の沖《バットル・オブ・ヤールー》の海戰と云ふ。

黄海々戰　彼我勢力、主要職員及損害一覽（明治二十七年九月十七日）

日本側

聯合艦隊司令長官　中將　伊東祐亨
參謀長　大佐　鮫島員規
參謀　大尉　島村速雄
同　同　正戸爲太郎
航海長　少佐　高木英次郎
機關長　機關大監　湯地定監
軍醫長　軍醫大監　河村豐洲
祕書　大主計　藤田經孝

○本隊（Pは長官旗艦、▷は司令艦）

艦名	艦種	排水量	速力	主要兵装	主要職員	損害
松島 P	海防艦	四、二七八	一六・〇	三二糎加農砲　一 一二糎安式速射砲　一二 水雷發射管　四	艦長　大佐　尾本知道 副長　少佐　向山愼吉 砲術長　大尉　井上保 水雷長　同　木村浩吉 航海長　同　石橋甫 機關長　機關少監　池田錄太郎	命中彈　一三 死者　三五 傷者　七八 敵三〇糎五砲彈の爲め大損害を受け午後八時旗艦を橋立に移し修理の爲め呉に回航
嚴島	同	四、二七八	一六・〇	松島に同じ	艦長　大佐　横尾道昱 副長　少佐　富岡定恭 砲術長　大尉　但馬惟孝 水雷長　同　牧村孝三郎 航海長　同　坂本一 機關長　機關少監　朝倉俊一郎	命中彈　八 死者　一三 傷者　一八
橋立	同	四、二七八	一六・〇	松島に同じ	艦長　大佐　日高壯之丞 副長　少佐　酒井忠利 砲術長　大尉　瀨之口覺四郎 水雷長　同　横尾純正 航海長　同　江口鱗六 機關長　機關少監　淺田整次郎	命中彈　一一 死者　三 傷者　一〇
扶桑	甲鐵コルヴエット	三、七七七	一三・〇	八〇年前式 二四糎克砲　四 同一七糎克砲　二 水雷發射管　二	艦長　大佐　新井有貫 副長　少佐　新島一郎 砲術長　大尉　伊地治季珍 水雷長　同　山本正勝 航海長　同　川合昌吾 機關長　機關少監　星野檜吉	命中彈　八 死者　二 傷者　一二

艦名	艦種	排水量	速力	兵装		職員	命中彈・死傷
千代田	甲鐵帶巡洋艦	二、四三九	一九・〇	一二糎安式速射砲 水雷發射管	一〇 三	艦長 大佐 内田正敏 副長 少佐 梨羽時起 砲術長 大尉 矢代由德 水雷長 同 津田三郎 機關長 機關少監 秋庭直衞	命中彈 三 死傷者 なし
比叡	甲鐵帶コルヴェット	二、二八四	一三・二	八〇年前式 一七砲克砲 舊式一五糎克砲 水雷發射管	二 六 二	艦長心得 少佐 櫻井規矩之左右 副長 同 坂本俊篤 砲術長 大尉 大城源三郎 水雷長 同 外波内藏吉 航海長 同 伊藤乙次部 機關長 大機關士 山崎鶴之助	命中彈 二三 死者 一九 傷者 三七
赤城	砲艦	六二三	一〇・二	三二口徑 一二糎砲	四	艦長 少佐 坂本八郎太 航海長 大尉 佐藤鐵太部 機關長 大機關士 平部貞一	命中彈 三〇 死者 一一 傷者 一七 艦長戰死
西京丸	巡洋艦代用	四、一〇〇	一五・〇	一二糎速射砲	一	艦長 少佐 鹿野勇之進 航海長 大尉 山屋他人 機關長 機關少監 山本安次郎 ……○…… 當時乘込 中將 樺山資紀 同 少佐 伊集院五部	命中彈 一二 傷者 一一

第一游撃隊

司令官 少將 坪井航三

參謀 大尉 中村靜嘉

同 同 釜屋忠道

祕書 大主計 三村鎖次郎

艦名	艦種	排水量	速力	兵装		職員	命中彈・死傷
吉野	巡洋艦	四、二二六	二三・五	一五糎安式速射砲 一二糎同 水雷發射管	四 八 五	艦長 大佐 河原要一 副長 少佐 山田彦八 砲術長 大尉 加藤友三部 水雷長 同 村上格一 航海長 同 梶川良吉 機關長 機關少監 深見鐘三郎	命中彈 八 死者 一 傷者 一一
高千穂	同	三、七〇九	一八・〇	八〇年式 二六糎克砲 同一五糎克砲 水雷發射管	二 六 四	艦長 大佐 野村貞 副長 少佐 細谷資氏 砲術長 大尉 築山清智 水雷長 同 小橋篤藏 航海長 同 山澄太郎三 機關長 機關少監 吉見直養	命中彈 四 死者 五 傷者 一〇
秋津洲	同	三、一二〇	一九・〇	一五糎安式速射砲 一二糎同 水雷發射管	四 六 四	艦長心得 少佐 上村彦之丞 副長 同 中溝德太部 砲術長 大尉 服部雄吉 水雷長 同 志賀直藏 航海長 同 林三子雄 機關長 機關少監 横山正恭	命中彈 四 死者 五 傷者 一〇

浪速	同	三、七〇九	一八・〇	八〇年式 二六糎克砲 二 同一五糎克砲 六 水雷發射管 四	艦長 大佐 東郷平八郎 副長 少佐 石井伊太郎 砲術長 大尉 廣瀬勝比古 水雷長 同 小花三吾 航海長 同 有馬良橘 機關長 機關少佐 山本直德	命中彈 九 傷者 二

清國側

北洋水師提督　丁汝昌

定遠	甲鐵砲塔艦	七、三三五	一四・五	三〇・五糎克砲 四 七五糎新式克砲 四 水雷發射管 三	艦長 劉步蟾（少將相當）	命中彈 一五九 死者 一七 傷者 三八
鎮遠	同	七、三三五	一四・五	定遠に同じ	艦長 林泰曾（少將相當）	命中彈 二二〇 死者 一三 傷者 二八
來遠	同	二、九〇〇	一五・五	二一糎克砲 二 水雷發射管 四	艦長 邱寶仁（大佐相當）	命中彈 二二五 死者 一七 傷者 一三
經遠	同	二、九〇〇	一五・五	來遠に同じ	艦長 林永升（大佐相當）	沈沒 生存者 一八
平遠	甲裝砲艦	二、一〇〇	一一・〇	二六糎克砲 一 水雷發射管 一	艦長 李和（大尉相當）	命中彈 二四 傷者 一五
濟遠	巡洋艦	二、三〇〇	一五・〇	二一糎克砲 二 水雷發射管 四	艦長 方伯謙（大佐相當）	命中彈 一五 死者 五 傷者 一〇
靖遠	同	二、三〇〇	一八・〇	二一糎克砲 三 水雷發射管 四	艦長 葉祖珪（大佐相當）	命中彈 一一〇 死者 二 傷者 一六
致遠	同	二、三〇〇	一八・〇	二一糎克砲 三 水雷發射管 四	艦長 鄧世昌（大佐相當）	沈沒 生存者 四
超勇	同	一、三五〇	一五・〇	一〇吋後裝安式砲 二	艦長 黄建勳（中佐相當）	沈沒 生存者 一五
揚威	同	一、三五〇	一五・〇	超勇に同じ	艦長 林履中（中佐相當）	擱坐、戰後千代田之を破壞す 死者 五七

廣甲	巡洋	一、二九六	一四・七	一五糎長克砲 一二糎　克砲	二 四	艦長吳敬榮（中尉相當）	不明
廣丙	同	一、〇〇〇	一七・〇	一二糎克砲	三	艦長林國祥（少佐相當）	命中彈　一 傷者　三
鎭南	砲艦	四〇〇	八・〇	一一吋前裝安式砲	一		不明
鎭中	同	四〇〇	八・〇	鎭南に同じ			
福龍	巡洋水雷艦	—	二三・〇	速射砲 水雷發射管	二 二	艦長蔡廷幹（大尉相當）	不明
左隊第一號	水雷艇	一〇八	二四・〇	水雷發射管	三		不明
右隊第二號	同	—	一八・〇	水雷發射管	二		不明
右隊第三號	同	—	一八・〇	水雷發射管	二		不明

（八）威海衛攻略戰　（明治二十八年 自一月二十日 至二月十七日）

大連灣、旅順口陷落し、金州半島既に我軍の手に歸したるを以て、大本營に於ては更に陸軍を渤海灣內に進め、一擧北京を衝かんと欲したるも、曩に黃海の一戰に敗退せる敵艦隊尙ほ餘喘を威海衛港內に保てる在りて、我が輸送航路を脅かす虞なきに非ざるを以て、先づ陸海軍協同の下に威海衛を攻略し且つ敵艦隊を殲滅することに其の方略を決定した。

威海衛は清國北洋艦隊の根據地にして山東省の北岸に在り、芝罘の東四十二海里、山東高角の西二十三海里に位し、僅に九十海里を隔てゝ旅順口と相對して、直隷灣口を扼する要地也。軍港は北東に面し中央に劉公島横はりて港口を東西の兩口に分ち、東口の中央には日島と稱する一小島あり、砲臺は威海衛西口海岸に六個所、東口海岸に四個所、劉公島に四個所、日島に一個所あり。敵艦隊は東西兩口に防材及水雷を敷設し防備頗る嚴重であつた。

聯合艦隊司令長官海軍中將伊東祐亨は大本營の命に基き、威海衛攻略の爲め陸軍を上陸せしむべき地點を其の東方榮城灣と定め、三回に亘つて第二軍を大連灣より護送することに決し、先づ榮城灣方面に於ける敵の運動を牽制せんがため、常備艦隊司令官海軍少將鮫島員規をして吉野、浪速、秋津洲を率ゐ、明治二十八年一月十八、十九の兩日登州府を砲擊せしめ、二十日の天明榮城灣に回航し、大連灣より陸軍運送船隊を護送し來れる本隊と合せしめた。榮城灣に於ける陸軍の上陸は同日を以て開始せられ、同二十五日我が陸軍は既に榮城縣を攻略し、一路威海衞の背面に進み、三十日威海衞港の東口を扼する百尺崖の砲臺を陷れ、續いて鹿角嘴、趙北嘴、謝家所等の諸砲臺を占領した。是に於て我が艦隊より陸戰隊を上陸せしめ、陸兵に代つて砲臺に入り其の備砲を以て敵の艦隊を砲撃せしめた。清國北洋水師提督丁汝昌は劉公島に在りて、前面は同島の砲臺を以て我海軍に當り、背面は麾下艦隊を指揮して我が占領砲臺と相對し、其の西口砲臺は我軍の占領を虞れて自ら悉く之を破壞した。

是より先き伊東聯合艦隊司令長官は、我が陸軍にして攻撃を開始すれば敵艦隊は必ずや、自然に港外に遁走し來るものと豫期したるに、彼は港內深く潛伏して毫も出動する模様なく、到底之を港外に邀撃し難きを知り、寧ろ水雷攻撃を爲すに若かずと考へ、二月三日夜暗に乘じ水雷艇數隻を西口より港內に闖入せしめ、以て防材の位置を確むることに決し、八重山に翌朝陰山口に在りて水雷艇闖入の結果と日島砲臺占領の成否とを報告すべきことを命じた。翌日午前九時五十分八重山は陰山口より歸來して『昨夜水雷艇第六號及び第十號の二隻港內に入り防材を探り之が破壞を試みたれども、敵の警戒頗る嚴にして、僅かに鋼索一條を切斷し得たるのみ、今夜更に殘餘の二條を切斷する筈、龍廟嘴砲臺に接して防材の間に約百米突の通路口を發見したるも狹隘なるため出入に困難なること及び敵は日島より西南の方位に哨艇を配置し警戒極めて嚴重なること』等を報告した。伊東司令長官は此の報告を受け、直に第三艇隊司令海軍大尉今井兼昌を招き、今夜防材間の通路口より港內に突入して敵艦隊を襲撃すべきを命じ、尙ほ第二艇隊は第三艇隊と共に港內に闖入して敵艦破壞を企て、第一艇隊は港外を警戒し機に應じて同じく突入すべきことを命令し、更に井上愛宕艦長及び細谷島海艦長に對し各艇隊司令と協議の上、水雷艇の突入に際し敵に向つて牽制運動をなすべき旨命令した。是に於て今井第三、藤田第二艇隊司令は愛宕及び鳥海の兩艦長と夜襲に關する方略を協議したる後、兩司令は部下各艇長等を司令艇に召集し、傳ふるに伊東聯合艦隊司令長官の命を以てした。各艇長は更に之を部下に傳へたるに、全艇員何れも一死報國を誓つて敵艦の殲滅を期した。かくて二月五日午前三時兩艇隊順次陰山口を發した。殘月西空に冴へて襲撃に便ならず、暫く航進を停止するうち月は山頭に落ちて海上暗く、寒氣凜烈骨を刺すばかりであつた。兩艇隊合せて十隻、第六號艇は前夜の經驗に依り防材通過まで嚮導となり、第三、第二艇隊の順序を以て威海衞東口に進み、防材通過の後第三艇隊の司令艇第二十二號代つて嚮導となり、陸岸に沿うて前進し、豫定規約に基き第二、第三兩艇隊各個の運動を取りつゝ、全速力を以て敵艦隊を襲撃し各艇交々水雷を發射した。敵は哨艇を配置して警戒を嚴にし、探海燈を照射したりしが、我を發見するや忽ち島上の砲臺及び敵艦より猛烈なる砲火を我に浴せ、第九號艇の如きは、敵彈の爲に機關部を破られて同部員悉く死傷し、一旦死地に陷りしが、幸にして第十九號艇の救助する所となつた。第十四號艇は暗礁に擱坐し、第十八號艇は防材に觸れ、第六號艇は六十四個の彈痕を留め、爾餘の諸艇或は哨艇と戰ひ、或は坐礁せるも、各艇何れも敵に肉薄して遂に威海衞防禦の中堅をなせる敵の旗艦定遠を破壞し、之が爲に敵の士氣を大に沮喪せしむることを得た。

其の夜本隊、第一、第二遊擊隊は夫々豫定の警戒線に就き、伊東司令長官は水雷艇闖入の結果を氣遣ひしが、翌朝東口沖に至り港內を覗ふに、敵の旗艦定遠は左舷に傾斜し異狀あるを見て始めて水雷艇襲擊の奏效したるを知つた。已にして水雷艇第六號、第二十一號及第五號の三隻旗艦に來り各々其の攻擊狀況を述べ、二檣の一巨艦に命中爆發せしめたことを報告した。因て陸上よりも之を視察せしめたるに、其の命中したるは正しく定遠なりしことを確實にした。

此の日伊東司令長官は更に水雷艇を闖入せしめ、殘餘の敵艦を擊破せんと欲し、午後一時餠原第一艇隊司令に對し港內に進入して敵艦破壞の訓令を與へ、尙ほ第二、第三艇隊には第一艇隊の夜襲に際し、西口外を巡邏警戒し敵艦の脫出に備へしめた。餠原第一艇隊司令は右の訓令を麾下各艇長に傳へ、敵艦の所在、暗礁及防材の位置等を視察したる後、襲撃の方法等に就き訓示する所があつた。かくて六日午前二時三十分、第一艇隊は司令艇第二十三號を先頭に小鷹、第七號、第十三號、第十一號の序列を以て陰山口を發し、途中風濤險惡、且つ海水甲板を洗つて氷結し、爲に航進困難を極め、第七號艇の如きは舵索切斷して進退の自由を失ひ、遂に防材内に入ること不可能となつた。漸くにして港内に入るに及びて、風濤稍ゝ收まり、月沒して海面暗く襲撃に便なりしも、敵の警戒嚴にして劉公島砲臺の射撃猛烈を極め、絶えず探海燈を以て港口を照射した。司令艇は四邊暗黑のため防材を發見する能はずして之に衝突し、其の餘勢を以て却つて防材を跳び踰え突入するに至つた。續て小鷹以下も之に追及し、豫定の襲撃陣形を以て目的地に驀進するや、敵艦之を發見して頻に銃砲を發射したるも之に屈せず、肉薄して發射を了り、再び防材を通過して午前七時三十分各艇相前後して陰山口に歸還し、午前七時第一艇隊司令艇は旗艦松島の傍に來り、今曉港内に闖入して敵艦を襲撃し三發は確實に命中したる旨を報告した。午後に至り水雷の命中せるは來遠、威遠及寶筏の三隻にして何れも碇泊位置に沈沒せるを確めた。

兩回に亘る我が水雷攻撃により敵は堅艦數隻を失ひ其の勢力俄に衰へたので、伊東聯合艦隊司令長官は此の機に乘じ敵砲臺に對して一大痛撃を加へんと欲し、西海艦隊司令長官、常備艦隊司令長官及び各隊參謀等を旗艦松島に召集し、明七日午前七時を期し總攻撃を開始すべきを訓示し、本隊及第一遊撃隊は劉公島東端砲臺を、第二、第三、第四遊撃隊は陸上占領砲臺と呼應して日島砲臺を攻撃することに其の方略を定め、之を占領砲臺指揮官に通告した。

七日拂曉伊東司令長官は松島、千代田、橋立、嚴島の本隊及び吉野、高千穗、秋津洲、浪速の第一遊撃隊を率ゐて劉公島の東北より、相浦西海艦隊司令長官は扶桑、比叡、金剛、高雄の第二遊撃隊、大和、葛城、武藏、海門、天龍の第三遊撃隊及筑紫、愛宕、摩耶、大島、鳥海、赤城の第四遊撃隊を率ゐて東口の外方より豫定の射撃位置に進み、午前七時二十三分本隊及第一遊撃隊は戰鬪旗を揭げ、旗艦松島を嚮導として單縱陣を作り、十海里の速力を以て劉公島砲臺に向け航進し、五、八〇〇米突の時敵先づ發砲したるも之に應ぜず、七時三十九分松島は五、〇〇〇米突の距離に至つて始めて砲火を開きたるに、同四十分敵砲臺より發射せる一彈左舷艦首を距る二〇〇米突の海中に墜落し、更に反跳して前艦橋より煙突を貫き、爲に艦隊航海長海軍少佐高木英次郎外二名を傷けた。同五十分三、七〇〇米突に達し劉公島山上に在る敵兵に對し榴散彈を放つた。本隊及び第一遊撃隊の各艦は旗艦松島の砲撃開始に次で、四、〇〇〇乃至三、〇〇〇米突内外の距離に迫つて劉公島各野砲壘を順次攻撃した。此のとき吉野、橋立、秋津洲及浪速は敵彈に依り多少の損害を受けた。斯くて本隊及第一遊撃隊は敵砲臺と砲火を交へつゝ劉公島東端を過ぎ右轉して再び同砲臺を攻撃せんとするに際し、敵水雷艇十餘隻突然西口より出現せるを以て、司令長官は速力を增して之を追撃せんと欲したるも、敵の艦隊依然西口に碇泊せるを以て敵水雷艇の攻撃を第一遊撃隊に命じ、本隊は港口外に在つて敵艦隊の動靜を監視した。逃走を企てた敵艇は第一遊撃隊の追撃を受け何れも擱岸又は淺瀨に膠坐し其の進退を失つた。

又日島に向へる第二、第三、第四遊撃隊は午前七時十分戰鬪旗を揭げ、單縱陣を以て敵砲臺に向ひ、四、〇〇〇米突内外の距離に達し各隊相　後して砲撃を開始したるに、幾許もなく同島砲臺の火藥庫は我が砲彈の爲に爆發した。かくて嚮導艦扶桑の航跡に從ひ各艦日島砲臺の前面を通過し、更に右轉して第二回の砲撃を開始した、港内の敵艦隊は黑煙を吐き將に脫出するの狀を示したるを以て、相浦(紀道)西海艦隊司令長官は砲臺を攻撃を中止し專ら之に備ふることゝした。午後五時三十分本隊來會、し伊東司令長官は第二遊撃隊及び水雷艇隊をして西口の警戒に當らしめ、本隊以下悉く陰山口に投錨したが、伊東司令長官は第四遊撃隊をして、曩に第一遊撃隊に追撃せられ擱坐せる敵水雷艇を曳航し來るべきことを命じ、第四遊撃隊は卽夜陰山口を發し翌八日未明より敵艇の曳卸し作業を行ひ合計八隻を收容し來つた。此の日艦隊は砲撃を行はず、翌九日を以て陸上占領砲臺と協議の上、劉公島東端及日島の兩砲臺を牽制し、占領砲臺を以て敵艦隊を砲撃することに決し、尙ほ伊東司令長官は此の夜第一遊撃隊各艦の汽艇を以て東口の防材を破壞せしめた。

九日午前八時我が占領砲臺は豫定の如く敵艦に對して砲撃を開始し、天龍以下の第三遊撃隊は之が牽制のため劉公島東端砲臺を攻撃し、敵砲臺も亦之に應戰した。適々占領砲臺より發射せる砲彈靖遠に命中し、艦體稍々傾斜した儘北西に逃れた。此の日敵は爆藥を裝置して曩に我が水雷艇のためは大傷を負へる定遠を自爆した。夜間第三艇隊は日島附近の防材約四百米突を破壞した。かくて我が艦隊の威海衞攻撃は初め敵艦隊を港外に邀撃せんとするの策をとり、次で水雷艇隊の港内闖入となり、艦隊の總攻撃となり、敵水雷艇の遁走となり、今又防材を破壞し克く其の效を奏したるを以て、伊東司令長官は此の機に乘じ敵の艦隊を全滅せんと決し、十日嚴島、橋立の二隻を以て港外を警戒せしめ、他は悉く陰山口に投錨して石炭を積み、十一日晝間は占領砲臺及び第三遊撃隊を以て劉公島東端砲臺と敵艦隊とを砲撃し、夜間は二、三艦を東西兩口に派し劉公島及び敵艦隊の碇泊場を間斷なく砲撃せしめ、遂に劉公島東端砲臺の備砲一門を破壞するに至り、敵艦何れも港內西方に避難し、黃島砲臺のみ抵抗を試みた。因て浪速、秋津洲の兩艦は命を承け、走雲斷續して明滅する月光を浴びつゝ午後十時頃より黃島砲臺の前面に進み、一、〇〇〇米突內外の距離に於て二回に亘り之を砲撃したる後、拂曉に至るまで威海衞港外を警戒した。

明けて二月十二日更に警戒を續くるうち、午前八時十分旗艦松島は麾下の一艦より『清國軍艦一隻白旗を立てゝ來る』との信號を受けたが近づくに及んで其の敵の砲艦鎭北なるを知つた。仍ち伊東司令長官は水雷艇隊を附近に集めて警戒を加へ、水雷艇第五號に艦隊參謀海軍少佐島村速雄を乘せて之に送り、其の來意を問はしめたるに、廣丙艦長程璧光が軍使として提督丁汝昌の降服書を携へ來つたことが知れた。伊東司令長官は其の詐謀に非らざることを確めて彼の請を許し復書を程璧光に與へ、一時攻撃を中止すると同時に第一遊撃隊以下をして尙ほ警戒の任に當らしめた。翌朝程璧光は砲艦鎭中に駕して再來し、丁汝昌の復書を呈し且つ軍港引渡を十六日迄延期せられんことを乞ひたる後、丁汝昌は昨日藥を仰いで自殺せる旨を悄然として述べた。伊東司令長官は之を憐んで其の請を許すと同時に、尙ほ軍港引渡完了まで晝夜警備せしむることゝした。十六日我が司令長官の好意に由り丁汝昌の遺骸護送のため、特に還與せる運送船康濟は我が臨檢を受けて芝罘に向つた。十七日午前七時四十分諸艦陰山口を發して九時四十五分總艦隊威海衞港內に投錨し、鎭遠以下十隻の降服艦を受領して之に旭旗を掲げ、午後一時各艦旗艦に準ひ萬歲を三唱し茲に威海衞の占領及北洋艦隊の全滅を見るに至つた。

三、明治三十七八年戰役

(イ) 黃 海 海 戰 （明治三十七年八月十日）

明治三十七年二月上旬、仁川沖の一戰に於て敵巡洋艦ワリヤーグ及コレーツの二隻撃沈せられたるを始めとし、敵の旅順艦隊は、我が聯合艦隊數次の攻撃に依りて大損害を蒙りたるに鑑み、露國は之が救援のため更に本國に在る艦船を以て太平洋第二艦隊を編制し、之を東洋に派遣して頽勢を挽回することゝなつた。是に於て我が艦隊は太平洋第二艦隊の來着に先ち、旅順に在る敵艦を撃滅するの必要を認め、陸背面よりの旅順要塞攻略と相待つて之を港外に誘致し以て之を殲滅せんとするの策を採り、我が東鄉聯合艦隊司令長官は益々封鎖を嚴にすると同時に、第三艦隊司令長官海軍中將片岡七郎に命じ、海軍重砲隊を編制上陸せしめ、之を第三軍司令官陸軍大將乃木希典の麾下に屬せしめ、海陸聯合作戰の計畫を進めたのである。敵の旅順艦隊は爾來港内にありて鋭意損傷艦の修理を急ぎ、一方掃海を勵行して港口に安全なる通路を開き一意脱出せんと企圖し、六月中旬頃大體に於て其の修理を完了したのである。時恰も絶東大守アレキセイフは、決戰の覺悟を以て出港すべしとの命を同艦隊に傳へた。是に於て敵の臨時司令長官ウィトゲフト海軍少將は麾下十數隻の艦艇を率ゐて、六月二十三日早朝より逐次出港したが、我が聯合艦隊の爲に制壓せられて遂に其の目的を達する能はず、然かも翌二十四日朝に至り辛うじて旅順に遁入したのである。

爾來我が聯合艦隊の各隊は相協力して愈々封鎖を强行し監視を嚴重にしつゝあつたが、陸背面に於ける乃木第三軍の作戰大に進捗して旅順要塞總攻擊の期愈々迫り、八月七日以後の背面攻擊は露國艦隊の艦長等に大なる恐怖を與へ、極力脱出を主張するに至らしめたのみならず、絶東大守アレキセイフは露國皇帝の命を奉じて旅順艦隊に對し、速に浦鹽斯德に赴くべきことを要求したので、ウヰトゲフト司令長官も遂に意を決し、全力を擧げて出港し、我と雌雄を決せんと覺悟するに至つた。

當時彼我の主なる艦隊勢力は左の如きものであつた。

日本艦隊（聯合艦隊司令長官東鄉平八郞）

第一戰隊　戰艦三笠、朝日、富士、敷島、裝甲巡洋艦日進、春日、通報艦八重山。

第三艦隊　裝甲巡洋艦八雲、淺間、巡洋艦笠置、千歲、高砂。

第五戰隊　海防艦松島、橋立、鎭遠。

第六戰隊　巡洋艦明石、秋津洲、須磨。

驅逐隊五隊十八隻、水雷艇隊五隊十八隻。（合計　排水量約十四萬噸）

露國旅順艦隊（長官ウヰトゲフト）

戰艦ツェザレウィチ、レトウヰザン、ポペーダ、ペレスウェート、ポルターワ、セワストポリ。

巡洋艦アスコリッド、パルラーダ、ディヤーナ、ノーウィク、驅逐艦八隻（排水量約十二萬噸）

明治三十七年八月十日、東鄉聯合艦隊司令長官は朝來、第一戰隊の三笠、朝日、富士、敷島及通報艦八重山を率ゐて圓島の北方を遊弋中であつたが、午前六時三十五分頃より敵艦隊出港の警報頻々として我が哨艦より傳へられたるを以て、東鄉長官は先づ第一戰隊を率ゐて遇岩の南方に航し、裏長山列島に在りし淺間及靑泥窪に在りし驅逐隊、艇隊の全部に對し急遽出動の命を下した。暫時にして小平島附近に在りし橋立より「敵の主力艦隊出港し南東に進む」との報あり、次で敵は渤海灣方面に向ふとの報告を受領した。是に於て東鄉司令長官は帽島の南方に在る日進、春日に合同を命じ、又八重山をば驅逐隊、艇隊を嚮導來會せしむる爲め靑泥窪方面に之を急派した。旣にして日進、春日の二艦來會せるを以て、第一戰隊は三笠、朝日、富士、敷島、春日、日進の順序を以て單縱陣を作り、午後零時九分、遇岩の東南微東三海里の地點に達し、更に西南西に轉針したるに同三十分、遇岩の西北西約十海里に方り、南東に向つて敵艦隊の航下するを發見した。時に天空晴れて拭へるが如く、淡霞海を覆ひ波靜かにして南の微風徐ろに吹いてゐた。東鄉聯合艦隊司令長官は軍艦旗を三笠の檣頭高く揭げて戰鬪開始を令した。

敵艦隊はウヰトゲフト司令長官の旗艦ツェザレウヰチ、レトウヰザン、ペレスウェート、セワストポリ、ポルターワの各戰艦竝にアスコリッド、パルラーダ及ディヤーナの三巡洋艦之に續航して單縱陣を制り、巡洋艦ノーウヰク及驅逐艦八隻は其の左側に占位し、病院船モンゴリヤ其の後方に從ひ、艨艟十九隻舳艫相銜んで航進し來つた。東鄉司令長官は敵艦隊が旅順口に逃避せんことを慮り、之を洋中に誘出せんと欲して午後一時左八點に一齊回頭を令し、橫陣を以て南南東に進んだが、敵は之に應ぜず一意逸走せんとするものゝ如く依然として南東の針路を續けるので、更に左八點に一齊回頭を行ひ、日進を嚮導とする逆番號單縦陣を制りて東北東に進み、午後一時十五分より遠距離射撃を開始した。次で第一戰隊は更に北東に變針し敵の先頭を壓せんとしたが、敵は次第に右轉して南方に向ひ我が戰隊の後方より逸走せんと企てたので、第一戰隊は一時三十分右十六點の一齊回頭を行ひ、三笠を先頭とする單縦陣に復し、速力を増加して南西に急航し、敵の陣列に對して丁字を畫き六千乃至八千米突の距離に於て其の先頭艦に砲火を集中し、敵に多大の損害を與へた。此の時敵も亦應戰頗る努め、午後一時三十分頃三笠の後部シェルター・デッキに命中せる敵の十二吋砲彈の如き大檣を貫きて下士卒八名を殪し、分隊長海軍大尉市川節太郎以下四名を傷け、又朝日、日進等多少の損害を蒙つた。然しながら此の攻撃に依て敵は再び左轉し始めた爲め、陣形波狀となり、艦と艦とは一時相重なるに至つた。第一戰隊は此の機に乘じて漸次北方に轉針し之を掩撃した爲に、後列に在りし敵巡洋艦は狼狽して悉く戰艦の非戰側に遁れ、隊形は不規則なる二列縦陣となり、斯くて一意逃走せんと試みるので、東郷司令長官は其の西方に在りたる第三戰隊に向つて敵巡洋艦隊の攻撃を命じ、第一戰隊は右に旋回して敵の前路を遮らんとした。然るに時機既に後くれ、遂に敵と並航するに至り、我が先頭は敵陣列の中央と砲火を交ふるの對勢となつて之を追撃したが、敵は次第に其の針路を左轉し、彼我の距離漸く遠ざかるに及び、午後三時二十分、一旦射撃を中止し、更に速力を増加して敵を追躡した。

之より曩き當日老鐵山の南方十五海里の地點に在りて敵を監視せる出羽司令官麾下の第三戰隊八雲、笠置、高砂、千歳（淺間は裏長山列島に在り）は、警報に依て敵艦隊の出港せるを知り、午前十時二十三分東方に急航し、間もなく敵は渤海灣に向ふものゝ如しとの報告を受け、更に西進し、正午始めて敵艦隊の東航せるを認め、單獨之と對峙し、午後零時十分戰鬪旗を掲げ、八雲、笠置、高砂、千歳の單縦陣を以て敵艦隊の右方に並航し敵を第一戰隊の方向に誘致せんと努めた。既にして第一戰隊が敵の前路を扼し之と砲火を交ふるに及んで、敵艦隊の後尾に出で其の巡洋艦隊に迫つたが、此の時（午後三時十五分）、前記の如く東郷司令長官より敵の巡洋艦を砲撃すべしとの命に接したるを以て益々敵を追撃し、彼我の距離漸く接近するや、敵の一彈八雲の中甲板に炸裂し、準士官以下下士卒二十一名の死傷者を出し、幾許もなく彼我の距離次第に逼りたるを以て、出羽司令官は八雲及び恰も後方より急進し來れる淺間を第一戰隊に續航せしめ、笠置以下の三艦を其の後方より敵の南方に出でしめ、第一戰隊の方向に急航せしめた。又此の日偶々小平島附近に在つた山田司令官の率ゆる第五戰隊の橋立、松島は敵艦隊大擧して南下するの狀況を三笠に電報すると同時に、驅逐隊、艇隊に急速來會すべきことを命じ、遇岩の西方に出で更に南西に轉針して終始敵の行動を監視した。尙ほ東郷正路少將の率ゆる第六戰隊の明石、須磨、秋津洲も朝來諸方面の警電に依り敵艦隊の脫出を知り、午前十一時二十五分遇岩の西方に向ひ、更に南航して敵の前路を横り、第一戰隊の東方に進出し、次で第一戰隊が敵を追躡するに及び、其の後方約五海里に占位して、第一戰隊の方向に急進した。

さて以上の如き對勢を以て我が聯合艦隊は敵と駢馳すること約二時間、第一戰隊は益々速力を増加し、午後五時三十分には山東高角の北方約四十五海里の地點に於て、敵の先頭に對し約七千米突に接近したとき、敵艦ポルターワ先づ第一彈を發したので、我が第一戰隊は敵の先頭を壓して之に猛射を加へ、激戰約一時間、敵の砲火次第に衰へ、殊に六時三十七分三笠の前部十二吋砲彈、敵旗艦の司令塔附近に炸烈するや敵艦は舵機に損害を受けて操艦の自由を失ひ、俄然左轉して自己の列中に突入し陣列之が爲に崩壞し、各艦或は右に或は左に轉じて甚だしく混亂の狀を出現した。我が第一戰隊は此の機に乘じ、敵の外側に半圓を畫きつゝ之を包圍し、次で左に四點回頭し、梯陣を以て敵の前路を壓迫しつゝ、三千米突の距離に接近して猛撃を加へた爲、敵艦隊は益々潰亂し西方に遁れんとした。時恰も淺間及第五戰隊の橋立、松島、鎭遠は敵の北西に現はれ、第三戰隊の笠置、高砂、千歳は其の南東に迫り、各隊相呼應して之を包圍した爲、敵は遂に四分五裂して戰ふ能はず、アスコリッド、ノーウヰク及數隻の驅逐艦は包圍を脱して南方に遁れんとしたが、第一戰隊の南々東に在つた第六戰隊の爲に猛射を加へられ、第三隊戰も亦左轉して之を追擊したが、日既に暮れて艦體の識別困難となり、止むを得ずして戰鬪を中止するに至つた。此の海戰に於て敵艦は甚大なる損害を蒙つたが、我が艦隊も亦た相當の打擊を受け、殊に三笠は敵攻擊の目標となりし爲め、船體にも大損害を被り、分隊長海軍少佐博恭王殿下を始め奉り、艦長海軍大佐伊地知彦次郎以下八十八名負傷し、二十四名戰死するに至つた。

東鄕司令長官は日全く沒したる爲、艦隊を以てするの攻擊を不利とし、午後八時其の後の戰鬪を驅逐隊及び艇隊に讓り、個々索敵の上攻擊せしめた。而して是等の驅逐隊艇隊は終夜敵を搜索し屢々襲擊を敵に加へたが十分の效果を得るに至らず、脫出艦隊の大部分は旅順口に遁入したのである。然しながら、此の海戰の結果、旅順口に歸着し得た敵艦隊も再び起つ能はざる狀態となり、戰艦ツェザレウヰチ及び驅逐艦ベズシュームヌイ、ベスボシチャーヅヌイ、ベズストラーシヌイの三隻は膠州灣に入り、巡洋艦アスコリッド及び驅逐艦グロゾウオイは上海に、巡洋艦ディヤーナは柴棍に逃れ、何れも武裝を解除せられた。又ノーウヰクは薩哈連島コルサコフ方面に遁走したるも、我が千歲、對馬のために擊破せられ、驅逐艦レシーテリヌイは芝罘に於て我が驅逐艦朝潮のために捕獲せられ、同ブールヌイは山東角附近に擱坐破壞した。

黃海海戰の捷報天聽に達するや、八月十二日聯合艦隊司令長官東鄕平八郎に對し左の　勅語を賜つた。

聯合艦隊ハ敵ノ艦隊主力ヲ旅順口沖ニ邀擊シ大ニ之ヲ敗リ多大ノ損害ヲ與ヘタリ
朕深ク其ノ武勇ヲ嘉尙ス

同日東鄕聯合艦隊司令長官は　勅語に對し左の奉答文を奉つた。

旅順ノ敵艦隊ニ對スル戰捷ニ對シ玆ニ復タ優渥ナル　勅語ヲ賜リ臣等感激ニ堪ヘス敗殘ノ敵ノ主力ハ旅順ニ遁入シタルモ各方面ニ於ケル作戰尙ホ進行中ニ在リ臣等奮勉有終ノ戰果ヲ收メンコトヲ期ス
右謹テ奏ス

かゝるうちに陸背面に於ける我が第三軍の旅順要塞攻擊は大に進捗し、十二月六日爾靈山全部を占領するや、第三軍の攻城砲兵隊は海軍陸戰重砲隊と協力し、旅順港內に遁竄したる敵艦隊を猛擊した爲に、日ならずしてペレスウェート、ポルターワ、レトウヰザン、ポベーダ、パルラーダ、バーヤン、ギリヤーク等相前後して擊沈せられ、セワストーポリのみは九日早朝港外に逃避したるも、我が艇隊の雷擊により艦首及艦底を破られ遂に海底に膠坐するに至り、爰に敵の旅順艦隊は全滅の悲運を見るに至つた。

黃海々戰　彼我勢力、主要職員及損害一覽（明治三十七年八月十日）

日本側

聯合艦隊司令長官　大將　東鄕平八郎
參謀長　少將　島村速雄
參謀　少佐　秋山眞之
同　同　殖田謙吉
同　同　小倉寬一郎
副官　同　永田泰次郎
機關長機關大監　山本安次郎
（以上第一艦隊司令部職員兼務）

第一戰隊　長官直率

司令官　少將　梨羽時起
參謀　少佐　堀内三郎

⚑印　長官、⚑印司令官旗艦

艦名	艦種	排水量噸	速力節	主要兵裝	主要職員	損害
三笠⚑	戰艦	一五、二〇〇	一八・六	十二吋砲 四 六吋砲 一四 水雷發射管 四	艦長 大佐 伊地知彦次郎 副長 中佐 秀島七三郎 航海長 中佐 上野亮 砲術長 少佐 加藤寛治 水雷長 同 小山田仲之丞 機關長 機關中監 平部貞一	要部の彈痕 二四 死者准士官以上 五 傷者同右 一一 死者下士官兵 一九 傷者同右 七八 分隊長少佐博恭殿下負傷せらる
朝日	同	一五、二〇〇	一八・〇	十二吋砲 四 六吋砲 一四 水雷發射管 四	艦長 大佐 野元綱明 副長 中佐 牛田從三郎 航海長 同 森義臣 砲術長 少佐 和田幸次郎 水雷長 同 土屋芳樹 機關長 機關中監 關重忠	左舷後部水線下に一彈を受く 死者 なし 傷者士官 一
富士	同	一二、三〇〇	一八・二五	十二吋砲 四 六吋砲 一〇 水雷發射管 五	艦長 大佐 松本和 副長 中佐 臼井幹藏 航海長 同 橋本又吉郎 砲術長 少佐 山岡豐一 水雷長 同 青山芳得 機關長 機關中監 富岡延二郎	なし
敷島⚑	同	一五、〇八八	一八・〇	十二吋砲 四 六吋砲 一四 水雷發射管 五	艦長 大佐 寺垣猪三 副長 中佐 吉見乾海 航海長 同 釜屋六郎 砲術長 少佐 山崎米三郎 水雷長 同 大久保朝德 機關長 機關中監 倉橋半藏	命中彈 一 死傷なし
龍田	通報艦	八六八	二一・〇	十二糎砲 二	艦長 中佐 釜屋忠道 航海長 大尉 大井五郎 水雷長 少佐 岡田三善	なし

第三戰隊

第三戰隊司令官　少將　出羽重遠
參謀　少佐　山路一善
同　大尉　竹内重利

艦名	艦種	排水量噸	速力節	主要兵裝	主要職員	損害
八雲⚑	裝甲巡洋艦	九、七〇〇	二〇・〇	八吋砲 四 六吋砲 一二 水雷發射管 四	艦長 大佐 松本有信 副長 中佐 花房祐四郎 航海長 少佐 關郁郎 砲術長 同 安保清種 水雷長 同 河田勝治 機關長 機關中佐 村田愛吉	なし

淺間	笠置	千歲	高砂
裝甲巡洋艦	巡洋艦	同	同
九、七〇〇	四、八六二	四、九九二	四、一六〇
二一・五	二二・五	二二・五	二二・五
八吋砲 六吋砲 水雷發射管	八吋砲 四・七吋砲 水雷發射管	八吋砲 四、七吋砲 水雷發射管	八吋砲 四・七吋砲 水雷發射管
四 一四 四	二 一二 五	二 一〇 四	二 一〇 五
艦長 大佐 八代六郎 副長 中佐 依田光二 航海長 少佐 堀輝房 砲術長 同 三輪修三 水雷長 同 土田粂太郎 機關長 機關中佐 津久井平八	艦長 大佐 井手鱗六 副長 中佐 木村剛 航海長 大尉 内田虎三郎 砲術長 少佐 中川繁丑 水雷長 大尉 井上猪之吉 機關長 機關少監 金子小太郎	艦長 大佐 高木助一 副長 中佐 依仁親王 航海長 大尉 花房太郎 砲術長 少佐 秋澤芳馬 水雷長 大尉 宮治民三郎 機關長 機關中監 杉定	艦長 大佐 石橋甫 副長 中佐 中山鋋次郎 航海長 少佐 松村豐記 砲術長 大尉 深柄彥熊 水雷長 同 川副正治 機關長 機關中監 藤原良之助
なし	なし	なし	なし

第三艦隊司令長官 中將 片岡七郎
參謀長 大佐 中村靜嘉
參謀 中佐 岩村團次郎
同 少佐 松本直吉
同 大尉 横山傳
副官 少佐 高橋雄一
機關長機關大監 齊藤利昌

第五戰隊 第三艦隊司令長官直率
司令官 少將 山田彥八
參謀 少佐 川原袈裟太郎

日進
裝甲巡洋艦
七、七五〇
二〇
八吋砲 六吋砲 水雷發射管
四 一四 四
艦長 大佐 竹內平太郎 副長 中佐 秀島成忠 航海長 少佐 田中行尙 砲術長 同 松村純一 水雷長 同 百武三郎 機關長 機關大監 加茂嚴雄
死者准士官以上六 下士卒 五 註、戰鬪中第一戰隊五番艦（殿艦）たり

艦名	艦種	排水量	速力	兵装	職員	損害
春日	裝甲巡洋艦	七、七五〇	二〇	十吋砲 一 八吋砲 二 六吋砲 一四 水雷發射管 四	艦長 大佐 大井上久磨 副長 中佐 鈴木貫太郎 航海長 少佐 田所廣海 砲術長 同 吉岡範策 水雷長 大尉 田中治平 機關長 機關中監 入澤敏雄	命中彈 三 死者 なし 傷者卒並に傭人 一一 (註)戰鬪中第一戰隊の五番艦たり
橋立⚑	海防艦	四、二七八	一六	三十二糎砲 一 十二糎砲 一二 水雷發射管 四	艦長 大佐 加藤定吉 副長 中佐 上村經吉 航海長 少佐 保坂彦太郎 砲術長 大尉 中里重次 水雷長 同 増田忠吉郎 機關長 機關中監 江連礎磨橋	なし
松島	同	四、二七八	一六	三十二糎砲 一 十二糎砲 一二 水雷發射管 四	艦長 大佐 川島令次郎 副長 中佐 山田猶之助 航海長 大尉 大角岑生 砲術長 少佐 田代愛次郎 水雷長 大尉 山内四郎 機關長 機關中監 鈴木富三	なし
嚴嶋	同	四、二七八	一六	三十二糎砲 一 十二糎砲 一二 水雷發射管 四	艦長 大佐 丹羽教忠 副長 中佐 上村翁輔 航海長 少佐 平田得三郎 砲術長 大尉 糸川成太郎 水雷長 同 東條明次 機關長 機關中監 平野宗四郎	なし
鎭遠	同	七、三三〇	一四・五	三十糎砲 四 十五糎砲 四 水雷發射管 五	艦長 大佐 今井兼昌 副長 中佐 中島市太郎 航海長 少佐 眞田權太郎 砲術長 大尉 和田義則 水雷長 同 田中芳三郎 機關長 機關中監 坂本鉦太郎	命中彈 二 傷者 下士官兵傭人 六
八重山	通報艦	一、六〇〇	二〇・〇	十二糎砲 三 水雷發射管 二	艦長 中佐 西山實親 副長 中佐 岡田啓介 航海長 大尉 田口久盛 水雷長心得 中尉 波多野貞夫	なし (註)戰鬪中別行動
第六戰隊司令官 少將 東郷正路 參謀 少佐 吉田清風 同 大尉 野崎小十郎						
明石⚑	巡洋艦	二、八〇〇	一九・〇	六吋砲 二 四、七吋砲 六 水雷發射管 二	艦長 中佐 宮地貞辰 副長 中佐 吉島重太郎 航海長 大尉 磯貝正吉 砲術長 同 上田吉次 水雷長 同 生野太郎八 機關長 機關少監 貞永勘五郎	なし

艦名	艦種	排水量噸	速力節	主要兵装	主要職員	損害
須磨	同	二、六五七	二〇	十五糎砲 二 十二糎砲 六 水雷發射管 三	艦長 大佐 土屋保 副長 少佐 向井彌一 航海長 大尉 勝木源次郎 砲術長 同 平岩元雄 水雷長 同 水野作造 機關長 機關少監 安部巽	なし
秋津洲	同	三、一五〇	一九	六吋砲 四 四、七吋砲 六 水雷發射管 四	艦長 中佐 山屋他人 副長 少佐 町田駒次郎 航海長 大尉 吉川秀吉 砲術長 同 宇佐川知義 水雷長 同 松下芳藏 機關長 機關少監 江越孝太郎	なし
千代田	同	二、四五〇	一九	十二糎砲 一〇 水雷發射管 三	艦長 大佐 村上格一 副長 少佐 市村卯之助 航海長 大尉 松岡靜雄 砲術長 同 大石正吉 水雷長 同 牟田龜太郎 機關長 機關中監 箕原文吉郎	なし
和泉	同	二、九五〇	一七	十吋安砲 二 四、七吋砲 六	艦長 中佐 池中小次郎 副長 少佐 朝倉耕一郎 航海長 大尉 菅沼周次郎 砲術長 同 土師勘四郎 機關長 機關少監 平野伊三郎	なし
第一驅逐隊 司令 中佐 藤本秀四郎						
朝潮	驅逐艦	三三三	三一	十二听砲二 五十七ミリ砲四 發射管二	艦長 少佐 松永光敬	なし
霞	同	三六三	同	同右	艦長 少佐 大島正毅	なし
白雲	同	三三三	同	同右	艦長 少佐 狭間光太	なし
第二驅逐隊 司令 中佐 石田一郎						
雷	驅逐艦	三四五	三一	十二听砲二 五十七ミリ砲四 發射管二	艦長 少佐 三村錦三郎	なし
電	同	同	同	同右	艦長 少佐 篠原利七	なし
朧	同	同	同	同右	艦長 少佐 竹村件吾	なし
曙	同	同	同	同右	艦長 少佐 九津見雅雄	なし
第三驅逐隊 司令 中佐 土屋光金						
薄雲	驅逐艦	三二二	三〇	十二听砲二 五十七ミリ砲四 發射管二	艦長 少佐 大山鷹之介	なし
東雲	同	同	同	同右	艦長 少佐 吉田孟子	なし
漣	同	三四五	三一	同右	艦長 少佐 近藤常松	なし

第四驅逐隊	司令	中佐	長井群吉				
速鳥	驅逐艦	三七五	二九	十二听砲二 五十七ミリ砲四 發射管二	右	艦長 中佐 竹内次郎	なし
春雨	同	同	同	同	右	艦長 少佐 有馬律三郎	なし
朝霧	同	同	同	同	右	艦長 少佐 石川壽次郎	命中彈二 死者准士官一 下士官兵八
村雨	同	同	同	同	右	艦長 中佐 水町元	なし
第五驅逐隊	司令	中佐	眞野巖次郎				
陽炎	驅逐艦	三二二	三〇	十二听砲二 五十七ミリ砲四 發射管二	右	艦長 少佐 井手篤行	なし
夕霧	同	同	同	同	右	艦長 少佐 鍵和田專太郎	なし
不知火	同	同	同	同	右	艦長 少佐 渡邊仁太郎	なし
叢雲	同	同	同	同	右	艦長 中佐 松岡修藏	なし
第一艇隊	司令	少佐	關重孝				
第六十九號	水雷艇	八八	二四	五十七ミリ砲二 發射管三	右	艇長（司令兼務）	
第六十八號	同	同	同	同	右	艇長 大尉 和田博愛	
第七十號	同	同	同	同	右	艇長 大尉 森本義寛	
第六十七號	同	同	同	同	右	艇長 大尉 平眞雄	
第二艇隊	司令	少佐	神宮司純清				
第三十八號	水雷艇	八三	二四	四十七ミリ砲二 發射管三	右	艇長（司令兼務）	水雷命中死者兵一 傷者士官一 下士官兵七
第三十七號	同	同	同	同	右	艇長 大尉 武富成一	
第四十六號	同	同	同	同	右	艇長 大尉 玉岡吉郎	
第四十五號	同	同	同	同	右	艇長 大尉加々良乙比古	
第六艇隊	司令	少佐	內田良隆				
第五十六號	水雷艇	五三	二〇	四十七ミリ砲一 發射管二	右	艇長（司令兼務）	
第五十九號	同	同	同	同	右	艇長 大尉 大寺量吉	
第五十七號	同	同	同	同	右	艇長 大尉 三田村誠造	
第五十八號	同	同	同	同	右	艇長 大尉 中牟田武正	
第十艇隊	司令	少佐	大瀧道助				
第四十三號	水雷艇	一一〇	二七	四十七ミリ砲一 發射管三	右	艇長（司令兼務）	
第四十二號	同	同	同	同	右	艇長 大尉 中堀彦吉	
第四十號	同	同	同	同	右	艇長 大尉 山下正武	
第四十一號	同	同	同	同	右	艇長 大尉 水野廣德	

第十四艇隊　司令　少佐　櫻井吉丸					
千鳥	水雷艇	一五〇	二九	五十七ミリ砲一　四十七ミリ砲二　發射管三	艇長（司令兼務）
鵲	同	同	同	同 右	艇長　大尉　吉川安平
隼	同	同	同	同 右	艇長　大尉　桒島省三
眞鶴	同	同	同	同 右	艇長　大尉　飯田延太郎
第十六艇隊　司令　少佐　若林欽					
白鷹	水雷艇	一二三	二八	五十七ミリ砲四　發射管三	艇長（司令兼務）
第三十九號	同	一一〇	二七	五十七ミリ砲二　發射管三	艇長　大尉　横尾道春
第七十一號	同	九四	二四	同 右	艇長　大尉　大谷幸四郎
第六十六號	同	同	同	同 右	艇長　大尉　角田貫三
第二十艇隊　司令　少佐　荒川仲吾					
第六十二號	水雷艇	一一〇	二七		艇長（司令兼務）
第六十四號	同	同	同		艇長　大尉　田尻唯二
第六十三號	同	同	二九		艇長　大尉　中村正奇
第六十五號	同	同	同		艇長　大尉　三宅大太郎
第二十一艇隊　司令　少佐　江副武靖					
第四十七號	水雷艇	八三	二四	四十七ミリ砲二　發射管三	艇長（司令兼務）
第四十九號	同	同	同	同 右	艇長　大尉　成瀬美雄
第四十四號	同	同	同	同 右	艇長　大尉　横地錠二

露西亞側

太平洋艦隊臨時司令長官　海軍少將　ウヰリゲルム・カルロウヰッチ・ウヰトゲフト

參謀長　同　マッセウヰッチ

司令官　同　侯爵　ウフトムスキー

艦名	艦種	排水量（噸）	速力（節）	主要兵装	主要職員	損害
ツェザレウヰチ	戰艦	一二、九一二	一八	十二吋砲四　六吋砲一二	艦長　大佐　グリゴローウヰッチ	膠洲灣に遁入武装解除、十二吋砲彈十五個命中、司令長官戰死、幕僚艦長殆ど全部死傷
レトウヰザン	同	一二、九〇二	一八	十二吋砲四　六吋砲一二	艦長　大佐　シチエンスイウヰッチ	旅順口に帰着す、全艦隊の戰死三八、負傷三〇七
ポペーダ	同	一二、六七四	一八	十吋砲四　六吋砲一〇	艦長　大佐　ザツアリョンヌイ	
ペレスウエート	同	一二、六七四	一八	十吋砲四　六吋砲一〇	艦長　大佐　ホイスマン	死者士官二、傷者士官二
セワストーポリ	同	一〇、九六〇	一七	十二吋砲四　六吋砲一二	艦長　大佐　チエルヌイシエフ	
ポルターワ	同	一〇、九六〇	一七	十二吋砲四　六吋砲一二	艦長　大佐　ウスペンスキー	

アスコリッド	巡洋艦	五、九〇四	二三・四	六吋砲一二	艦長 大佐 グラムマチコフ	上海に遁入、抑留 死者士官一、兵一〇 傷者士官二、兵四四
パルラーダ	同	六、七三一	一九・三	六吋砲八	艦長 大佐 コロスソーウヰッチ	旅順口に歸着す
ヂイヤーナ	同	六、七三一	一九・〇		艦長 大佐 ザレスキー	サイゴンに遁入、武裝解除 死傷二七
ノーウヰク	同	三、〇八〇	二三・〇	四・七吋砲六	艦長 中佐 フォンエスセン	樺太コルサコフ附近にて千歳、對島のため撃沈せらる

司令官 海軍少將 レイツエンシテイン

（課） 外に驅逐艦八隻隨伴す。內、一隻、芝罘にて捕獲、三隻は膠州灣にて武裝解除、其他に旅順口に歸着せり。

（ロ）蔚山沖海戰　（明治三十七年八月十四日）

露國は日露開戰當時、其の東洋艦隊の主力を旅順に置き、一等巡洋艦ロシヤ（一二、一三〇噸）、グロモボイ（一二、九三六噸）、リューリック（一〇、九三六噸）、二等巡洋艦ボカツイリ（六、六四五噸）及び水雷艇十餘隻より成る一支隊を浦鹽斯德に分駐せしめてゐたが、開戰後數日を出でざるに同艦隊は屢々日本海方面に出沒し、我が運送船及商船を脅かしたので、我が艦隊も其の一部を浦港方面に派遣して其の根據を威嚇する等萬難を排して索敵行動を取つたが、日本海特有の濃霧に妨げられ、或は任務上又は距離上の關係等に依りて敵艦隊發見の機を得ず、かくて敵は明治三十七年六月十五日、朝鮮海峽附近に進出し、濃霧に乘じて我が陸軍運送船常陸丸及和泉丸を擊沈し、七月中旬には津輕海峽を突破して太平洋に出で、遂に東京灣外に進んで內外の汽船數隻を拿捕擊沈する等巧に我が艦隊の虛を衝いて跳梁を恣にした。

是より先き浦鹽艦隊に對し、朝鮮海峽警備の任にあつた第二艦隊司令長官上村彥之丞は、八月十日午後、敵の水雷艇八隻軍艦一隻城津沖に出現したとの風說を聞き、各艦をして不時の出港に備へしめたが、午後五時伊東軍令部長より、旅順の敵艦隊大擧出港せりとの報に接し、各艦をして炭水を滿載し發航の準備を整へしめ、同時に哨戒艦艇に對し特に其の監視を嚴重ならしめた。其の後到着せる諸情報に依り旅順方面に於ては、彼我艦隊の交戰中なるを知つたが、十一日午前八時四十五分東鄕聯合艦隊司令長官より、第一、第三艦隊の戰況を報じ、且つ第二艦隊は直に黑山島附近に來るべしとの命に接したので、第四戰隊及水雷艇隊をして海峽守備の任に當らしめ、自ら第二戰隊を率ゐて午前十時四十分尾崎灣を發し、十二日午前六時黑山島の西方に達した際、適〻敵巡洋艦アスコリッドを追跡して南下し來れる第六戰隊に會して旅順方面の戰況を聞き、海峽に歸還するに如かずと決心したが、幾許もなく東鄕司令長官より、海峽に歸りて、監視を嚴にすべしとの命を受けた。依て浦鹽艦隊の策動をも考慮し、速力を增加して十三日拂曉對馬の東方に達したとき更に東鄕司令長官より、アスコリッド及ノーウヰク等の敵を海峽に激擊すると共に浦鹽艦隊の出現に注意すべしとの訓令に接した。是に於て上村司令長官は第四戰隊の諸艦をして哨戒の任に當らしめ、特に新高を對州の南方に配し、一等水雷艇には天明後同島の北方に於て第二戰隊に會合すべきことを命じ、自ら第二戰隊を率ゐ南北線上を往來して敵に備へ、十四日午前一時三十分鬱陵島の北約十海里附近に達し、針路を南西微南に變じて南下し、遂に浦鹽艦隊を發見するに至つたのである。其の狀況は次の如くであつた。

第二戰隊は旗艦出雲を先頭とし吾妻、常磐、磐手の順序を以て單縱陣を作り南航中、午前四時二十五分左舷艦首に方り火光を認めたが、尙ほ夜暗にして其の何者たるかを辨ぜず、航進すること二十分餘にして朝靄糢糊たる裡に、敵旗艦ロシヤを先頭としグロモボイ、リューリックの順序を以て單縱陣をなし、約南々西に向つて航進する浦鹽艦隊を發見した。此の日朝來天晴れて南の微風あり、海上極めて平靜であつた。五時頃には敵艦隊既に我を距ること五海里に近づきたるを以て、上村司令長官は「敵見ゆ」の無線電信を發し、更に信號命令を以て戰鬪配置に就かしめ、第二戰隊の各艦は戰鬪旗を檣頭に掲げ、速力を增し敵を望んで急進した。前述の如く敵艦隊は屢々我が近海に出沒して跳梁を恣にしたるも、我が第二艦隊は天候其他の關係に妨げられて發見の機を途し、乗員悉く切齒扼腕して時機の到來を待望し居たる際、今や端なくも敵影を指呼の間に見るに及んだので、將兵の意氣更に一層昂り、一擊の下に必ず之を粉碎せんと固く決心した。

さて距離愈々近づくに及び、敵は遂に左折して東方に逃れんとしたので、上村司令長官は之を妨げんと欲し、五時十分東南東に變針し敵を右舷に見て距離の短縮を圖り、同二十三分敵の殿艦リューリックとの距離八千四百米突となるに及んで砲火を開き、敵も亦直に應戰し、距離の短縮に從ひ砲戰愈々猛烈となり敵の三艦何れも火災に罹り、到底我が艦隊の前路を横斷して北走するの望なく、ロシヤ及グロモボイの二艦は遂に針路を右轉し、リューリックのみは遙に其の僚艦に後れ孤立の態勢となつた。我は尙ほ前針路を維持し日光を背にして敵を縱射すること數分に及び、ロシヤ及グロムボイは我が艦隊の砲擊を南方に避けたが、六時頃兩艦は右方十六點の正面變換を行ひ、リューリックを伴つて北西方に逸走せんと試みた。我が第二戰隊は敵の前路を扼して其の目的を阻害し、北西微西に變針し、敵を左舷に見て之と並航戰を繼續した。

此の時リューリックは其の僚艦に合し再び陣容を整へて應戰したが、六時三十分頃舵機に故障を起し、獨り右方に回轉して僚艦に隨航する能はざる狀態に陷つたので、第二戰隊はリューリックを猛擊しつゝ、ロシヤ、グロモボイを追跡するうち、六時四十三分頃、敵の二艦は苦境に陷れるリューリックを救はんが爲に左方に回轉し、我は暫く前針路を守り六千米突の距離を以て敵を縱射した。斯くて上村司令長官は敵を壓すべき時機の將に到來せんとするを看取し、右方十六點の正面變換を行ひ針路を南東に定めたが、敵の二隻は六時五十五分頃リューリックの附近に達し、右方に回轉して三艦相重なつたので、我が四艦は一齊に之に猛擊を加へた。此時リューリックは五千米突以內に在つて損害最も甚だしく、同五十八分ロシヤ、グロモボイは之と離れ、針路を北西に變じて我に反航せんとしたので、我も七時四分左方十六點に正面を變し、再び敵と並航の對勢となり、愈々烈しく砲火を浴せた。

然るに敵の二艦は再びリューリックを救はんとするものゝ如く、更に反轉して之に近づかんとしたが近距離より我が艦隊の猛擊を受け、其の目的を達する能はずして一旦北西に逃れた。然かも敵二艦は尙ほリューリックを捨つるに忍びざるものゝ如く、七時二十七分、三度之を掩護せんとして針路を反轉し、リューリックに近づきたるも、同艦の損害愈々甚しく火災屢々起りて到底救ふ能はざるの狀態に陷り、加ふるにロシヤも亦大火災に罹り、一時は全艦黑煙に包まれて終に支ふる能はざるを知り、七時五十四分より二艦は針路を左轉して北方に逸走した。之より先き我が艦隊も七時十八分頃右方十六點の一齊回頭を行ひ、リューリックに對し五千三百乃至三千八百米突に接近し右舷より猛擊を加へた、同艦は著しく艦首を擡げ左舷に傾斜し、二、三の側砲を以て僅に應戰するのみであつた。

北走せる敵の二艦は之に對して最後の救助を試みんと八時八分頃より其の針路を變じて我に向ひ來れるを以て、我は北方に針路を轉じ敵を左舷に見て更に激烈なる戰鬪を開始したが、リューリックの慘狀は其の極に達し、敵司令官も之が救援を斷念し、八時二十二分其の針路を北方に急轉した。之より先き第四戰隊の旗艦浪速戰場附近に來り、次で高千穗も亦來會し、七時五十分頃よりリューリックに向つたので、上村司令長官は極力北走せる二艦を追擊したるに、九時五十分頃に至り敵の砲火著しく衰へ、僅に數門の砲を以て應戰するに過ぎず、加ふるに屢々火災を起した。かくて十時頃に至り上村司令長官は旗艦出雲の彈藥缺乏せりとの報告に接したるを以て、寧ろ殘餘の彈藥を用ひてリューリックを擊沈するに若かずとなし、十時四分敵艦の追擊を中止し、右方に回轉してリューリックの所在地に向つたが、十一時五分千早よりリューリック沈沒の轉電に接し、次で第四戰隊の諸艦が漂流せる露兵を救助しつゝあるを目撃し、上村司令長官は第二戰隊の諸艦をして同じく其の收容に從事せしめた。

此の戰鬪に於て旗艦出雲は最も多く敵の砲火を受け、彈痕二十餘個を留め、下士官兵二名戰死、十七名負傷した。吾妻は敵彈十餘個を受け、下士官兵七名傭人一名負傷し、常磐は數個の敵彈命中し、兵一名傭人二名負傷、磐手は數個の敵彈を受けたが、殊に午前七時リューリックの八吋砲彈磐手の六吋砲廓に命中して同艦の砲彈と共に爆發し、六吋砲三門十二斤砲一門は使用に堪へざるに至り、分隊長海軍大尉原口鶴次以下四十名戰死し、砲術長海軍少佐野村房次郎以下三十七名の負傷者を出した。

上村司令長官は午後一時四分諸艦艇を率ゐて竹敷に向ひ、大本營及聯合艦隊司令長官に戰況の概要を打電し、午後八時尾崎灣（對馬）に歸着し、第二戰隊は十五日午前三時尾崎灣を發し同日正午頃佐世保に入港した。

蔚山沖海戰の捷報天聽に達するや、十五日第二艦隊司令長官海軍中將上村彥之丞に對し左の　勅語を賜つた。

第二艦隊ハ萬難ヲ排シ朝鮮海峽遮斷ノ任ニ當リ遂ニ大ニ浦鹽方面ノ敵艦隊ヲ擊破シ其ノ一艦ヲ沈メ偉功ヲ奏セリ朕深ク將校下士卒ノ勤勞勇武ヲ嘉尙ス汝等益〻奮勵シテ前途ノ大成ヲ期セヨ

上村第二艦隊司令長官は　勅語に對し左の奉答文を奉つた。

本艦隊ガ浦鹽方面ノ敵ニ對シ戰捷ヲ得タルハ一ニ　大元帥陛下ノ御稜威ニ依ル然ルニ特ニ優渥ナル勅語ヲ賜ハリ恐懼ニ堪ヘス臣等益〻奮勵以テ　聖旨ニ副ヒ奉ランコトヲ期ス　臣彥之丞誠惶謹テ奏ス

蔚山沖海戰彼我勢力、主要職員及損害一覽（明治三十七年八月十四日）

日本側

第二艦隊司令長官　中將　上村彥之丞
參謀長　大佐　加藤友三郎
參謀　中佐　佐藤鐵太郎
同　少佐　下村延太郎
同　同　山本英輔
副官　少佐　船越揖四郎
機關長　機關大監　山崎鶴之助

第二戰隊　長官直率
司令官　少將　三須宗太郎
參謀　少佐　松井健吉

艦名	出雲	吾妻
艦種	裝甲巡洋艦	同
排水量噸	九、八〇〇	九、七〇〇
速力節	二〇・七	二一・五
主要兵裝	八吋砲　四 六吋砲　一四 水雷發射管　四	八吋砲　四 六吋砲　一四 水雷發射管　四
主要職員	艦長　大佐　伊地知季珍 副長　中佐　石井義太郎 航海長　少佐　志津田定一郎 砲術長　同　平賀德太郎 水雷長　同　中島源藏 機關長　機關中監　木崎幸輔	艦長　大佐　藤井較一 副長　中佐　松村龍雄 航海長　少佐　岡野富士松 砲術長　同　櫻野光正 水雷長　同　武部岸郎 機關長　機關中監　三宅甲造
損害	彈痕　二十餘個 死者下士官兵　二 傷者下士官兵一七	命中彈　十餘個 傷者下士官兵　七 傭人　一

常磐	同	九、七〇〇	二一・五	八吋砲 六吋砲 水雷發射管	四 一四 四	艦長 大佐 吉松茂太郎 副長 中佐 田中盛秀 航海長 少佐 眞田鶴松 砲術長 同 下平英太郎 水雷長 同 岡田平次 機關長 機關中監 伊達只吉	命中彈 數個 傷者兵一 傭人二
磐手⚑	同	九、八〇〇		八吋砲 六吋砲 水雷發射管	四 一四 四	艦長 大佐 武富邦鼎 副長 中佐 今井兼胤 航海長 少佐 伊東祐保 砲術長 同 野村房次郎 水雷長 同 管野勇七 機關長 機關中監 中島市右衞門	命中彈 數個 内リューリックの放てる八吋砲彈、六吋砲郭に命中六吋砲三門を使用不適ならしめ、死者士官二、下士官兵三八、傷者士官四准士官一、下士官兵三二を出せり
千早	通報艦	一、二五〇	二一	四・七吋砲 水雷發射管	二 二	艦長 大佐 福井正義 航海長 大尉 橋本虎六 水雷長 同 福田貞助	

第四戰隊

司令官 少將 瓜生外吉

參謀 少佐 森山慶三郎

同 大尉 飯田久恒

浪速⚑	巡洋艦	三、七五九	一八・五	二十六糎克砲 十五糎克砲 水雷發射管	二 六 四	艦長 大佐 和田賢助 副長 中佐 東鄕吉太郎 航海長 大尉 犬塚助次郎 砲術長 同 小林躋造 水雷長 少佐 原口房太郎 機關長 機關中監 島田龜吉	命中彈 一 死者兵 二 傷者兵 四
高千穗	同	三、七五九	一八・五	二十六糎克砲 十五糎克砲 水雷發射管	二 四 四	艦長 大佐 毛利一兵衞 副長 中佐 東鄕靜之助 航海長 少佐 滋賀秀修 砲術長 大尉 巖崎茂四郎 水雷長 大尉 淺川範麿 機關長 機關中監 加納潤四郎	命中彈 一 傷者士官 二 下士官兵 一一
對馬	同	三、一二〇	二〇	六吋砲	六	艦長 中佐 仙頭武夫 副長 少佐 山中柴吉 航海長 大尉 金丸清緝 砲術長 少佐 長舖次郎 機關長 機關少監 平塚保	
新高	同	三、四二〇	二〇	六吋砲	六	艦長 中佐 莊司義基 副長 少佐 淺野正恭 航海長 大尉 櫻井眞清 砲術長 少佐 堀田弟四郎 機關長 機關少監 吉松稜威麿	

露西亜側

司令官　海軍少将　カルル・ペトロウキッチ・イエスセン

艦名	艦種	排水量噸	速力節	主要兵装	主要職員	損害
ロシヤ	装甲巡洋艦	一二、一五九	一九・四	八吋砲一四 六吋砲一六	艦長　大佐　アルナウトーフ	命中弾要部に二六 死者　士官　一 傷者　十官　六
グロモボイ	同	一二、三五九	二〇・〇	右　同	艦長　大佐　ニコライ・ヅミトリユウキッチ・ダビッチ	命中弾要部に二五 死者士官　四 傷者士官　六
						（ロシヤ・グロモボイ）下士官兵　死者　一三五　傷者　三〇七
リューリック	同	一〇、九三六	一八・八	八吋砲一四 六吋砲六 四・七吋砲六	艦長　大佐　エウゲニー・アレクサンドロウキッチ・ツルソフ	沈没

（八）日本海海戦　（明治三十八年五月二十七、八日）

開戦以來旅順口の敵艦隊は我が艦隊の數次に亘る攻撃に依りて多大の損害を被り、本國より優勢なる艦隊を送るに非ざれば到底戰局を有利に導くこと能はざるを察し、露國政府は明治三十七年四月三十日羅爾的艦隊の殆んど全部を以て太平洋第二艦隊を編制し、之を極東に派遣して戰勢の挽回を策し、爾來日夜發航の準備に努め、十月十五日リバウ軍港を拔錨遠征の途に就いた。其の勢力は戰艦七隻、巡洋艦六隻、驅逐艦若干隻にして、十一月三日モロッコ國タンジール港に於て二隊に別れ、戰艦五隻、巡洋艦三隻より成る本隊は司令長官ロジェストウェンスキー海軍中將之を率ゐて喜望峰を迂回し、支隊は戰艦二隻、巡洋艦二隻より成り司令官フェリケリザム海軍少將之を率ゐ、地中海を航しクリート島に於て驅逐艦八隻及黑海より來航せる數隻の船舶と會合し、スエズ運河經由印度洋に進出し、十二月末日頃本支兩隊は豫定會合地點たるマダカスカル島ノシベに於て合同し、又巡洋艦二隻、假裝巡洋艦六隻、驅逐五隻より成る後發部隊も十一月上旬リバウ港を出發し、明治三十八年一月十四日マダカスカル島に來着した。然るに露國政府は之を以て足れりとせず、更に第三艦隊と稱する戰艦一隻、巡洋艦一隻、海防艦三隻及若干の特務艦より成る一隊を編制せしめ、司令官ネボガトフ海軍少將之を率ゐ、二月十五日リバウ港を拔錨し急遽東航した。

三月上旬より敵艦隊の動靜に就て種々の風説傳へられ、同十九日敵は南緯九度東經五十三度の地點に於て北東方に航行中なりとの報を三十日に得たのみで、其後敵の消息は杳として絶えた。當時滿洲に於ける敵の陸軍は連戰連敗し、三月初旬彼我共に全力を傾倒せる奉天の大會戰の如きは、全く露軍の大敗に歸し、今や敵は海上に其の勢力を恢復するの外、戰局を有利に導くの方途なく、敵艦隊の任務益々重大を加ふるに至つたので、我が艦隊も亦之に對して萬遺算なき戰備を整へた。然るに四月八日突如として敵の太平洋第二艦隊合計四十二隻麻剌加海峽を通過し、第三艦隊も亦七日マダカスカルのジブーチを出發したりとの確報に接したので、伊東軍令部長は十日東郷聯合艦隊司令長官に對し、敵增遣艦隊の先頭は既に新嘉坡沖を航過せるを以て、貴官は同艦隊の北上するを待ち、之を全滅するの目的を達するに努むべしとの訓令を傳へたのである。

當時新嘉坡方面にありては浮說盛んに傳へられ、又北海方面に於ては浦鹽艦隊出動の風說あり、五月五日には其の水雷艇四隻、後志持田岬附近に現はれ我が帆船を燒却したり等の報告ありたるも、何れも敵の牽制手段に外ならずと認め、太平洋第二、第三艦隊の行動に對し専ら警戒してゐた。果然敵の第三艦隊は五月四日麻剌加海峡を通過し、數日の後第二艦隊と合し、十四日朝全艦隊は佛領安南カムラン灣の北方四十餘海里のヴァン・フォン灣を出發し、二十五日所屬義勇艦隊及運送船數隻を上海に入港せしめ、爾餘の艦隊は二十七日の朝を以て朝鮮海峡に現はれたのである。當時に於ける我が**聯合艦隊**の勢力を示せば、左の如くであつた

第一艦隊

第一戰隊(東郷司令長官直率)　三笠(旗艦)、敷島、富士、朝日、春日、日進　(三須司令官旗艦)
通報艦龍田。

第三戰隊(出羽司令官指揮)　笠置(旗艦)、千歳、音羽、新高。

第一驅逐隊　春雨、吹雪、有明、霰、曉。

第二驅逐隊　朧、雷、電、曙。

第三驅逐隊　東雲、薄雲、霞、漣。

第十四艇隊　千鳥、隼、眞鶴、鵲。

第二艦隊

第二戰隊(上村長官直率)　出雲(旗艦)、吾妻、常磐、八雲、淺間、磐手(島村司令官旗艦)、千早。

第四戰隊(瓜生司令官指揮)　浪速(旗艦)、高千穂、明石、對島。

第四驅逐隊　朝霧、村雨、朝潮、白雲。

第五驅逐隊　不知火、叢雲、夕霧、陽炎。

第九艇隊　蒼鷹、雁、燕、鴿。

第十九艇隊　鷗、鴻、雉。

第三艦隊

第三艦隊(片岡司令長官直率)　嚴島(旗艦)、鎭遠、松島、橋立、通報艦八重山。

第六戰隊(東郷正路司令官指揮)　須磨(旗艦)、千代田、秋津洲、和泉。

第七戰隊(山田司令官指揮)　扶桑、高雄、筑紫、鳥海、摩耶、宇治。

第十五艇隊　雲雀、鷺、鷂、鶉。

第十艇隊　第四十三號艇、第四十號艇、第四十一號艇。

第十一艇隊　第七十三號艇、第七十二號艇、第七十四號艇、第七十五號艇。

第二十艇隊　第六十五號艇、第六十二號艇、第六十四號艇、第六十三號艇。

第一艇隊　第六十九號艇、第七十九號艇、第六十七號艇、第六十八號艇。

右の外小倉海軍少將の率ゆる亞米利加丸以下二十四隻の特務艦隊及竹敷要港部、呉鎭守府に屬する第十七、第十六、第十八、第五の各艇隊等。

又**露國太平洋第二、第三艦隊**の勢力はは次の通りであつた。

第一戰艦隊　(ロジェストウェンスキー司令長官直率)

クニャージ・スウォーロフ(一三、五一六噸、戰艦)

インペラトール・アレクサンドル三世(一三、五一六噸、戰艦)

ボロヂノ(一三、五一六噸、戰艦)

アリョール(一三、五一六噸、戰艦)

第二戰艦隊(フェリケリザム司令官指揮)

オスラービヤ(一二、六七四噸、戰艦)

シソイ・ヴェリーキ(一〇、四〇〇噸、戰艦)

ナワリン（一〇、二〇六噸、戰艦）
アドミラル・ナヒモーフ（八、五二四噸、裝甲巡洋艦）

第三戰艦隊（ネボカトフ司令官指揮）
インペラトール・ニコライ一世（九、五九四噸、戰艦）
ゲネラルアドミラル・アプラクシン（四、一二六噸、裝甲海防艦）
アドミラル・セニャーウヰン（四、九六〇噸、裝甲海防艦）
アドミラル・ウシャーコフ（四、一二六噸、裝甲海防艦）

第一巡洋艦階（エンクウヰエト司令官指揮）
オレーグ（六、六四五噸、防護巡洋艦）
アウローラ（六、七三一噸、防護巡洋艦）
ドミトリー・ドンスコイ（六、二〇〇噸、裝甲巡洋艦）
ウラヂミール・モノマーフ（五、五九三噸、裝甲巡洋艦）

第二巡洋艦隊（第一巡洋艦隊司令官指揮）
スウェートラーナ（三、七二七噸、防護巡洋艦）
アルマーズ（三、二五八噸、巡洋艦）
ジェムチウグ（三、一〇三噸、巡洋艦）
イズムルード（三、一〇三噸、巡洋艦）

第一驅逐隊　ベドウイ、ブイスツルイ、ブイヌイ、ブラーウイ。
第二驅逐隊　ボードルイ、ベツブリョーチヌイ、ブレスシャーシチー、グロムキー、グローズヌイ。

右の外ラドロフ大佐の指揮する特務船隊六隻之に隨伴してゐた。

是より先き東郷聯合艦隊司令長官は、麾下諸艦艇の戰鬪力恢復を圖ると同時に漸次其の勢力を朝鮮海峽に集中し、敵を同海峽に迎擊するの計畫を定め五月下旬より愈々警戒を嚴にし、數隻の哨艦を南方警戒線に配備し、各戰列部隊は一切の戰備を整へて各其の根據地に遊弋し敵艦隊の北上を徐ろに待つてゐた。

明治三十八年五月二十七日午前四時四十五分、南方哨艦の一隻假裝巡洋艦信濃丸は五島白瀨の附近に於て東北東に針路を取れる敵艦隊を發見、成川同艦長は直に無線電信を以て「敵艦隊二〇三地點に見ゆ、敵は東水道に向ふもの丶如し」と警報を發し、敵と一時觸接を保つて同方向に航進した。此の日、東郷司令長官の旗艦三笠は鎭海灣にあり、第一、第二、第四の各戰隊は加德水道に據り、第三艦隊の大部分は尾崎灣方面に、第三戰隊は五島白瀨の北西方を遊弋中であつたが、上村第二艦隊司令長官は敵艦隊出現の報に接し所在總艦艇に出港を命じ、第一、第二、第四戰隊及第一、第二、第三、第四驅逐隊竝に第九、第十四、第十九艇隊は順次拔錨した。是に於て東郷聯合艦隊司令長官は大本營に對し「敵艦見ゆとの警報に接し聯合艦隊は直に出動之を擊滅せんとす、本日天候晴朗なれども浪高し」と打電し、直に三笠を率ゐて加德水道に出で、（註、三笠のみ鎭海灣内にあり、他は既に加德水道にありしなり）午前六時三十四分第一戰隊の先頭に占位し、四十餘隻の艦艇を從へて隊伍整々航進した。次で午前七時內方警戒線左翼哨艦和泉も亦敵艦隊を發見して、敵は既に宇久島の北方二十五海里の地點に達し北東に航進せるを報じた。時に海面濛氣に鎖され且つ西南西の風强く波浪高き爲、艇隊を暫く三浦灣に避けしめ、驅逐艦以上の諸艦を率ゐて航進を續け、正午、沖ノ島の北方に達し、片岡第三艦隊司令長官の報告に依り、敵艦隊は壹岐國若宮島の北方十二海里に在り、其の戰列部隊は太平洋第二、第三艦隊の全力にして特務艦船約七隻を伴ひ、陣形二列縱陣、主力は右翼列の先頭に占位し、速力十二節を以て尙ほ北東微東に航しつ丶あるを知つたので、東郷聯合艦隊司令長官は其の主力を以て、午後二時頃沖ノ島附近に敵を迎へ、其の左翼列先頭より之を撃破せんと決し、時々針路を變じ敵に會せんと努めた。

かくして午後一時十五分先づ出羽司令官の率ゆる第三戰隊を南西に認め、幾許もなくして敵と觸接を保てる第五、第六戰隊を西方に望み、同三十九分南西に當り遙に敵艦隊を發見するに至つた。敵は今將に我が旗艦三笠の南微西約七海里に在り、其の右翼列の先頭にはボロヂノ型の戰艦四隻より成る一隊を置き、左翼列の先頭にはオスラビヤ、シソイベリーキ、ナワリン、及ナヒーモフの一隊占位し、ニコライ一世、其の他外海防艦三隻より成る一隊之に次ぎ、ジェムチウグ、イズムルードの二艦は兩列の間に介在して前方を警戒し、尙ほ其の後方濛氣の中にはオレーグ、アウローラ以下、二三等巡洋艦の一隊及ドンスコイ、モノマーフ、特務艦船等數海里に亘り連綿として航續するを確認した。斯くて日露兩國の海軍が其の全力を擧げて雌雄を決せんとする時機は目捷の間に迫つた。是に於て東郷司令長官は全軍に戰鬪開始を令し、午後一時五十五分三笠の檣頭高く左の信號を掲げた。

皇國の興廢此の一戰にあり各員一層奮勵努力せよ

全艦隊の將士此の信號を望んで感奮し、必ず敵を殲滅して君國に報ひんことを期し、士氣正に百倍するの概を示した。次で二時二分、我が第一、第二戰隊は南西微南に變針し、敵に對し反航通過するが如き態勢を示したが、同五分最先頭に在る旗艦三笠は俄然左轉して東北東に變針し、第一、第二戰隊の各艦之に倣ひ、敵の先頭を斜に壓迫し、第三、第四、第五、第六戰隊は何れも南下し敵の後尾を衝かんとした。此の時敵の先頭は我が南微東八千米突を距てゝ北東微北の針路を取りつゝあつたが、三笠の急變針を見るや機乘ずべしとなし、一團の白煙スウオーロフより起ると同時に敵の數艦一齊に砲火を開いて挑戰した。然れども我は之に應ぜず益々急進し、二時十分彼我の距離六千米突内外となるや、旗艦三笠始めて應砲し、他艦亦之に傚うて、敵左右兩列の先頭艦たるスウオーロフ及オスラービヤを猛射した。敵は之を避けんとして漸次東方に變針し、自然に不規則なる單縱陣を形成し、我と竝航の姿勢となつた。我が驅逐隊をして彈着距離以外に在りて適宜運動せしめ、第一、第二戰隊は益々敵を壓迫したが、第五番艦オスラービヤは大火災を起し、次で彼我の距離五千米突以内に接近して我が砲火は彌々其の威力を發揮し、先頭艦スウオーロフ及アレキサンドル三世も亦火災を起し、黑煙渦を卷き濛氣と相混じて海面を覆ふ、爲に我が艦隊は射撃を暫時中止せざるを得なかつた。而して我が諸艦も亦多少の損害を蒙り、第二戰隊の淺間は舵機を損し一時列外に出でゝ修理を加へ單獨交戰したが、幾許もなく再び戰列に入つた。是れ午後二時四十五分前後に於ける彼我主力の戰況で、此の時既に勝敗の數は定つたのである。

斯の如く我が主力艦隊は敵を猛撃しつゝ、五千乃至六千米突の距離に於て敵の前路を壓し東南に航進した。敵は俄然北東に變針し我が後尾を回りて北走せんとするが如き形勢を示したので、第一戰隊は左十六點の一齊回頭を行ひ、三時六分日進を嚮導とする單縱陣を作り西北西に進航した。第二戰隊も亦之に倣はんとしたが、偶々敵は再び東方に變針せんとするの狀あるを認めたので、前針路を維持し速力を增加して再び敵を撃壓した。此の時敵の旗艦スウオーロフは舵機を破られ、ロジェストウェンスキー司令長官負傷し、大損害を蒙りて列外に出で、オスラービヤは艦首著しく沈下し且つ左舷に傾斜し、スウオローフと前後して戰列を離れ、三時七分頃終に沈沒した。混亂した爾餘の敵諸艦は南東に變針せるも、第二戰隊は敵が漸次西方に旋轉すべきを看取し、左十六點の正面變換を行ひ、左舷の砲火を敵に浴せつゝ西方に航進した。

此の時前方より驀進し來れる第五驅逐隊及通報艦千早は、火焰に包まれて孤立せるスウオーロフに迫り水雷攻撃を敢行した。曩に逆列單縱陣を以て西北西に航進せる第一戰隊は左舷砲を以て敵を猛射したが、敵は再び回頭し、距離漸く遠ざかつたので、三時三十六分再び左に回頭し、續いて更に之を繰返へし、三笠を先頭とする順列單縱陣に復し、北東に進み同五十八分敵を發見して之を砲擊壓迫した。第二戰隊も亦三時四十七分右方に反轉して第一戰隊の前方に位置し、共に敵を掩擊しつゝ復々敵の北方に出でて其の遁走に備へ、益々猛射を加へたので敵艦の火災を起すもの相踵ぎ、陣形全く潰亂した、そこで敵は此の儘直進するを不利と認め、漸次右方に轉回して南方に遁れんとした。

是に於て第二戰隊も漸次南方に變針し、第一戰隊も之に傚つたが、兩戰隊互に離隔したので、第二戰隊は右方に旋回して五時頃より第一戰隊の前方近距離に占位し相共に南下した。此の時第四驅逐隊は孤立せるスウオーロフを襲擊した。既にして烟霧の裡に敵影を見失つたので、第一第二戰隊は行々隱見する敵の巡洋艦、運送船等を緩射し、五時二十七分頃より第一戰隊は再び北方に反轉して敵の主力を索め、第二戰隊は砲聲を聞きて第三戰隊以上の我が巡洋艦が敵の巡洋艦隊と交戰中なるを察知し、南西方に轉じて敵に迫つた。爾後此の兩戰隊は日沒に至るまで相分離し、各個の行動を執つたのである。

敵の主力を索めて北方に變針せる第一戰隊は五時四十分頃左方近距離に於て進退の自由を失へる假裝巡洋艦ウラールを擊沈し、尙ほ北方に向ひ索敵中、左舷艦首に當り敵主力の殘艦と思はるゝ約六隻の一群、北東に向ひ遁走しつゝあるを發見し、直に接近して之と竝航戰を開始し其の先頭を壓迫したので、敵は漸次北西方に逃走を試み、我も亦之に應じ、遂に敵の前方に出でゝ益々猛擊を加へた。爲に戰艦アレキサンドル三世は左舷に傾斜し、列外に逃れて後方に落伍したるも、終に午後七時沈沒し、先頭に在りしボロヂノは大火災を起し、七時二十三分二回の爆音と共に火煙に包まれて俄然覆沒した。此の時夕陽將に沒せんとし、我が驅逐隊、艇隊は既に北、東、南の三面より漸次敵に迫りつゝあつたので、東鄕聯合艦隊司令長官は七時二十八分（日沒時）通報艦龍田をして、全軍北航して明朝鬱陵島に集合すべしと傳令せしめ、第一戰隊は戰鬪を止めて東方に變針したのである。

曩に第一戰と分れ、第三、第四戰隊掩護の目的を以て西方に向つた第二戰隊は、敵艦隊が全く混亂して隊形を成さず、諸艦先きを爭つて潰走するを見、暫く之を追擊したが遂に及ばざるを察したのみならず、時將に日沒に近づき遠く第一戰隊と離隔して居るを不利と認め、六時頃第一戰隊及び敵主力の所在地と思はるゝ方面に北上し、六時三十分左舷艦首遙かに敵艦隊を發見して之を砲擊し、七時アレキサンドル三世の沈沒するを認め、日沒と共に砲擊を中止し八時八分遂に第一戰隊に會合した。之を以て二十七日に於ける主力戰隊の海戰は終を告げたのである。

之より曩き、第一及第二戰隊が敵主力と沖の島の北方に於て戰鬪を開始するや、敵を此處へ誘致し來れる第三、第四、第五及び第六戰隊は、敵の後尾に在る運送船隊及オレーグ、アウローラ、スウエトラーナ、アルマーズ、ドンスコイ、モノマーフ等の巡洋艦を攻擊せんが爲、反轉して主力艦隊と分れ急航南下の後、第三及第四戰隊は協力し二時四十五分より敵巡洋艦隊に對して反航戰を試み、漸次敵の後尾を旋擊しつゝ其の右方に出で、更に並航戰に移り、其の高速力を利用して機宜正面を變換し敵の左右に出沒して之を攻擊したるため、敵の後方部隊漸く亂れ、午後四時頃には陣形四分五裂して全く收拾すべからざる狀態に陷つた。

次で同十分頃第四戰隊は孤立せる一運送船を擊沈し、其の一隻に大損害を與へた。此の時第五、第六戰隊も來り會し、相共に益々敵を掩擊しつゝあつた。然るに四時四十分頃に至つて我が主力戰隊に攻擊壓迫せられたる敵の戰艦又は海防艦と思はるゝもの四隻、遁走南下し來つて敵巡洋艦の戰鬪に參加した爲、第四、第六戰隊は近距離に於て之と對戰するの苦境に陷り、第四戰隊の旗艦浪速は後部水線を破られ一時避戰するの已むなきに至り、又第三戰隊の旗艦笠置も三時八分頃左舷炭庫水線下に一彈を受け、浸水增加の爲、出羽司令官は麾下の新高、音羽をして臨時第四戰隊に屬せしめ、自ら笠置、千歲を率ゐ修理の爲め油谷灣に赴いた。此の間我が第二戰隊北方より來り、敵の巡洋艦等に砲擊を加へたため、敵は益々混亂し其の大部分は北方に遁走した。是に於て第四、第五、第六戰隊は相共に之を追撃北上し、其の途次既に進退の自由を失へるスウォーロフ及工作船カムチャーツカを發見し、第四戰隊は之を砲撃しつゝ尙ほ北上し、第五、第六戰隊は之が撃滅に從事し、七時十分カムチャーツカを撃沈し、第五戰隊に隨伴せる第十一艇隊は漂流せるスウォーロフを攻撃同二十分之も亦撃沈せしめた。既にして此等の諸戰隊は欝陵島集合の電令に接したので何れも戰鬪を中止して北上し、此の日の海戰を終つたのである。

此の夜東郷聯合艦隊司令長官は大本營に對し戰況を左の如く打電した。

聯合艦隊は本日沖ノ島附近にて敵艦隊を邀撃して大に之を破り、敵艦少くも四隻を撃沈し、其他にも多大の損害を與へたり。我が艦隊には損害少し驅逐水雷艇は日沒より襲撃を決行せり。

此の日の戰鬪に於て敵艦隊の中堅たりし新鋭の戰艦四隻は相前後して沈沒し、加ふるに司令長官ロジェストウェンスキー中將は重傷を負ひて復た起つ能はず、指揮權を司令官ネボガドフ少將に讓るに至つた。ネボガトフ司令官は敗殘の諸艦を集合し一意北走を企圖したるも、我が艦隊に壓迫されて漸次西北方に轉針した。此の時我が驅逐隊、艇隊は前記の如く敵艦隊に迫り、午後七時三十分頃第一、第二驅逐隊及第九艇隊は敵艦隊の北方に其の前路を扼し、第三、第四、第五驅逐隊は東方より敵の側面に迫り、第一、第十、第十五、第十七、第十八及第二十艇隊は南方より敵の後尾を衝かんとし、殆ど三面包圍の形となつた。此の時夕陽既に沒して朝來の强風稍々和ぎたるも、餘波尙ほ高くして船體の動搖甚しく、水雷攻撃は我に不利なりしも乘員の意氣益々軒昂し、萬難を排して敵艦隊を殲滅せんと邁進した。

敵艦隊は航跡を晦さんと欲し、雜然たる一團となつて南西方に向進し、午後八時を過ぐる頃四面暗黑となるに及び、ネボガドフ司令官は針路を北東に轉じ、ニコライ一世を先頭としてアリョール、アプラクシン、セニヤーウヰン之に續き、稍離々れてウシャーコフ、ナワリン、シソイ・ウェリーキー、ナヒーモフ等續航し、イズムルードはニコライ一世の左舷正横に在り、約十二海里の速力を以て浦鹽斯徳に向ひ遁路を索めた。此の時、機を窺ひ居たる我が驅逐隊、艇隊は忽ち東北南の三方より怒濤を冒して敵に向つたが、狼狽せる敵は探照燈を點じ我を照射せんとして反て我に目標を與へ、爰に猛烈なる夜襲戰を開始するに至つた。

午後八時十五分先づ第二驅逐隊は敵彈雨飛の中を突進して敵の先頭に第一撃を加へ、次で各驅逐隊艇隊は一時に驀進して敵の周圍に肉薄し、同九時前後に於ける我が水雷攻撃は最も壯烈を極め、斯くして午後十一時頃迄襲撃を繼續した。晝間の惡戰苦鬪に疲憊せる敵は、砲火を以て防戰大に努めたるも、此の猛撃に堪へず僚艦相失して四分五裂し、ネボガトフ司令官の直率せる主力艦隊は、或は右轉し或は左折し我が襲撃を避けつゝ全速力を以て北方に航進し、零時前我が攻撃の中絶したる間隙に漸く血路を求めて遁走した。ニコライ一世に續航し得たものはアリョール、セニヤーウヰン、アブラクシン、イズムルードの四隻に過ぎず、戰艦ナワリンは數個の水雷を受けて沈沒し、同シソイ・ウェリーキー、巡洋艦ナヒモーフ、及モノマーフの二隻は我が雷撃に依りて全く戰鬪力及航海力を失つた。我が損害は僅に第一艇隊の第六十九號艇、第十七艇隊の第三十四號艇及十八艇隊の第三十五號艇の三隻を失ひ、驅逐艦春雨、曉、夕霧及水雷艇鷺、第六十八號艇、第三十二號艇は敵彈或は衝突の爲に多少の損害を蒙つたに過ぎなかつた。

五月二十八日の戰鬪

五月二十七日の海戰に於て、我が聯合艦隊は大に敵艦隊を破り其の數隻を撃沈し、日沒と共に戰鬪を驅逐隊及艇隊に讓つたことは前記の通であるが、東郷司令長官は敵に先んじて北航し、黎明を待つて更に之を邀撃せんと欲し、翌朝の集合地點を欝陵島と定め自ら第一、第二戰隊を率ゐ、敵驅逐艦に對する警戒を嚴にしつゝ北進し、二十八日午前五前頃には既に欝陵島の南西約三十海里の地點に達した。此の日天氣晴朗にして前日來の濛氣拭ふが如く展望良好なり、然かも視界内に敵影を認めなかつた。依て東郷司令長官は將に索敵行動を開始せんとしたるに、後方約六十海里に占位して北上しつゝあつた第五戰隊より、東に當り北東に航進中の敵影を發見せりとの警報に接した。

是に於て東郷司令長官は第五戰隊に觸接を保ち之を監視すべきを命じ、直に第一、第二戰隊を率ゐ針路を轉じて敵に向つた。時に第四戰隊及第三戰隊の新高、音羽竝に第六戰隊も第五戰隊の附近に在り、同じく敵艦隊の所在地に向つて航進し、午前八時過、敵を發見して第五戰隊と共に其の後方を抑へ敵の左側に竝進した。第一、第二戰隊は午前九時三十八分南東微南に敵影を認め、其の前路を扼し十時三十分頃全く其の前方に出で、春日先づ砲火を開き次で他の諸艦も砲撃を開始した。敵艦隊は敗殘の主力にしてネボガドフ司令官の旗艦ニコライ一世を先頭としアリヨール、アプラクシン、セニャーウィン之に續き、更に巡洋艦イズムルードを伴ひしが、前日の戰闘に於て大損害を蒙り、今や優勢なる我が艦隊の包圍に陷り、徒らに抵抗するの無益なるを覺りて應戰する模樣なく、ネボガドフ司令官は部下と共に降服信號を掲げて進航を停止した。是に於て東郷司令官は之を許し、幕僚を敵の旗艦に派遣してネボガトフ司令官を三笠に招致し、敵將校以上の帶劍を許して敵艦の捕獲處分に着手した。然るに敵巡洋艦イズムルードのみは降服に先ち我が砲撃を受くるや、其の快速を利用して東方に遁走した。此の時第三戰隊の千歳は油谷灣より急航の途上、敵驅逐艦一隻を撃沈して適々來會し、直に轉じてイズムルードを追跡したるも速力及ばず終に之を北方に逸した。

是より先き第四戰隊は北航の途上午前七時頃、欝陵島の南方約五十海里の地點に於て一敵艦を發見し、音羽及新高は瓜生司令官の命を受けて之を追跡し、午前九時に至りて漸く之に接近した。敵は巡洋艦スウェトラーナ及驅逐ブイスツルイにして、交戰約一時間の後、午前十一時六分スウェートラーナを竹邊灣沖に撃沈し、新高は適々來會せる驅逐艦叢雲と共に敵の殘艦ブイスツルイを追撃し、午前十一時五十分遂に之を竹邊灣北方の海岸に擱坐破滅せしめ、其の乘員はスウェトラーナの乘員と共に我が特務艦に救助收容した。

敵の降服を受けたる聯合艦隊の大部分は、爾後尚ほ其の附近に在りて敵艦の捕獲に從事しつゝあつたが、午彼三時頃南方より敵艦ウシャーコフの北上せるを發見し、島村第二艦隊司令官の率ゐる磐手、八雲の一隊は直に之に向ひ、午後五時南走せる敵に追及し先づ降服を勸告したるも之に應ぜず、止むを得ず砲撃を開始し、彼亦應戰したるも同六時十分遂に之を撃沈し、乘員三百三十九名を救助した。驅逐艦漣及陽炎は午後三時三十分頃欝陵島の南方に於て、東方より遁走し來れる二隻の敵驅逐艦を發見し、極力之を北西に追躡し午後四時四十五分之に近づき、戰闘を開始したるに一隻は遽に逃走したるを以て、陽炎之を追跡したるも六時三十分頃遂に之を北方に逸した。又敵の後續艦たりし驅逐艦は白旗を掲げて降意を表し、更に「重傷者有り」の信號を掲げたるを以て、漣は砲撃を中止し直に之を捕獲した。此の驅逐艦はベドウイにして、敵の司令長官ロジェストウェンスキー中將及其の幕僚を移乘し居り、其の乘員と共に之を捕虜とした。又第四戰隊及第二驅逐隊は午後五時西方を索敵中、同五十分敵艦ドミトリ・ドンスコイの北走するを發見し、之を追跡して午後七時欝陵島の南東約三十海里に至りし頃、偶々音羽、新高及驅逐艦朝霧、白雲、吹雪等竹邊灣方面より來り、第四戰隊と共に日沒まで東西より之を挾撃したるも、未だ撃沈するに至らずして夜に入り、續いて第二驅逐隊及吹雪等更に之を襲撃し、翌朝に至り敵艦は欝陵島の南東岸に漂流沈沒した。

聯合艦隊の大部分が北方に於て活動中、前日の戰場たる對馬方面に於ては假裝巡洋艦信濃丸、臺南丸及び八幡丸は敗餘の敵を搜索中、韓崎の北東約三十海里の地點に於て敵艦シソイ・ウェリーキーが前夜の水雷攻撃に傷き將に沈沒せんとするを發見し、之が捕獲の手續を了し、其の乘員を救助したが午前十一時頃遂に沈沒した。又驅逐艦不知火及特務艦佐渡丸は午前五時三十分頃、對馬琴埼の東方約五海里に於て敵艦ナヒーモフの將に沈沒せんとするに會し、續いてモノマーフが著しく傾斜して其の附近に來れるを發見し、佐渡丸は其の捕獲處分を爲したるも、兩艦共に大破して浸水甚しく午前十時頃相前後して沈沒した。又敵の驅逐艦グロームキーも此の附近に來つたが、我が艦影を見るや遽に北方に遁走したので、不知火は直に之を追跡し蔚山沖に至り、午前十一時三十分頃水雷艇第六十三號と協力之を攻擊し、敵砲火の沈默するに及んで一旦之を捕獲したが、午後零時四十三分之も亦遂に沈沒した。

以上は五月二十八日に於ける戰鬪の概要にして、其後聯合艦隊の一部は、尚ほ遠く南方に索敵したるも遂に敵影を見るに至らなかつた。露國は東洋に於ける海上權力を挽回せんとし、本國に於ける海軍の精銳を盡して極東に回航せしめたのであつたが、此の一戰に於て一敗地にまみれ再び起つ能はざるの悲境に陷つたのである。今其の戰果を略記すれば左の如くである。

	露國增遣艦隊全數	擊沈隻數	捕獲隻數	遁走又は抑留隻數
戰艦	八	六	二	—
巡洋艦	九	四	—	浦鹽着一、マニラ抑留三、沿海州擱坐一
海防艦	三	一	二	—
驅逐艦	九	四	一	浦鹽着二、上海抑留一、遁走後沈沒一
假裝巡洋艦	一	一	—	—
特務艦	六	三	—	上海抑留二、本國へ遁走一
病院船	二	—	—	本邦抑留二
合計	三八	一九	五	一四

捕虜司令長官以下士官以上	二六八名
文官	五名
準士官	一二三名
下士官兵	五、七一〇名
合計	六、一〇六名

之に對し我軍の損害は水雷艇三隻の沈沒と七百名の死傷者を出したに過ぎなかつた。

第一戰隊は二十八日午後七時二十六分捕獲艦ニコライ一世及アリヨールを伴ひ、竹島附近を發して佐世保に向ひ、次で第二戰隊もアプラクシン及セニヤーウヰンを率ゐ同じく佐世保に向つたが、アリヨールに漏水ありし爲、二十九日午前朝日、淺間及薄雲をして之を舞鶴に護送せしめ、又春日をして鬱陵島附近に坐礁したるドンスコイの處分をなさしめた。第一、第二戰隊は五月三十日相前後して佐世保に入港し、數日後更に鎭海灣に歸り、其他の諸隊も或は竹敷に、或は鎭海に入り、片岡第三艦隊司令長官は東鄉聯合艦隊司令長官の命を受けて朝鮮海峽哨戒の任に當つた。尙ほ敵艦中南洋方面に逃れたものもあつたので、瓜生第二艦隊司令官は六月二日南遣支隊を率ゐて揚子江方面に向ひ、敗竄の露艦に備へたのである。

日本海々戰の捷報天聽に達するや、五月三十日聯合艦隊司令長官東鄉平八郎に對し左の勅語を賜つた。

聯合艦隊ハ敵艦隊ヲ朝鮮海峽ニ邀擊シ奮戰數日遂ニ之ヲ殲滅シテ空前ノ偉功ヲ奏シタリ

朕ハ汝等ノ忠烈ニ依リ祖宗ノ神靈ニ對フルヲ得ルヲ懌フ惟フニ前途ハ尙遼遠ナリ汝等愈ヨ奮勵シテ以テ戰果ヲ全フセヨ

三十一日東郷聯合艦隊司令長官は勅語に對し左の奉答文を奉つた。

日本海ノ戰捷ニ對シ特ニ優渥ナル
勅語ヲ賜ハリ臣等感激ノ至リニ堪ヘス此海戰豫期以上ノ成果ヲ見ルニ至リタルハ一ニ
陛下御稜威ノ普及及ヒ歴代
神靈ノ加護ニ依ルモノニシテ固ヨリ人爲ノ能クスヘキ所ニアラス臣等唯ゝ益ゝ奮勵シテ犬馬ノ勞ヲ
盡シ以テ皇謨ヲ翼成センコトヲ期ス

日本海々戰　彼我勢力、主要職員及損害一覧（明治三十八年五月二十七、八日）

日本側

（尸印長官、△印司令官旗艦）

聯合艦隊司令長官兼第一艦隊司令長官　大將　東郷平八郎
參謀長　少將　加藤友三郎
參謀　中佐　秋山眞之
同　少佐　飯田久恒
同　大尉　清河純一
副官　少佐　永田泰次郎
機關長　機關總監　山本安次郎
附　軍醫總監　鈴木重道
同　主理　川地彌作
同　軍醫少監　原田朴哉

第一戰隊（長官直率）
司令官　中將　三須宗太郎
參謀　中佐　松井健吉
同　大尉　島巣玉樹

艦名	艦種	排水量噸	速力節	主要兵要	主要職員	損害
三笠尸	戰艦	一五、二〇〇	一八・六	十二吋砲 四 六吋砲 一四 水雷發射管 四	艦長 大佐 伊地知彦次郎 副長 中佐 松村龍雄 航海長 中佐 布目滿造 砲術長 少佐 安保清種 水雷長 少佐 管野勇七 機關長 機關大監 平部貞一	命中彈 三十餘個 死者下士官兵 八 傷者准士官以上 七 下士官兵 九八
敷島	同	一五、〇八八	一八・〇	十二吋砲 四 六吋砲 一四 水雷發射管 五	艦長 大佐 寺垣猪三 副長 中佐 山田猶之助 航海長 中佐 釜屋六郎 砲術長 少佐 石川長恒 水雷長 少佐 井手篤行 機關長 機關中監 倉橋半藏	命中彈 約十個 死者士官 一 兵 一一 傷者士官 四 下士官兵 二〇
富士	同	一二、三〇〇	一八・二五	十二吋砲 四 六吋砲 一〇 水雷發射管 五	艦長 大佐 松本和 副長 中佐 臼井幹藏 航海長 中佐 志摩猛 砲術長 少佐 川上親幸 水雷長 少佐 高橋鎗吉 機關長 機關大監 富岡延二郎	命中彈 十一個 死者兵 八 傷者准士官以上 五 下士官兵 一七

朝日	同	一五、二〇〇	一八・〇	十二吋砲 四 六吋砲 一四 水雷發射管 四	艦長 大佐 野元綱明 副長 中佐 東郷吉太郎 般海長 中佐 森義臣 砲術長 少佐 和田幸次郎 水雷長 少佐 篠原利七 機關長 機關大監 關重忠	命中彈 數個 死者士官 一 下士官兵 七 傷者士官 一 下士官兵二二
春日	裝甲巡洋艦	七、七五〇	二〇	十吋砲 一 八吋砲 二 六吋砲 一四 水雷發射管 四	艦長 大佐 加藤定吉 副長 中佐 岡田啓介 航海長 少佐 金丸清緝 砲術長 少佐 中川繁丑 水雷長 大尉 水野作造 機關長 機關中監 櫻田順三	命中彈 數個 死者兵 七 傷者准士官以上 二 下士官兵一八
日進	同	七、七五〇	二〇	八吋砲 四 六吋砲 一四 水雷發射管 四	艦長 大佐 竹内平太郎 副長 中佐 秀島成忠 航海長 少佐 田中行尙 砲術長 少佐 長鋪次郎 水雷長 大尉 生野太郎八 機關長 機關中監 加茂嚴雄	命中彈八主砲三門破摧せらる 死者士官 一 兵 四 傷者准士官以上五 下士官兵八五 司令官負傷
龍田	通報艦	八六八	二一・〇	十二糎砲 二	艦長 中佐 山縣文藏 航海長 大尉 岡村秀二郎 水砲長 少佐 篠崎眞介	殆んど損害なし

第三戰隊 司令官 中將 出羽重遠

參謀 中佐 山路一善

同 大尉 丸山壽美太郎

笠置	巡洋艦	四、八六二	二二・五	八吋砲 二 四、七吋砲 一二 水雷發射管 五	艦長 大佐 山屋他人 副長 中佐 田所廣海 航海長 大尉 吉川秀吉 砲術長 大尉 松村菊勇 水雷長 大尉 井上猪之吉 機關長 機關中監 金田小太郎	命中彈數個、一彈炭庫（水線下十二呎）に的中し浸水增加のため戰場を去る 死者兵 一 傷者士官 一 下士官兵 八
千歳	同	四、九九二	二二・五	八吋砲 二 四、七吋砲 一〇 水雷發射管 四	艦長 大佐 高木助一 副長 中佐 岡野富士雄 航海長 大尉 花房太郎 砲術長 少佐 村上鋹吉 水雷長 少佐 山下正武 機關長 機關中監 外波辰三郎	命中彈 二 死者兵 二 傷者兵 四
音羽	同	三、〇〇〇	二一	六吋砲 二 四、七吋砲 六 水雷發射管 二	艦長 大佐 有馬良橘 副長 少佐 片岡榮太郎 航海長 大尉 漢那憲和 砲術長 少佐 金田秀太郎 機關長 機關少監 大沼龍太郎	なし

艦名	艦種	排水量噸	速力節	主要兵裝	主要職員	損害
新高	同	三、四二〇	二〇	六吋砲六	艦長 大佐 荘司義基 副長 少佐 市原卯之助 航海長 大尉 迎邦一 砲術長 大尉 三上良忠 機關長 機關少監 吉松稜威麿	命中彈 一 死者兵 一 傷者兵 三

第一驅逐隊 司令 大佐 藤本秀四郎

艦名	艦種	排水量噸	速力節	主要兵裝	主要職員	損害
春雨	驅逐艦	三七五	二九	十二听砲二 五十七ミリ砲四 發射管四	艦長 大尉 庄野義雄	襲撃の際五驅隊夕霧と衝突
吹雪	同	三八一	二九	十二听砲六 發射管二	艦長 大尉 東島乙吉郎	襲撃の際一水雷艇と衝突
有明	同	三七五	二九	同右	艦長 少佐 丸津見雅雄	なし
霰	同	三八一	二九	同右	艦長 大尉 渡邊眞吾	傷者兵一
曉	同	三六三	三一	十二听二 五十七ミリ砲四 發射管二	艦長 大尉 原田正作	襲撃の際第六十九號艇と衝突、浸水の爲め竹敷に向ふ

第二驅逐隊 司令、大佐 矢島純吉

艦名	艦種	排水量噸	速力節	主要兵裝	主要職員	損害
朧	驅逐艦	三四五	三一	十二听砲二 五十七ミリ砲四 發射管二	艦長 大尉 藤原英三郎	死者軍屬一、傷者士官一、下士官兵四
電	同	同	同	同右	艦長 少佐 管哲一郎	命中彈二、傷者准士官以上四、下士官兵九、浸水の爲め單獨竹敷に向ふ
雷	同	同	同	同右	艦長 少佐 齋藤半六	
曙	同	同	同	同右	艦長 大尉 山内四郎	傷者准士官一、下士官兵、三

第三驅逐隊 司令 中佐 吉島重太郎

艦名	艦種	排水量噸	速力節	主要兵裝	主要職員	損害
東雲	驅逐艦	三二二	三〇	十二听砲二 五十七ミリ砲四 發射管二	艦長 少佐 吉田孟子	なし
薄雲	同	同	同	同右	艦長 少佐 増田忠吉郎	傷者下士一
霞	同	三六三	三一	同右	艦長 少佐 白石眞介	なし
漣	同	三四五	同	同右	艦長 少佐 相羽恒三	なし

第十七艇隊 司令 中佐 關重孝

艦名	艦種	排水量噸	速力節	主要兵裝	主要職員	損害
千島	水雷艇	一五〇	二九	五十七ミリ砲一 四十七ミリ砲二 發射管三	艇長司令兼務	
隼	同	同	同	同右	艇長 大尉 海老原啓一	
眞鶴	同	同	同	同右	艇長 大尉 玉岡吉郎	
鵲	同	同	同	同右	艇長 大尉 宮本松太郎	

第二艦隊司令長官 中將 上村彦之丞
參謀長 大佐 藤井較一
參謀 中佐 佐藤鐵太郎
同 少佐 下村延太郎
同 大尉 山本英輔
副官 少佐 田中治平
機關長 機關大監 山崎鶴之助

第二戰隊（長官直率）

司令官　少將　島村速雄

參謀　少佐　竹内重利

出雲 ⚐	裝甲巡洋艦	九、八〇〇	二〇・七	八吋砲 四 六吋砲 一四 水雷發射管 四	艦長 大佐 伊地知孝珍 副長 中佐 上村經吉 航海長 中佐 志津田定一郎 砲術長 少佐 吉岡範策 水雷長 大尉 上村行輝 機關長 機關中監 岡本鷹雄	命中彈 七、八個 死者 兵 三 傷者 候補生 一 下士官兵二六
吾妻	同	九、七〇〇	二一・五	八吋砲 四 六吋砲 一四 水雷發射管 四	艦長 大佐 村上格一 副長 中佐 東郷靜之助 航海長 少佐 土屋芳樹 砲術長 少佐 堀田弟四郎 水雷長 少佐 遠矢勇之助 機關長 機關大監 三宅甲造	命中彈 十餘個 死者 下士官兵一〇 傷者 准士官以上三 下士官兵二七
常磐	同	九、七〇〇	二一・五	八吋砲 四 六吋砲 一四 水雷發射管 四	艦長 大佐 吉松茂太郎 副長 中佐 上村翁助 航海長 少佐 眞田鶴松 砲術長 少佐 佐藤皐藏 水雷長 少佐 原口房太郎 機關長 機關中監 伊達只吉	命中彈 九個 損害大ならず 死者 兵 一 傷者 下士官兵一四
八雲	同	九、七〇〇	二〇・〇	八吋砲 四 六吋砲 一二 水雷發射管 四	艦長 大佐 松本有信 副長 中佐 笠間直 航海長 少佐 關郁郎 砲術長 少佐 秋澤芳馬 水雷並 少佐 渡邊仁太郎 機關長 機關中監 村田愛吉	命中彈 七 死者 兵 三 傷者下士官兵 九
淺間	同	九、七〇〇	二一・五	八吋砲 四 六吋砲 一四 水雷發射管 四	艦長 大佐 八代六郎 副長 中佐 山本竹三郎 航海長 中佐 堀輝房 砲術長 少佐 三輪修三 水雷長 少佐 平井德藏 機關長 機關中監 津久井平八	命中彈 九 死者 兵 三 傷者 准士官 一 下士官兵一二
磐手	同	九、八〇〇	二〇・七	八吋砲 四 六吋砲 一四 水雷發射管 四	艦長 大佐 川島令次郎 副長 中佐 今井兼胤 航海長 少佐 松村豐記 砲術長 少佐 野村房次郎 水雷長 少佐 田中芳三郎 機關長 機關中監 中島市右衛門	命中彈 十六個 死者なし 傷者 准士官 一 下士官兵一四
千早	通報艦	一、二五〇	二一	四・七吋砲 二 水雷發射管 二	艦長 中佐 江口鱗六 航海長 大尉 前川直平 水雷長 大尉 福田貞助 機關長 大機關士 鈴木爲重	命中彈 三 傷者 四

第四戰隊司令官 中將 瓜生外吉
參謀 中佐 森山慶三郎
同 大尉 四竈孝輔

艦名	艦種	排水量噸	速力節	主要兵裝	主要職員	損害
浪速	巡洋艦	三、七五九	一八・五	二十六糎克砲 二 十五糎克砲 六 水雷發射管 四	艦長 大佐 和田賢助 副長 中佐 向井彌一 航海長 大尉 菅沼周次郎 砲術長 大尉 小山武 水雷長 大尉 成瀬美雄 機關長 機關中監 島田龜吉	命中彈 數個 死者 士官 一 傷者 下士官兵 九
高千穗	同	三、七五九	一八・五	二十六糎克砲 二 十五糎克砲 四 水雷發射管 四	艦長 大佐 毛利一兵衞 副長 中佐 小林惠吉郎 航海長 大尉 森本義寛 砲術長 大尉 巖崎茂四郎 水雷長 大尉 日高謹爾 機關長 機關中監 加納潤四郎	命中彈 二 傷者 下士官兵 四
明石	同	二八、〇〇	一九	六吋砲 二 四・七吋砲 六 水雷發射管 二	艦長 大佐 宇敷甲子郎 副長 少佐 有馬律三郎 航海長 大尉 中村良三 砲術長 大尉 上田吉次 水雷長 大尉 東條政二 機關長 機關少監 松澤敬讓	命中彈 五 死者 兵 三 傷者 兵 七
對馬	同	三、一二〇	二〇	十五糎砲 六	艦長 大佐 仙頭武央 副長 中佐 山崎米三郎 航海長 大尉 橋本虎六 砲術長 大尉 木場德三	命中彈 六 死者 兵 四 傷者士官 一 下士官兵一六
第四驅逐隊 司令 中佐 鈴木貫太郎						
朝霧	驅逐艦	三七五	二九	十二听砲二 五十七ミリ砲四 發射管二	艦長 大尉 飯田延太郎	なし
村雨	同	同	同	右	艦長 少佐 小林研藏	浸水烈しきを以て竹敷に向ふ
朝潮	同	三二二	三一	十二听砲二 五十七ミリ砲四 發射管二	艦長 少佐 南里團一	なし
白雲	同	同	同	右	艦長 少佐 鎌田政猷	なし
第五驅逐隊 司令 中佐 廣瀬順太郎						
不知火	驅遂艦	三二二	三〇	十二听砲二 五十七ミリ砲四 發射管二	艦長 少佐 桑島省三	死傷者あり
叢雲	同	同	同	右	艦長 少佐 島内恒太	命中彈一
夕霧	同	同	同	右	艦長 少佐 田代巳代次	襲撃中春雨と衝突、速力三海里以上出し得ず佐世保に入る
陽炎	同	同	同	右	艦長 大尉 吉川安平	なし

第九艇隊　司令　中佐　河瀬早治

艦名	艦種	排水量	速力	主要兵装	主要職員	損害
蒼鷹	水雷艇	一五〇	二九	五十七ミリ砲一 四十七ミリ砲二 發射管三	艇長（司令兼務）	
雁	同	同	同	同右	艇長　大尉　粟屋雅三	
燕	同	同	同	同右	艇長　大尉　田尻唯二	傷者兵　一
鴿	同	同	同	同右	艇長　大尉　井口第二郎	

第十九艇隊　司令　中佐　松岡修藏

艦名	艦種	排水量	速力	主要兵装	主要職員
鷗	水雷艇	一五〇	二九	五十七ミリ砲一 四十七ミリ砲二 發射管三	艇長（司令兼務）
鴻	同	同	同	同右	艇長　大尉　大谷幸四郎
雉	同	同	同	同右	艇長　大尉　關才右衞門

第三艦隊司令長官　中將　片岡七郎
參謀長　大佐　齋藤孝至
參謀　中佐　山中柴吉
同　少佐　百武三郎
副官　中佐　荒尾富三郎
機關長　機關大監　下條於莵丸

第五戰隊（長官直率）
司令官　少將　武富邦鼎
參謀　少佐　野崎小十郎

艦名	艦種	排水量 噸	速力 節	主要兵装	主要職員	損害
嚴島	海防艦	四、二七八	一六	三十二糎砲　一 十二糎砲　一一 水雷發射管　四	艦長　大佐　土屋保 副長　中佐　石川壽次郎 航海長　少佐　内藤收次 砲術長　大尉　糸川成太郎 水雷長　大尉　和田博愛 機關長　機關中監　平野宗四郎	なし
鎮遠	同	七、三三〇	一四・五	三十糎砲　四 十五糎砲　四 水雷發將管　五	艦長　大佐　今井兼昌 副長　中佐　川浪安勝 航海長　少佐　眞田權太郎 砲術長　少佐　伊集院兼誠 水雷長　大尉　三田村誠造 機關長　機關中監　坂本鉦五郎	なし
松島	同	四、二七八	一六	三十二糎砲　一 十二糎砲　一一 水雷發射管　四	艦長　大佐　奥宮衞 副長　中佐　下村亮太郎 航海長　大尉　古賀賢吉 砲術長　少佐　田代愛次郎 水雷長　大尉　吉村信成 機關長　機關中監　箕原文吉郎	傷者兵　一

橋立	海防艦	四、二七八	一六	三十二糎砲 十二糎砲 水雷發射管	一 一一 四	艦長 副長 航海長 砲術長 水雷長 機關長	大佐 中佐 大尉 少佐 大尉 機關中監	福井正義 町田駒次郎 小倉卯之助 中里重次 牟田龜太郎 江連礒磨橋	命中彈 二 傷者 候補生 一 下士官兵 六
八重山	通報艦	一、六〇〇	二〇	十二糎砲 水雷發射管	三 二	艦長 副長 航海長 水雷長心得 機關長	中佐 少佐 大尉 中尉 機關少監	西山實親 武部岸郎 石渡武章 柿沼勇雄 岩邊季貴	なし

第六戰隊司令官 少將 東鄕正路
參謀 少佐 吉田淸風
同 大尉 筑土次郎

須磨	巡洋艦	二、六五七	二〇	十五糎砲 十二糎砲 水雷發射管	二 六 二	艦長 副長 航海長 砲術長 水雷長心得 機關長	大佐 少佐 大尉 大尉 中尉 機關少監	栃内曾次郎 中島源藏 名古屋爲毅 平岩元雄 大湊直太郎 安部巽	命中彈 なし 傷者 下士官兵 三
千代田	同	二、四五〇	一九	十二糎砲 水雷發射管	一〇 三	艦長 副長 航海長 砲術長 水雷長 機關長	大佐依仁親王殿下 中佐 大尉 大尉 大尉 機關少監	 兼子昱 松岡靜雄 犬塚太郎 松下惣吉 城戸駒次郎	命中彈 なし 傷者 兵 二
秋津洲	同	三、一五〇	一九	六吋砲 四、七吋砲 水雷發射管	四 六 四	艦長 副長 航海長 砲術長 水雷長 機關長	大佐 少佐 大尉 大尉 大尉 機關少監	廣瀨勝比古 土田粂太郎 三宅大太郎 宇佐川知義 松下芳藏 江越孝太郎	命中彈 なし 傷者 兵 二
和泉	同	二、九五〇	一七	十吋安砲 四・七吋砲	二 六	艦長 副長 航海長 砲術長 機關長	大佐 中佐 大尉 大尉 機關少監	石田一郎 山口泰次郎 常松憲三 樺山可也 平野伊三郎	命中彈 一 死者 兵 三 傷者 下士官兵 七

第七戰隊司令官 少將 山田彥八
參謀 少佐 伊集院俊
同 大尉 小林躋造

艦名	艦種	排水量噸	速力節	主要兵装	主要職員	損害
扶桑	海防艦	三、七七七	一三	二十四糎克砲 四 十七糎克砲 二 水雷發射管 二	艦長 大佐 長井群吉 副長 中佐 中村虎之助 航海長 大尉 山梨勝之進 砲術長 大尉 武光一 水雷長 大尉 原道太 機關長 機關少監 藁谷年實	
高雄	砲艦	一、七七四	一五	十五糎克砲 四 十二糎克砲 一	艦長 中佐 矢代由德 副長 少佐 荒西鏡次郎 航海長 大尉 神田佐吉 水雷長 大尉 田島條二 機關長 機關少監 丹羽武五郎	
筑紫	同	一、三五〇	一六	十吋安砲 二 四・七吋砲 二	艦長 中佐 土山哲三 副長 少佐 岡田三善 航海長 大尉 原敢二郎 機關長 大機關士 笠井友一	
鳥海	同	六一四	一〇・二五	二十一糎克砲 一 十二糎克砲 一	艦長 中佐 牛田從三郎 航海長 大尉 馬來新一 機關長 大機關士 道家分兒	
摩耶	同	六一四	一〇・二五	十五糎克砲 二	艦長 中佐 藤田定市 航海長 大尉 高橋宗三郎 機關長 大機關士 大須賀久	
宇治	同	六二〇	一三・〇	八糎砲 四	艦長 少佐 金子滿喜 航海長 大尉 江安久 機關長 大機關士 八田重次郎	
第十五艇隊　司令　中佐　近藤常松						
雲雀	水雷艇	一五〇	二九	五十七粍砲一 四十七粍砲二 發射管三	艇長（司令兼務）	襲撃中第四十三號艇と衝突、辛うじて沈没を免れ歸投
鷺	同	同	同	同右	艇長 大尉 横尾倘	
鴿	同	同	同	同右	艇長 大尉 森駿藏	
鶚	同	同	同	同右	艇長 大尉 鈴木氏正	
第十艇隊　司令　少佐　大瀧道助						
第四十三號	水雷艇	一一〇	二七	四十七粍砲一 發射管三	艇長（司令兼務）	襲撃中鷺と衝突、竹敷に入る
第四十號	同	同	同	同右	艇長 大尉 中原彌平	なし
第四十一號	同	同	同	同右	艇長 大尉 水野廣德	なし
第三十九號	同	同	同	同右	艇長 大尉 大金實	なし
第十一艇隊　司令　少佐　富士本梅次郎						

第七十三號	水雷艇	八八	二四	五十七粍砲二　發射管三	艇長（司令兼務）	
第七十二號	同	同	同	同　右	艇長　大尉　笹尾源之丞	
第七十四號	同	同	同	同　右	艇長　大尉　太田原達	
第七十五號	同	同	同	同　右	艇長　大尉　河合退藏	
第二十艇隊　司令　少佐　久保來復						
第六十五號	水艇	一〇九	二九		艇長（司令兼務）	
第六十二號	同	同	二七		艇長　大尉　戸名肱三郎	
第六十四號	同	同	同		艇長　大尉　富永富次郎	
第六十三號	同	同	二九		艇長　大尉　江口金馬	
第一艇隊　司令　少佐　福田昌輝						
第六十九號	水雷艇	八八	二四	五十七粍砲　二發射管三	艇長（司令兼務）	襲撃中暁と衝突遂に沈没下士二行衛不明
第七十號	同	同	同	同　右	艇長　大尉　南郷次郎	なし
第六十七號	同	同	同	同　右	艇長　大尉　牟田武正	なし
第六十八號	同	同	同	同　右	艇長　大尉　寺岡平吾	命中弾三〇、死者下士官兵四、傷者准士官一、下士官兵五

附屬特務艦隊司令官　少將　小倉鋲一郎

參謀　中佐　平岡貞一

副官　少佐　奥田貞吉

艦名	艦種	排水量噸	速力節	主要兵装	主要職員	損害
亞米利加丸					艦長　大佐　石橋甫 副長　中佐　大島正毅 航海長　少佐　伊東祐保 機關長　機關中監　山本一男	
佐渡丸					艦長　大佐　釜屋忠道 副長　中佐　内田良隆	
信濃丸					艦長　大佐　成川揆 副長　少佐　丸橋彦三郎 航海長　少佐　八戸三輪次郎 機關長　機關少監　黒川巳太郎	
滿州丸					艦長　中佐　西山保吉 副長　少佐　下條小三郎 航海長　大尉　大角岑生 機關長　機關中監　杉　定	
八幡丸					艦長　中佐　川合昌吾 副長　少佐　隈元通純 航海長　少佐　保坂彦太郎 機關長　機關監　淵岡純一郎	

艦名	職	官	氏名
臺南丸	艦長	中佐	高橋助一郎
	副長	少佐	米原林藏
	航海長	大尉	大瀧新藏
	機關長	機關中佐	加藤恒成
熊野丸	艦長	大佐	淺井正次郎
日光丸	艦長	大佐	木村浩吉
臺中丸	艦長	大佐	松村直臣
春日丸	艦長	大佐	小花三吾
大仁丸	艦長	中佐	荒川規志
平壤丸	艦長	中佐	茶山豐也
京城丸	艦長	中佐	花房祐四郎
愛媛丸	指揮官	中尉	米村末喜
蛟龍丸	指揮官	中尉	辛島昌雄
高阪丸	指揮官	中尉	河村達藏
武庫川丸	指揮官	中尉	立川常次
第五宇和島丸	指揮官	中尉	米原末男
海城丸	指揮官	中尉	石丸藤太
扶桑丸	指揮官	中尉	中村熊三
關東丸	指揮官	少佐	佐多直道
三池丸	指揮官	少佐	國枝勝三郎
神戸丸	軍醫長	軍醫監	石川詢
西京丸	軍醫長	軍醫大監	太田彌太郎

	登簿噸數	速力
亞米利加丸	三、四六〇	一五・〇
佐渡丸	三、八六〇	一二・〇
信濃丸	三、九六〇	一二・〇
滿洲丸	一、八八八	一二・〇
八幡丸	二、三六六	一三・五
臺南丸	一、七八八	一三・〇
熊野丸	三、一四七	一三・五
日光丸	三、四三四	一三・五
臺中丸	一、八〇四	一三・〇
春日丸	二、三六八	一四・〇
大仁丸	八九九	一一・〇
平壤丸	七四五	一〇・〇

	噸數	速力
京城丸	七〇四	一〇・五
愛媛丸	三五八	一一・〇
蛟龍丸	四六二	一〇・〇
高阪丸	三四一	一二・〇
武庫川丸	二五九	一〇・〇
第五宇和島丸	二三四	一〇・〇
海城丸	一七六	九・〇
扶桑丸	一八三	一〇・〇
關東丸	以下不祥	
三池丸		
神戸丸		
西京丸		

第十七艇隊　司令　少佐　青山芳得

右の外、竹敷要港部司令官及び呈鎮守府麾下の艇隊にして、日本海々戰に參加せしもの左の如し。

艦名	艦種	排水量噸	速力節	主要兵装	主要職員	損害
第三十四號	水雷艇	八三	二四	四十七粍砲二 發射管三	艇長（司令兼務）	襲撃中、敵彈の爲め前罐室を破られ沈没人員は第六十一號艇に助けらる
第三十一號	同	同	同	同右	艇長 大尉 山口宗太郎	なし
第三十三號	同	同	同	同右	艇長 大尉 河北一男	同
第三十二號	同	同	同	同右	艇長 大尉 人見三郎	命中彈二〇、士官一戰死、下士官兵七負傷
第十八艇隊 司令 少佐 河田勝治						
第三十六號	水雷艇	八三	二四	四十七粍砲二 發射管三	艇長（司令兼務）	命中彈一、傷者士官一、下士官兵三
第六十號	同	八五	一八	同右	艇長 大尉 岸科政雄	なし
第六十一號	同	同	同	同右	艇長 大尉 宮村暦造	同
第三十五號	同	八三	二四	同右	艇長 大尉 副島村八	死者下士二、傷者士官二、兵七、襲撃後損害のため沈没、人員は第三十一號艇に助けらる

露西亞側

司令長官　中将　ロジェストウェンスキー
參謀　大佐　クラピエ・デ・コロン
參謀　大尉四　少尉三
其他幕僚九

第一戰艦隊（長官直率）

艦名	艦種	排水量噸	速力節	主要兵装	主要職員	損害
クニャージス・ウォーロフ	戰艦	一三、五一六	一八		艦長 大佐 イグナチウス	進退の自由を失し二十七日午後七時二十分沈没、長官は重傷を負ひ驅逐艦ブイヌイに移さる
インペラトール・アレクサンドル三世	同	一三、五一六	一八		艦長 大佐 ブフウォストフ	二十七日午後七時右舷に傾き沈没
ボロヂノ	同	一三、五一六	一七・八		艦長 大佐 セレーブレンニコフ	大火災に罹り二十七日午後七時二十三分沈没、將校全部死傷し一人の指揮するものなかりしと云ふ
アリョール	同	一三、五一六	一七・八		艦長 大佐 ユング	二十八日降伏、捕獲す、命中彈十二吋一二、八吋七、七吋二〇、艦體損害甚し
第二戰艦隊司令官 少將 フォン・フェリケルザム（戰闘前、即ち五月二十三日病氣の爲め旗艦にて死去） 參謀 大尉 コシンスキー 外少尉 一						
オスラービヤ	戰艦	一二、六七四	一八		艦長 大佐 ベール	二十七日午後三時七分沈没
シソイ・ウェリーキー	同	一〇、四〇〇	一五・六		艦長 大佐 オーゼロフ	二十八日朝前夜の魚雷攻撃に傷き將に沈没せんとするを發見し、我が軍捕獲手續を了せしも遂に沈没せり

ナワリン	同	一〇、二〇六	一五・八		艦長 大佐 フヒチンゴフ	晝間の損害の爲浸水甚しく二十七日夜魚雷襲擊を受け沈沒
アドミラル・ナヒーモフ	裝甲巡洋艦	八、五二四	一六・六		艦長 大佐 ロジオーノフ	二十八日朝將に沈沒せんとするを發見し佐渡丸捕獲處分をなせしも遂に沈沒せり

第三戰艦隊司令官 少將 ネボガトフ
參謀長 中佐 クロッス
參謀 大尉 セルゲーエフ
其他幕僚 六 外大尉 二

⚐ニコライ一世	戰艦	九、五九四	一五		艦長 大佐 スミルノフ	二十八日降伏、捕獲す、命中彈一〇
セニャーウヰン	裝甲巡洋艦	四、九六〇	一六・一		艦長 大佐 クリゴリエフ	二十八日降伏、捕獲す、命中彈二、損害大ならず
アプラクシン	同	四、一二六	一五		艦長 大佐 リーシン	二十八日降伏、捕獲す、命中彈二、損害大ならず
ウシャーコフ	同	四、一二六	一六・一		艦長 大佐 ミクルフ	二十八日午後六時磐手、八雲の爲め擊沈せらる

巡洋艦隊司令官 少將 エンクウヰスト
參謀 大尉 フォン・デン
參謀 大尉 ザリン

⚐オレーグ	防護巡洋艦	六、六四五	二三		艦長 大佐 ドブロツウォリスキー	命中彈十數個、死者一五、傷者三一、馬尼刺に遁入、武裝解除せらる
アウローラ	同	六、七三一	二〇		艦長 大佐 エゴリエフ	水線附近に大破孔を生ず、死者艦長以下二〇、傷者副長以下九五、馬尼刺に遁入武裝解除せらる
ドミトリー ドンスコイ	裝甲巡洋艦	六、二〇〇	一七		艦長 大佐 レベーデフ	二十七日は損害輕微、二十八日我軍の砲擊竝に魚雷攻擊を受け二十九日朝鬱陵島附近にて沈沒
ウラジミール モノーマフ	同	五、五九三	一七・五		艦長 大佐 ポポーフ	二十七日は損害輕微、二十八日朝著しく傾斜しつゝ來れるを發見、佐渡丸捕獲處分をなせしも遂に沈沒す
スウェトラーナ	防護巡洋艦	三、七二七	二〇・三		艦長 大佐 シエイン	艦首水線附近に大彈孔を穿たれ十五海里以上の速力を出す能はず、二十八日新高音羽の爲め竹邊灣沖にて擊沈せらる
アルマーズ	巡洋艦	三、二五八	一九		艦長 中佐 チャーギン	死者五、傷者一〇、二十九日浦鹽斯德に入る
ジェムチューグ	同	三、一〇四	二四		艦長 中佐 レウヰーツスキー	死者一二、傷者二二、馬尼刺に遁入、武裝解除せらる
イズムルード	同	三、一〇三	二四		艦長 中佐 フェルゼン	傷者一〇、ウラジミール灣に擱岸破壞
ウラール	假裝巡洋艦				艦長 中佐 イストミン	二十七日午後五時五十分擊沈さる

第一驅逐隊						
ベドウイ	驅逐艦	三五〇	二六		艦長 中佐 バラーノフ	漣に捕獲せらる、移乘中のロジェストウェンスキー長官をも捕虜とす
ブイヌイ	同	三五〇	二六		艦長 中佐 コロメイツォフ	二十八日欝陵島南方七十海里にてドン航行不能となりスコイ之を砲擊々沈す
ブイスツルイ	同	三五〇	二六		艦長 中佐 マニコフスキー	二十八日新高等に追はれ竹邊灣北方海岸に擱座破壞
ブラーウヰ	同	三五〇	二六		艦長 大尉 ヅールノーウォ	死者九、傷者四、浦鹽斯德に入る
第二驅逐隊						
ボードルイ	驅逐艦	三五〇	二六		艦長 中佐 イワーノフ	上海に遁入、武裝解除せらる
ベヅウプリヨーチヌイ	同	三五〇	二六		艦長 中佐 マッセー・ウヰチ	二十八日千歲に擊沈せらる
ブレスチャーシチー	同	三五〇	二六		艦長 中佐 シャーモフ	上海に遁入の途中沈沒
グロームキー	同	三五〇	二六		艦長 中佐 ケルン	二十八日午前不知火及第六十三號艇に攻擊せられ一旦捕獲せしが遂に沈沒
グローズヌイ	同	三五〇	二六		艦長 中佐 アンドレ、ジェフスキー	浦鹽斯德に入る
運送船隊指揮官 大佐 ラドロフ。参謀 大尉 コンスタンチノーフ 外少尉 一						
カムチャトカ	工作船	七、二〇七	一三		艦長 中佐 ステパノフ	二十七日午後七時十分擊沈せらる
アナヅイリ	運送船	一二、〇〇〇				本國に歸還
イルチッシ	同	七、五〇五				二十八日石見國濱田沖にて沈沒
コレーヤ	同	六、一六三	一三			上海に遁入、武裝解除せらる
ルス	同					二十七日午後四時二十分擊沈
スウヰーリ	同					上海に遁入、武裝解除せらる
アリヨール	病院船	五、〇七四	一九・二			抑留
カストローマ	同	三、五〇六	一一			抑留後放還

四、大正三年乃至九年戰役

大正三年八月二十三日獨墺に對する宣戰布告と共に帝國海軍は先づ東洋方面に在る敵艦隊の掃蕩を期し、艦隊の殆んど全部を擧げて各方面に行動を開始し、其の大部は膠州灣の敵を封鎖し陸軍と協同して青島攻略に從事、爾餘の各支隊は南北太平洋及印度洋に策動して索敵及通商保護に任じた。即ち十月には南洋群島に於ける獨領諸島を占領して敵の根據地を覆滅し、十一月には青島を攻略し、掠奪艦「エムデン」も亦次で撃破せられた。

十二月「フォークランド」沖海戰に於て獨東洋艦隊の殲滅と共に、太平洋及印度洋方面に於ける敵の海上兵力は全く一掃せられ、茲に一段落を告ぐるに至つた。

大正四年に入り兵力の配備を變更し、主力艦隊は內地沿岸に控置して戰局の推移に備へ、巡洋艦を基幹とする艦隊の一部は英海軍と協力し、專ら南支那、蘭領印度及印度洋方面の警備に從事した。

然るに大正五年の終期頃より、敵は潛水艦及掠奪船を放つて通商破壞戰に全力を傾注し、聯合國艦船の被害頻出するに至つたので、大正六年二月以降、巡洋艦の大部を以て特務艦隊を編成し、第一特務艦隊の一部は喜望峯方面に、第二特務艦隊は地中海に、第三特務艦隊は濠洲方面に行動し、專ら聯合與國との協同策戰に從事した。而して戰局の發展に伴ひ、巡洋艦は殆んど其全部を擧げて特務艦隊に增勢し、第一特務艦隊は新嘉坡を、第三特務艦隊は「シドニー」を根據として印度洋及南太平洋に行動し、主として敵武裝商船警戒竝に聯合國船舶の輸送掩護に當り、第二特務艦隊は「モルタ」を根據地として輸送掩護竝に對潛水艦戰に從事した、然るに一方大正六年三月勃發した露國革命の餘波東漸して「シベリヤ」に侵入し、同年終期より露領沿海州方面惡化し來つたので、大正七年一月帝國居留民保護のため、先づ第三艦隊の一部を浦鹽に派遣して沿海州の警備に任じたが形勢益々惡化し、同年八月には我陸軍の一部を「シベリヤ」に派遣せらるゝに及び、第三艦隊の殆んど全部は露領沿岸に出動するに至つた。

歐洲大戰は獨墺側の屈伏により大正七年十一月十一日遂に對獨休戰條約締結となり、同八年六月二十八日平和條約の調印により大團結を告ぐるに至つたが、極東露領の騷亂は終熄せず、陸軍の一部尙ほ作戰行動中なりしを以て、第三艦隊は依然として警戒保護に任じて居た。

大正九年一月十日、平和條約の批准を見るに至りしも極東露領未だ安定せず、五月彼の尼港事件起るや、陸軍と協同して同地占領に從事し、「アレキサンドリア」に臨時防備隊を設置し、引續き該方面の警備に任じた。

同十一年十月下旬、陸軍は北樺太に一部を殘す外全部撤退せるを以て、臨時海軍防備隊及浦鹽警備艦の外悉く引上げ內地に歸還した。

(イ) 青島攻略 (大正三年八月十一日)より

帝國が東洋平和の確保と日英同盟の誼により大正三年八月二十三日獨逸に對し宣戰するや、第一艦隊(司令長官加藤友三郎中將)は黃海より東海北部に亘る海面の警戒に任じ、第二艦隊(司令長官加藤定吉中將)は直ちに膠州灣に進出し、八月二十七日を以て膠州灣の封鎖を宣言した。英戰艦「トライアンフ」及驅逐艦「ウスク」も亦第二艦隊司令長官の指揮下に入りて協同作戰に從事した。開戰當時獨逸東洋艦隊の主力は南洋方面に出沒し、敵艦「エムデン」は旣に膠州灣を脫出して踪跡を晦まし青島には墺洪國軍艦一隻と獨逸小艦艇數隻が殘留するのみであつた。

八月下旬我攻圍軍の第一次輸送開始に伴ひ、第一艦隊は朝鮮南方海面に、第二艦隊の一部は黃海方面に在りて航路の保安及輸送船隊の掩護に任じ、爾後第二艦隊の一部は旅順要港部々隊と協力して我陸軍の山東省龍口に於ける揚陸を援助した。次で九月中旬第二次輸送開始せらるるや、第一艦隊は再びその掩護に任じ、第二艦隊は主として勞山灣に於ける日英陸軍及海軍重砲隊の揚陸を援助した。

此間第二艦隊の主力、水雷戰隊及特務部隊は膠州灣の封鎖を嚴にすると同時に、特に艦隊の主力は海上より敵を砲撃し、掃海隊は屢々風濤を冒して勞山灣の淸掃に努め、航空隊は敵情の偵察及爆彈投下を敢行し、又海軍重砲隊（指揮官正木義太中佐）は我陸軍と協力して灣内の敵艦及青島要塞の攻撃に從事した。

其後陸上作戰の進捗に伴ひ、第二艦隊の主力は十月末日を以て開始せる攻圍軍の總攻擊に策應して海上より猛烈なる砲撃を青島砲臺に加へ、十一月七日遂に敵をして開城降服せしめ、茲に青島の攻略を終るに至つた。

本作戰に從事したる第二艦隊の主なる艦船は、旗艦周防以下軍艦十九隻、驅逐艦・水雷艇三十一隻、其他特務艦船十八隻、合計六十八隻にして、我海軍の主なる損傷は、高千穗が哨戒勤務中、敵の水雷艇「Ｓ九〇」號のため撃沈せられ艦長伊東祐保大佐以下乘員殆んど殉難したる外、敵の機雷に觸れて罹災したるもの水雷艇一隻、特務船三隻、坐礁破壞したるもの驅逐艦白妙にして、此間合計三百餘名の戰死と七十餘の傷者の外、英艦にも三名の死傷者を出だした。又沈沒或は破壞したる敵艦は墺洪國巡洋艦「カイゼリン・エリザベート」以下砲艦四隻及び小船艇數隻であつた。

（ロ）地中海遠征（大正六年三月より）

大正六年二月一日獨逸が無制限潛水艦戰宣言を聲明せし以來、其の潛水艦は特に地中海方面に出沒して暴威を逞ふし、聯合國商船の被害は俄然增加し、我が歐洲航路船舶の遭難も亦頻出するに至つた。是に於て帝國政府は英國政府の懇請と、世界平和促進のため、遠く地中海に艦隊を派遣して協同作戰に從事する事となつた。

新に編成せられたる第二特務艦隊の軍艦明石及第十驅逐隊（桂、楓、楠、梅）第十一驅逐隊（松、榊、杉、柏）は、司令官佐藤皐藏少將指揮の下に、大正六年三月十一日新嘉坡發、四月十三日「モルタ」着、爾來同地を根據とし、其後增勢せられたる艦艇と共に、英國海軍と協同して對潛水艦作戰及輸送船隊の護衞任務等に從事した。

同年六月一日新に編入せられたる軍艦出雲及第十五驅逐隊（樫、桃、檜、柳）、は、八月初旬「モルタ」に到着、出雲は明石と交代し旗艦となつた。又英海軍の要望により二隻の英國「トローラー」に、我が將兵を載せて我が軍艦旗を揭げ、一隻は「東京」、他は「西京」と假稱し、其後更に英驅逐艦二隻に、右同樣我が軍艦旗を揭げ、「梅檀」及「橄攬」と假稱し、臨時第十一驅逐隊に編入して所要の任務に服せしめた。

斯くて我が第二特務艦隊は出征以來「モルタ」を根據とし、殆んど地中海の全部に亘り、主として軍隊輸送船の護送任務に從事し、聯合與國の作戰に寄與することと甚大であつた。此間戰鬪、救護の主なるものは次の如し。

大正六年五月四日、松、榊の兩驅逐艦は、三千の陸兵を搭載せる英運送船「トランシルバニヤ」を護送中、同船が敵潛水艦のため擊沈せられた時、危險を冒して其の人員を救助した、而して此の兩艦の勇敢、敏速なる行動は、周く列國の賞讃と感謝を博した。又同年六月十一日右兩驅逐艦が護送任務を了へて「ミユドロス」から「モルタ」へ向け歸航中敵潛水艦と交戰し、榊は左舷艦首下に雷擊を受けて第一罐室より前部に亘り大破損を蒙り、艦長上原太一中佐以下五十九名戰死し、庄司彌一大尉以下十六名の重輕傷者を出した。

（ハ）南洋群島の占領（大正三年八月より）

世界大戰勃發するや、南洋方面に遊弋せる獨逸東洋艦隊の主力及膠州灣を脫出した敵艦「エムデン」の所在は當時不明であつたので、帝國海軍は獨領南洋群島の索敵を行ふ事となり、先づ山屋他人中將の率ゆる第一南遣支隊を派遣し、次で松村龍雄少將の率ゆる第二南遣支隊を增派した。第一南遣支隊鞍馬（旗艦）、筑波、淺間及驅逐艦海風、山風は、大正三年九月十四日横須賀發南征の途に就き、十月三日「マーシヤル」群島の「ヤルート」島に陸戰隊を揚陸して軍事占領を行ひ、次で同十一日迄に「クサイ」島、「ポナペ」島、「トラック」島の占領を布告し、又十月一日佐世保出港の第二南遣支隊旗艦薩摩（矢矧は後發）は同月七日より九日に亘り「西カロリン」群島中の「ヤップ」「アンガウル」及「パラオ」諸島を占領し、更に横須賀所屬の軍艦香取は十月十四日「マリアナ」群島の「サイパン」島を占領し、茲に赤道以北に於ける獨領南洋島全部の軍事占領を了した。

斯くて占領地には各艦から守備隊を殘留して（後特別陸戰隊と交代す）軍政を布き治安に任じた。同年十二月以降東「カロリン」群島の「トラック」に臨時南洋群島防備隊を置き、防備隊司令官をして軍政を統べしめ、大正七年七月防備隊に民政部を設けた。

平和克復後上記の南洋群島が帝國の委任統治領となるや、大正十年七月民政部を司令部と分離して「パラオ」に移し、翌十一年三月防備隊の廢止と共に新に南洋廳の設置を見るに至つた。

第三篇　史實一覽

一、海軍主要史實

(イ)　明治元年以降海軍史實年表　〔註、明治五年太陽暦ヲ用フル迄ハ陰暦ニ依ル〕

明治　元・正月・一八	海陸軍務總督及ビ海陸軍務掛ヲ京都ニ置ク、後之ヲ廢シテ軍防事務官トシ更ニ軍務官ニ改ム、又海軍局ヲ東京ニ置ク。
同　三・二六	大阪天保山沖ニ觀艦式擧行セラル。
同　八・一九	榎本武揚幕府軍艦數隻ヲ率ヰテ北海ニ向ケ脱走ス。
同　二・三・二五	幕艦回天宮古港ニ於テ官軍ノ艦隊ヲ襲ヒ海戰アリ。〔甲賀源吾幕艦回天ニ艦長タリ、後ノ東郷元帥官艦春日ニ乘組ム〕
同　七・八	兵部省ヲ置キ陸海軍ヲ管ス。
同　二・三・二八	都ヲ京都ヨリ東京ニ移サル。
同　九・一八	海軍操練所ヲ築地ニ置ク。
同　四・七・二八	兵部省官制ヲ改メ、海軍部、陸軍部ニ分ツ。
同　五・二・二七	兵部省ヲ廢シ、陸軍省、海軍省ヲ置ク。
同　一一・九	太陽暦ヲ採用。
同　六・一・一九	海軍提督府設置。
同　七・二七	英國ノ制ニ則リ海軍ノ教育ヲ實施スルコトトナリ、「ドーグラス」中佐以下ノ教官等著任、此年海軍服制制定セラル。
同　七・二・一	佐賀ノ亂起ル。〔四月治定ス〕
同　四・四	臺灣征討ノ師ヲ起ス。（十一月二十六日師ヲ斑ス）
同　五・五	海軍兵學校分校ヲ横須賀ニ置キ、機關科生徒ヲ之ニ移ス。
同　八・九・二〇	軍艦雲揚ノ江華島（朝鮮）砲擊事件アリ。〔艦長少佐井上良馨〕
同　九・九・六	提督府ヲ廢シ東海鎭守府ヲ横須賀ニ假設ス。
同　九・一	海軍兵學寮ヲ海軍兵學校ト改稱ス。
同　一一・一〇	千島樺太交換條約締結セラル。
同　一〇・一一・─	軍艦清輝歐洲淸國巡航。（艦長少佐井上良馨）
同　五・二一	軍用輕氣球ヲ試製、上昇實驗ヲ行フ。（於兵學寮）
同　一一・六・四	横須賀ノ兵學校分校ヲ同校附屬機關學校ト改稱ス。
同　一四・七・二八	横須賀ノ海軍機關學校ヲ兵學校ヨリ分離獨立セシム。
同　一五・一・四	軍人ニ對シ　勅諭ヲ下シ賜フ。所謂五箇條ノ御勅諭之ナリ。
同　七・二三	朝鮮京城ニ暴動起リ我ガ公使館ヲ襲フ花房義質公使以下英艦「フライング・フイッシュ」ニ乘艦シテ長崎ニ歸着ス。
同　一七・一・二五	小野濱（兵庫）ニ造船所ヲ置ク。
同　五・一	大阪商船會社創立。
同　一二・四	再ビ京城ニ暴動アリ。（朴永孝、金玉均等改革ヲ唱フ）

明治一七・一二・一五　東海鎮守府ヲ横須賀鎮守府ト改稱ス。
同　一八・四・一八　天津條約調印。
同　一〇・一　日本郵船會社成ル。（郵便汽船、共同運輸の兩會社合併）
同　一二・二二　三大臣、卿、參議官制ヲ廢シ、總理大臣及各省大臣ヨリ成ル內閣官制創定セラル。
同　一九・四・二二　海軍條令制定、軍政・軍令ノ別ヲ明ニス。
帝國海面ヲ五海軍區ニ分チ、第一區鎮守府ヲ横須賀ニ、第二區鎮守府ヲ吳ニ、第三區鎮守府ヲ佐世保ニ決定ス。
同　七・一　海軍主計學校ヲ置ク。
同　二〇・七・一　海軍整備ノ　勅語下ル（御內帑金ヲ下賜セラレ、又庶民ノ獻金ヲ許シ給フ）
同　五・三一　軍事參議官條令定メラル。
同　七・一四　海軍機關學校ヲ廢シテ兵學校ニ併合ス。（機關學科ヲ將校必須科目トス）
同　二一・五・一二　參謀本部ヲ廢シ更ニ參軍官制ヲ定メ・參軍ノ下ニ陸軍參謀本部及海軍參謀部ヲ置ク。
同　七・一四　海軍大學校ヲ東京築地ニ置ク（昭和七年八月廿九日舊白金火藥庫跡ニ移轉）
同　八・一　海軍兵學校ヲ廣島縣江田島ニ移ス。
同　二二・二・一一　帝國憲法發布。
同　三・七　參軍及陸軍參謀本部ヲ廢シ更ニ參謀本部及海軍參謀部ヲ置ク。
同　七・一　吳、佐世保兩鎮守府開廳ス。
同　一一・三　軍艦旗ヲ改正シ現用ノモノヲ採用ス。
同　二三・二・一一　金鵄勳章令創設。
同　七・二八　特命檢閱條令發布。
同　三・—　初メテ海陸聯合大演習ヲ行ハセラル。
同　四・一八　神戶沖ニ於テ海軍觀艦式ヲ行ハセラル。
同　一〇・一八　海軍兵學校ニ機關科ヲ再設ス。
同　一一・二九　第一帝國議會開會セラル。
同　二五・一一・三〇　軍艦千島、愛媛縣堀江沖ニ於テ英船「ラヴエンナ」號ト衝突沈沒ス。
同　二六・一—二　布哇革命事件勃發、金剛、浪速、高千穗ノ三艦相次イデ回航警備ニ從事ス。
同　二六・二・一〇　詔勅降下、向フ六年間每歲皇室費三十萬圓ヲ御下附、文武百官ノ俸給十分ノ一ヲ納レ製艦費ノ補足ニ充テシメラル。之ニヨリ富士、八嶋ノ兩戰艦ヲ英國ニ注文シ、明石・宮古ノ兩巡洋艦ヲ横須賀及ビ吳ニ於テ建造ス。
同　五・一九　海軍參謀部ヲ廢シ海軍々令部ヲ東京ニ置ク。
同　六・—　下瀨火藥ヲ採用シ紀淡海峽ニ於テ常備艦隊ヲシテ實驗セシム。
同　一一・二九　海軍兵學校機關科ヲ廢シ機關學校ヲ新設シ之ヲ横須賀ニ移ス。
戰時大本營條例ヲ定ム。
同　一二・三一　海軍主計學校ヲ廢ス。
同　二七・三・三一　海軍々醫學校ヲ廢ス。
同　六・—　韓國東學黨ノ亂起リ日淸兩國各兵ヲ韓國ニ入ル。
同　六・二　海軍大臣ハ各鎮守府司令長官ニ出師準備內命ヲ下シ、常備艦隊司令長官海軍中將伊東祐亨ニ對シ至急釜山ニ回航ヲ命ズ。

明治二七・六・一〇	大島公使ヲ護衛シ海軍陸戰隊韓國京城ニ入ル。
同　　六・一九	聯合艦隊ノ編組成ル（艦隊編成別表一參照）
同　　七・二三	聯合艦隊佐世保出港。
同　　七・二五	豐島海戰（參加艦名及士官名、別表第二參照）
同　　八・一	清國ニ對シ宣戰ノ大詔ヲ發セラル。
同　　九・一五	大本營ヲ廣島ニ定メ大纛ヲ進メラル。
同　　九・一七	黄海海戰（參加艦名及士官名、別表第三參照）
同　一一・二一	旅順港ヲ占領ス。
同　一二・一五	海軍省ヲ麴町區霞ケ關新築廳舍ニ移ス。
同二八・一・一五	防務條令發布
同　　一・三〇	海陸協同威海衛ノ攻略ヲ開始ス（參加艦名、參加士官人名、別表第四ノ一・二參照）
同　　二・　四	我ガ水雷艇隊威海衛ヲ襲撃ス（參加艇名、參加准士官以上人名、別表第四ノ一、二參照）
同　　二・一二	清國北洋水師提督丁汝昌降ヲ乞フ。
同　　二・一七	威海衛占領。
同　　二・二〇	伊東司令長官ニ對シ聯合艦隊主力ヲ率キテ澎湖島占領ノ爲メ出征準備ノ命下ル。
同　　三・一二	右出征準備成ル（編成別表第五）
同　　三・一五	佐世保軍港出發。
同　　三・二四	馬公城陷落、海軍陸戰砲隊馬公城ニ入ル。
同　　三・二五	海軍陸戰砲隊漁翁島ヲ占領ス。
	敵將郭潤馨、我ガ海軍聯合陸戰隊ニ投降ス。澎湖島占領。
同　　三・三一	日清休戰條約成立。
同　　五・一五	平和克復。
同　　五・―	三國（獨、魯、佛）干涉、我ガ征戰ノ成果ヲ奪フ、之レヨリ「臥薪嘗膽」ノ語行ハル。
	臺灣我ガ版圖ニ入ル、反軍討伐開始、同十一月平定。
同二九・一・二〇	對馬國竹敷ヲ要港トス。
同　　三・三〇	臺灣總督府條例ヲ定ム。
同　　四・　一	侍從武官制ヲ定ム。
同　　二・二八	軍艦八島英國ニ於テ進水。（同富士ハ翌三月三十一日）
同三〇・―	初メテ驅逐艦ヲ英國ニ註文ス（叢雲級四隻ヲ「ソーニクロフト」社ニ、雷型四隻ヲ「ヤーロー」社ニ）何レモ水管罐ヲ裝備ス。此ノ八艦ハ竣工後逐次帝國海軍將校之ヲ指揮シテ本邦ニ回航ス。
	此ノ年ヨリ懸賞射撃ヲ實施ス。艦砲射撃優等章ノ徽章ヲ制定授與セラル。
同　　六・二二	軍艦富士ハ常備艦隊司令官有栖川宮威仁親王殿下ノ旗艦トナリ、英國女皇ノ即位六十年祝典ニ列ス（富士ハ當時英國ニテ建造中）
同　一〇・三一	軍艦富士本邦ニ到着ス。（同八島ハ同年十一月三十日）
同三一・一・一九	元帥府ヲ設定セラル。

明治三二・四・一三　海軍下瀬火薬製造所條例ヲ定ム。
同　三三・四・三〇　初メテ無線電信機ヲ帝國軍艦敷島ニ裝備シ　天覽ニ供ス（攝海ニ於ケル觀艦式場ニ於テ）。
同　五・一九　海軍教育本部及ビ海軍艦政本部新設セラル。
同　五・二八　清國義和團暴徒猖獗ヲ極メ北京危機ニ陷ル。（北清事變始マル）
同　五・二九　軍艦愛宕太沽ニ入リ陸戰隊（指揮官海軍大尉原胤雄）ヲ揚陸シ我ガ北京公使館ノ護衛ニ當ラシム（別表第六ノ一）
同　五・三〇　列國軍艦太沽沖ニ集合（當時我艦隊及列國軍艦別表第六ノ二）
同　六・五　英艦センチュリオン上ニ列國艦隊會議開カル、英將シーモア中將議長タリ。
六　笠置艦長海軍大佐永峯光孚之ニ臨ミ、北京救援各國聯合陸戰隊ヲ組織ス。（別表第六ノ三、四）
同　六・一〇　各國聯合陸戰隊（英國シーモアー中將指揮）北京ニ向テ發ス。笠置陸戰隊五十一名海軍少尉宇佐川知義之ヲ率キテ參加ス。
同　六・一二　軍艦須磨ノ陸戰隊（島村速雄同艦長指揮）天津領事館ニ入リ居留民ト共ニ之ヲ守ル。
同　六・一七　我陸戰隊二百八十名海軍中佐服部雄吉之ヲ指揮シ太沽砲臺攻略ニ參加シ、之ヲ占領ス、服部中佐戰死、中隊長白石（葭江）大尉、同野崎（小十郎）大尉等、先登タリ（死傷者別表第六ノ五）
同　六・二一　清國列國ニ對シ宣戰ヲ布告ス。
同　六・二八　福島（安正）陸軍少將ノ率ユル我ガ臨時派遣隊天津居留地到着。
同　七・一四　天津城占領、帝國陸軍先登第一タリ。
同　八・一五　北京城占領、清帝西安府ニ蒙塵。
同　一二・二三　和議ヲ開始ス。（北清事變終了ニ近ヅク）
同　三四・三・一八　海軍士官ノ外國駐在制度ヲ定ム。
同　七・二、　澎湖島馬公ヲ要港トシ、其境域ヲ定ム。
同　九・七　北清事變最終議定書調印ヲ了ス。
同　一〇・一　舞鶴鎭守府開廳。
同　三五、二・一〇　日英同盟成立。
同　四・七　伊集院（五郎）常備艦隊司令官、軍艦淺間・高砂ヲ率キ、英皇ノ戴冠式ニ參列ノ爲メ横濱ヲ發ス。
同　一一・——　初メテ松嶋、嚴嶋、橋立ヲ以テ練習艦隊ヲ組織シ、少尉候補生ヲ配乘セシメ海軍少將上村彥之丞之ヲ率キ、濠洲及南洋方面ヲ巡航ス。
同　三七、二・五　陸海軍ニ　大詔ヲ賜ヒ以テ獨立自衞ノ目的ヲ達シ、帝國ノ光榮ヲ全ウセンコトヲ命ジ給フ（日露開戰直前）
同　二・六　東鄕（平八郎）海軍中將ノ率ユル聯合艦隊佐世保軍港發、征露ノ途ニ就ク。
同　二・九　瓜生戰隊仁川沖ニ於テ露艦「ワリヤーグ」及ビ「コレーツ」ノ兩艦ト交戰シ、之ヲ仁川港内ニ擊退自沈セシム。
第一、第二、第三驅逐隊ハ旅順港外碇泊ノ露國艦隊ニ對シ魚雷襲擊ヲ行フ。
第一、第二、第三戰隊ハ旅順港外ニ於テ露艦隊ト交戰シ大ニ敵艦ヲ擊破ス。
同　二・一〇　露國ニ對シ宣戰ノ　詔勅ヲ發セラル。

明治三七・二・一六	春日、日進ノ兩艦（「アルゼンチン」共和國ガ伊太利ニテ建造中ノモノヲ購入）橫須賀ニ安着ス。
同　二・二四	第一次旅順口閉塞決行（編成、別表第七ノ一參照）
同　三・一〇	第一第三驅逐隊敵驅逐隊ト接戰、之ヲ破ル。「舷々相摩ス」ノ用語依テ生ズ。
同　三・二七	第二次旅順口閉塞決行（編成、別表第七ノ二參照）
同　四・一二	初テ機械水雷ヲ敵前ニ敷設スルノ戰術ヲ實施ス（假裝砲艦蛟龍丸及ビ第四、第五、驅逐隊、第十四艇隊ヲ以テ之ヲ行フ）
同　四・一三	敵旗艦「ペトロパウロウスク」旅順港外ニ於テ前夜我軍ノ敷設セル機械水雷ニ觸レ爆沈、司令長官「マカロフ」中將等戰死ス。
同　四・二六	金州丸遭難。（露國浦鹽艦隊ノ爲ニ）
同　四・二八	浦鹽斯德港外ニ機雷沈置ヲ行フ（翌二十九日ノ分ヲ合シ七十五個）
同　五・三	第三次旅順口閉塞決行（編成、別表第七ノ三參照）
同　五・一四	軍艦初瀨、八島老鐵山沖ニ於テ敵ノ機雷ニ觸レテ沈沒シ、又春日ハ吉野ト衝突シ吉野沈沒。
同　五・二六	東鄕聯合艦隊司令長官旅順口封鎖宣言ヲ公布ス。
同　六・一四	佐渡丸、常陸丸、和泉丸ハ對島海峽南方ニ於テ浦鹽艦隊ノ爲メ擊沈若クハ擊破セラル。
同　八・一〇	旅順ニ蟄伏中ノ露國艦隊浦鹽ニ向テ逃出ヲ企テ、我艦隊之ヲ黃海ニ阻止シテ大ニ之ヲ敗ル、我ガ艦隊損害又大（黃海々戰）
同　八・一四	浦鹽ニ於ケル露國艦隊、旅順艦隊ニ來應ノ爲メ出動、對島海峽ニ於テ上村第二艦隊ノ爲メニ發見セラレ蔚山沖ニ於テ擊破セラル（蔚山沖海戰）
同　一〇・一五	露國第二太平洋艦隊「リバウ」港出發。
同三八・一・二	旅順開城、露國太平洋第一艦隊ノ主力全滅ス。
同　二・一五	露國太平洋第三艦隊「リバウ」軍港ヲ出發ス。
同　五・二七	我ガ聯合艦隊對馬海峽ニ露國第二、第三太平洋艦隊ヲ邀擊シ、殆ンド之ヲ全滅ス（日本海々戰）
同　七・八	我ガ北遣艦隊「コルサコフ」ニ揚陸、樺太攻略開始。
同　九・五	日露講和條約成立、日露兩國全權委員小村壽太郎、高平小五郎、「セルキー」、「ウキッテ」、「ローゼン」講和條約文ニ調印ス。
同　一〇・一五	平和克復、出征海陸軍相次デ凱旋。
同　一〇・二三	橫濱沖ニ於テ凱旋觀艦式擧行。
同　一二・一一	陸奧國下北郡大湊ヲ要港トシ其境域ヲ定メラル。
同三九、三・一七	五月二十七日ヲ海軍記念日ト定ム。
同　九・二二	旅順鎭守府條例ヲ定ム。
同四〇・四・二〇	海軍砲術學校竝ニ海軍水雷學校、海軍工機學校、及海軍經理學校ヲ設ケ、海軍砲術練習所、海軍水雷術練習所、海軍機關術練習所、海軍主計官練習所ヲ廢ス。
同四一・―・―	米國「ジェームスタウン」三百年祝典參列ノ爲メ、伊集院（五郎）第二艦隊司令長官ノ率ユル筑波・千歲米國ニ差遣セラレ、更ニ歐洲諸港ヲ歷訪シ內國製大艦ノ威容ヲ歐米諸國ニ示ス。

明治四二・五・―	庄司（義基）艦長ノ指揮セル巡洋艦生駒ヲシテ「アルゼンチン」國獨立百年祭ニ參列セシメラル。
同　一一・―	航空機ヲ海軍ニ採用ス。
同　一一・二八	海軍人事部ヲ各鎭守府ニ置ク。
同　四三・一二・二六	朝鮮永興ヲ要港トス。
同　四四・四・一	英國皇帝「ジョージ」五世陛下戴冠式ニ參列ノ爲、島村（速雄）第二艦隊司令長官、軍艦鞍馬・利根ヲ率キ英國ニ向ケ横須賀發。
同　八・二三	戰利艦姉川ヲ露國ニ贈ル。
大正二・三・二六	運用術練習艦令制定。
同　三・二八	海軍無線電信條令制定。（軍港要港其他要所ニ之ヲ置ク）
同　六・一三	海軍省官制一部改正。（海軍大臣、次官ニ現役將官ヲ以テスル件ヲ削除）
同　三・三・一三	旅順鎭守府ヲ廢シ旅順要港部ヲ置ク。
同　七・二八	墺國「セルビヤ」に宣戰、世界大戰始マル。
同　八・二三	對獨墺宣戰、膠州灣封鎖宣言。
	第二艦隊ヲシテ膠州灣攻略ニ從ハシメ、第一艦隊ヲシテ北米沿岸・南支那海・蘭領印度及印度洋方面ニ出動シ、聯合國側海軍ト協同作戰セシメラル。
同　一〇・五	海軍省ニ參政官・副參政官增置（大正九年廢止）。艦隊令制定。
同　一〇・一四	獨領南洋群島占領。
同　一一・七	青島陷落。（土國、獨逸ニ味方シ參戰）
同　四・五・―	伊太利、ブルガリヤ參戰。（伊國ハ聯盟側「ブ」ハ獨墺側）
同　九・二一	東京ニ海軍技術本部竝ニ海軍艦政部ヲ置キ、艦政本部ヲ廢セラル。
同　五・三・一七	海軍航空隊令制定、横須賀海軍航空隊ヲ置カル。
同　三・三〇	海軍省ニ艦政局機關局ヲ置キ、海軍艦政部ヲ廢ス。司法局ヲ法務局ト改稱。
同　四・四	軍艦相模、丹後、宗谷ノ三隻ヲ露國ニ讓渡ス。
同　八・二七	ルーマニヤ參戰（聯盟側）
同　一二・二五	海軍々用通信所令制定。
同　六・二・―	巡洋艦及ビ驅逐艦隊ヲ以テ特務艦隊ヲ編成シ、第一特務艦隊ヲ新嘉坡（一部ヲ喜望峯方面）ニ、第二特務艦隊ヲ地中海ニ、第三特務艦隊ヲ濠洲方面ニ派遣シ、專ラ聯合與國ト協同作戰ニ從事。
同　三・	露國革命勃發。
同	米國、希國、シャム、支那ノ各國、聯盟側ニ味方シ參戰。（四月乃至八月）
同　七・三・	露・獨單獨講和。
同　四・一	佐世保海軍航空隊設置。海軍航空廠令制定。海軍航空機試驗所設置（大正十二年四月一日廢止）
同　六・二一　八・二四	軍艦霧島、英皇族「コンノート」殿下ヲ米國へ奉送ス。
同　八・中旬	西比利亞ニ出兵ス。（大正十一年十一月十三日撤兵）
同　一一・一一	對獨休戰條約締結。
同　八・三・二四	新ニ潜水戰隊ヲ置ク。
同　四・一	神奈川縣平塚町ニ海軍火藥廠ヲ置ク。

大正 八・六・二八	平和條約調印。（世界大戰終ル）
同 九・—	對歐出動部隊引揚。
同 九・一・一〇	平和條約批准。
同 二・—	八八艦隊ノ計畫成ル。
同 三・一二	尼港事件突發。
同 七・一九	廣支廠ヲ置カル。
同 八・二三	海軍省官制中、參政官・副參政官ヲ廢ス。
同 九・三	海軍潜水學校令制定。
同 九・三〇	海軍技術本部ヲ廢シ海軍艦政本部ヲ置ク。
	臨時海軍建築部ヲ廢シ同建築本部ヲ東京ニ各鎭守府ニ海軍建築部ヲ置ク、
	海軍省官制中艦政局ヲ軍需局ニ改ム。
同 一〇・三・—	東宮殿下御渡歐アラセラル、ニ付、第三艦隊司令官小栗中將、香取（御乘航）鹿島（供奉艦）ヲ率キテ供奉ス。
同 三・二六	海軍燃料廠令制定。
同 六・六	湊、龜川等軍港以外ニモ海軍病院ヲ置クコトトナル。
同 一一・一二	米國大統領ノ招請ニ應ジ日英佛伊米ノ五國、海軍々備縮少ノ爲メ會議ヲ米國華盛頓府ニ開ク、海軍大臣加藤友三郎主席全權トシテ之ニ列ス。
同 一一・二・六	軍備制限條約（所謂華府條約ナルモノ）調印。（八月五日批准、八月十七日公布）
同 三・二八	平壤鑛業部ヲ置ク。
同 三・三〇	南洋海軍區ニ關スル件制定。
同 一〇・—	對露出動部隊引揚。（一部殘留）
同 一一・一	霞ヶ浦及大村海軍兩航空隊設置。
同 一一・九	旅順要港部條例廢止。
同 一二・三・二三	海軍監獄ヲ海軍刑務所ト改稱ス。
同 三・二四	從來ノ五海軍區ヲ三海軍區ニ改メ舞鶴、鎭海兩軍港ヲ廢シ共ニ之ヲ要港トス。竹敷・永興兩要港ヲ廢ス。海軍技術研究所令制定、海軍造兵廠ヲ廢ス。廣支廠ヲ廣工廠トス。海軍々需部ヲ各軍港ニ置ク。
同 三・三一	海軍省ニ教育局、建築局ヲ置ク、教育本部及建築本部ヲ廢ス。
同 九・一	關東地方ニ大震災アリ。
同 九・三	神奈川縣ヲ戒嚴地トシ司令官ノ職務ハ横須賀市及三浦郡ニ在リテハ横須賀鎭守府司令長官之ヲ行フ。
同 一三・四・一四	華府條約ニヨリ左記諸艦ノ建造ヲ中止ス。 加賀、土佐、紀伊、尾張、（以上戰艦）天城、愛宕、（以上巡洋戰艦）
同 八・一二	海軍省ニ政務次官、參與官ヲ置ク。
同 一二・九	華府條約ニ依リ左記諸艦ヲ廢棄ス。 安藝、薩摩、香取、鹿島、鞍馬、生駒、伊吹、肥前。
同 一二・一一	翔鶴（航空母艦）建造中止。
同 一二・二〇	各軍港ニ海軍艦船部ヲ置ク。
同 一四・八・六	軍艦多摩ハ故駐日米大使「バンクロフト」氏遺骸護送及加州聯邦七十五年祭參加ノ任務ヲ以テ北米西岸ニ回航ノ爲メ出發。（十月十日歸着）
大正一四・一二・二一	海軍機關學校（練習科ヲ除ク）ヲ臨時舞鶴要港ニ移ス。
昭和 二・四・二	海軍航空本部令制定、海軍省内ニ之ヲ置ク。

同　六・二〇　日英米ノ三國再ビ軍備縮少會議ヲ瑞西「ジュネーヴ」ニ開キシモ協定成立セズ。（八月四日終ル）
同　三・三・二九　航空戰隊ヲ置ク。
同　六・二三　海軍工機學校令制定、海軍機關學校練習科廢止。
同　四・一二・二七　海軍將校分限令中改正、機關科士官ヲ將校中ニ加フ。
同　四・二三　倫敦海軍條約調印、十月二日批准（十月三十一日効力發生）
同　五・五・二九　海軍通信學校令制定。
同　六・一　館山海軍航空隊設置。
同　六・六・一　呉海軍航空隊設置。（廣工廠所在）
同　七・九　海軍文官從軍服々制々定。
同　九・一八　滿洲事變勃發。
同　七・一・二九　上海事變勃發。
同　三・二二　海軍航空廠令制定。
同　八・三・二八　駐滿海軍部令制定、同部ヲ滿洲國新京ニ置ク。
同　一一・一　大湊海軍航空隊設置。
同　一二・六　各軍港ニ警備戰隊ヲ置ク。
同　九・二・一五　佐伯海軍航空隊設置。
同　四・一　海軍航海學校新設。
同　四・一九　旅順要港部再設。
同　一〇・｜　舞鶴航空隊設置。
同　九・一二・一五　各軍港ニ防備戰隊ヲ置ク。
同　一〇・二・一　海軍技術會議令公布。
同　四・一　滿洲國宣統皇帝軍艦比叡（供奉艦第二十二驅逐隊）ニテ大連發、訪日ノ途ニ就カセラル。（六日横濱御着、二十七日新京御歸還）

（ロ）自明治二十七年 至同三十八年 從軍艦船史實諸表

別表第一	明治二十七八年戰役、聯合艦隊ノ編制	
〃　第二	同　右	豐島海戰參加艦及士官人名
〃　第三	同　右	黄海々戰參加艦及士官人名
〃　第四ノ一	明治二十八年一月三十日威海衞總攻擊參加艦及士官人名	
〃　第四ノ二	同　右	特別任務艦船及士官人名
〃　第四ノ三	明治二十八年二月四日威海衞襲擊參加水雷艇及士官・准士官人名	
〃　第五	明治二十八年三月澎湖島出征艦隊編成、主要職員	
〃　第六ノ一	明治三十三年五月（北清事變）各國北京派遣陸戰隊兵數	
〃　第六ノ二	明治三十三年六月在太沽列國軍艦	
〃　第六ノ三	列國聯合陸戰隊豫定員數	
〃　第六ノ四	列國分遣隊員數	
〃　第六ノ五	太沽砲臺攻略ノ際我陸戰隊死傷者	
別表第七ノ一	第一回旅順口閉塞隊編成表	
〃　第七ノ二	第二回同　右	
〃　第七ノ三	第三回同　右	

（別表第一） 明治二十七八年戰役聯合艦隊ノ編制

司令長官	海軍中將	伊東祐亨
參謀長	同大佐	鮫島員規
參謀少佐心得	同大尉	島村速雄
同	同大尉	正戸爲太郎
航海長	同少佐	高木英次郎
機關長	同機關大監	湯地定監
軍醫長	同軍醫大監	河村豐洲
祕書	同大主計	藤田經孝

常備艦隊

松島、浪速、吉野、千代田、嚴島、橋立、高千穗、秋津洲、比叡、扶桑。

報知艦 八重山。

艦隊附屬艦、筑紫、磐城、愛宕、摩耶、鳥海、天城。

同附屬船 山城丸、近江丸。

附屬水雷艇。小鷹、第七號、第十二號、第十三號、第二十二號、第二十三號、母艦（必要に應じて）、筑紫。

西海艦隊

金剛、天龍、大島、大和、葛城、高雄、赤城、武藏。

附屬船 玄洋丸。

軍港及竹敷警備。

（横須賀軍港）

筑波、干珠。

水雷艇、第一號、第二號、第三號、第四號、第十五號、第二十號。

（呉軍港）

鳳翔、舘山、海門。

水雷艇、第十六號、第十七號。

（佐世保軍港）

滿珠。

水雷艇、第八號、第九號、第十四號、第十八號、第十九號、第二十一號。

（對馬）

水雷艇、第五號、第六號、第十號、第十一號。

（別表第二） 豐嶋海戰參加艦及士官人名

職名＼艦名	吉野	浪速	秋津洲
常備艦隊司令官	少將 坪井航三		
參謀	大尉 中村靜嘉		
同	同 釜屋忠道		
祕書	大主計 三村鎭太郎		

艦長	大佐 河原要一	大佐 東郷平八郎	(心得)少佐 上村彦之亟
副長	少佐 山田彦八	少佐 石井猪太郎	同 中溝德太郎
砲術長	大尉 加藤友三郎	大尉 廣瀨勝比古	大尉 服部雄吉
水雷長	同 村上格一	同 小花三吾	同 志賀直藏
航海長	大尉 梶川良吉	大尉 有馬良橘	大尉 林三子雄
分隊長	同 吉松茂太郎	同 中村貞邦	同伯爵 吉井幸藏
同	同 石田一郎	同 人見善五郎	同 永田廉平
同	同 大立龜吉	同 水町元	同 高松公冬
同	同公爵 一條實輝	(心得)少尉 岡田啓介	(心得)少尉 大野仁助
航海士	少尉 木山信吉	同 志津田定一郎	同 狭間光太
分隊士	同 加治嘉太郎	同 鈴木多吉	同 有馬律三郎
同	同 井出謙治	同 吉岡範策	同 野中經彦
同	同 野村勉	同 増田敬五郎	同 高久文五郎
同	同 田所廣海	同 佐野常羽	同 本田親民
分隊士	少尉 淺尾重行	少尉 湯淺安次郎	少尉 森弘長一
同	同 山口銃		
機關長	機關少監 深見鐘三郎	機關少監 山本直德	機關少監 横山正恭
大機關士（水雷主機兼務）	中島與曾八	坂本方吉	山田英之助
大機關士	鈴木三郎	櫻田順三	津久井平八
少機關士	平野伊三郎	淵岡純一郎	大橋省
軍醫長	大軍醫 荻澤貫一	大軍醫 石川詢	大軍醫 牧虎文
大軍醫	鈴木重治	外山亢馬	
少軍醫			山科巖
主計長	大主計 片桐酉太郎	大主計 竹内錄彌	大主計 土谷鐵次郎
少主計	伊藤爲之助	田中信吉	高島良策
少機關士實地研究	山賀代三	藁谷年實	宮川正慶
同	石原庸三郎	坂本武一	
少尉候補生	村上鋠吉	原胤雄	千綿義孝
同	伊集院兼誠	桑原省三	高原鐵太郎
同	蜂須賀虎麿	小倉寛一郎	向菊太郎
同	平井德藏	中里重次	篠崎眞介

(別表第三) 黄海々戦参加艦及士官人名 （備考）×印戦死 ○印負傷

一、本隊

艦隊司令部職員

聯合艦隊司令長官 中將 伊東祐亨
參謀長 大佐 鮫島員規
參謀 少佐心得 ○島村速雄
同 大尉 正戸爲太郎
航海長 少佐 高木英次郎
機關長 機關大監 湯地定監
軍醫長 軍醫大監 ○河村豐洲
秘書 大主計 藤田經孝

職名／艦名	松島	嚴島	橋立
艦長	大佐 尾本知道	大佐 横尾道昱	大佐 日高壯之亟
副長	少佐 ○向山愼吉	少佐 富岡定恭	少佐 酒井忠利
砲術長	大尉 井上保	大尉 但馬惟孝	大尉 ×瀨之口覺四郎

水雷長	同 木村浩吉	同 牧村孝三郎	同 横尾純正
航海長	同 石橋甫	同 坂本一	同 江口鱗六
分隊長	同 ×志摩清直	同 毛利一兵衞	同 ×高橋義篤
同	同 名和又八郎	同 奧宮衞	同 松村直臣
同	同 曾根武雄	同 關野謙吉	同 田中盛秀
同	(心得)少尉 木村剛	(心得)少尉 山本菊之進	(心得)少尉 町田駒次郎
航海士	同 石井力三郎	同 平岡貞一	同 江副峰次郎
分隊士	少尉 ○井手篤行	少尉 下條小三郎	少尉 舟越清吉
同	同 小林辰之助	同 松村卯三郎	同 平田得三郎
同	同 伊東滿嘉記	同 岸久太郎	同 笠島新太郎
同	同 笹岡千代松	同 林清種	同 秋澤芳馬
同	同 馬場祐內	同 田代已代次	同 三村錦三郎
同	同 南合源一郎	同 末松兵市	同 和田義則
機關長	機關少監 池田錄太郎	機關少監 朝倉俊一郎	機關少監 淺田整次郎
大機關士 水雷主義兼務	井手潤四郎	永瀨狷次郎	村田愛吉
大機關士	松見友吉	武田秀雄	市川清二郎
同			伊達只吉
少機關士	外波辰三郎	平野宗四郎	平塚保
同	吉松稜威麿	○松澤敬讓	
軍醫長	大軍醫 荻澤貫一	大軍醫 天寺祐齊	大軍醫 山崎兵四郎
大軍醫	草野復人	山下晉	關文之助
少軍醫	阿部龍吉	望月開作	鹿野寅吉
主計長	大主計 淺野勇	大主計 遠山正次	大主計 中臺順吉
大主計	少主計 武井金次郎		
少主計	竹內十次郎	島崎廉平	山崎位
少尉候補生	百武三郎	深柄彥熊	長尾耕作
同	中島資朋	田中治平	河野通雄
同	湯淺竹次郎	神藤政之助	福地嘉太郎
同	×大石馨	原田松次郎	中村三郎
同	四元堅助		

一、本隊〔前承〕

職名	扶桑	千代田	比叡
艦長	大佐 新井有貫	大佐 內田正敏	(心得)少佐 櫻井規矩之左右
副長	少佐 新島一郎	少佐 梨羽時起	同 坂本俊篤
砲術長	大尉 伊地治季珍	大尉 矢代由德	大尉 大城源三郎
水雷長	同 山本正勝	同 津田三郎	同 外波內藏吉
航海長	同 川合昌吾	同 石井義太郎	同 伊藤乙次郎
分隊長	同 高木助一	同 仙頭武央	同 永原好豐
同	同 古谷忠造	同 臼井幹藏	同 高島萬太郎
同	同 千坂智次郎	(心得)少尉 淺野正恭	(心得)少尉 小栗孝三郎
同	(心得)少尉 吉川孝治		
航海士	同 ○丸橋彥三郎	同 山路一善	同 ○田中行倘
分隊士	同 ×內崎德	少尉 山崎米三郎	少尉 原篤慶
同	同 仁禮景一	同 野村房次郎	同 齋藤兵吉
同	同 田中耕太郎	同 三輪修三	同 長鋪次郎

分隊士	同 堀田弟四郎	同 藤木定吉	同 小川水路
同	同 坂本重國		
機關長	機關少監 星野楢吉	機關少監 秋庭直衞	大機關士 山崎鶴之助
大機關士 水雷主機兼務	藤井光五郎	山本一男	同 秀島熊六
大機關士	齋藤利昌	少機關士 酒井邦三郎	
少機關士	兼常猪三	中條三郎	安部巽
同			田村宮太
軍醫長	大軍醫 壹岐幸存	大軍醫 若栗健吉	大軍醫×三宅貞造
大軍醫	中尾太一郎		
少軍醫		島田伊作	村越千代吉
主計長	大主計 福田芳之助	大主計 五藤兵司	大主計 石塚鑄太
大主計	佐野勇治		
少主計		田中小太郎	山田長保
少尉候補生	齋藤七五郎	中川繁丑	竹內重利
同	糸川成太郎	增田忠吉郎	横山傳
同	遠矢勇之郎	鎌田政猷	市村忠次郎
同	山下義章		

二、第一遊撃隊

艦隊司令部職員

常備艦隊司令官 少將 坪井航三　大尉 中村静嘉
參謀長 少佐 伊集院五郎　同 釜谷忠道
參謀 同 新納時亮　祕書 大主計 三村鎮次郎
副官 大尉 鈴木四教

〔註〕西京丸には、海軍軍令部長中將樺山資紀坐乗

職名＼艦名	赤城	西京丸	吉野
艦長	×少佐 坂元八郎太	少佐 鹿野勇之進	大佐 河原要一
副長			少佐 山田彦八
砲術長			大尉 加藤友三郎
水雷長			同 村上格一
航海長	○大尉 佐藤鐵太郎	大尉 山屋他人	同 梶川良吉
分隊長	○同 佐々木廣勝	同 大田盛實	同 吉松茂太郎
同	同 松岡修藏	（心得）少尉 堤虎一郎	同 石田一郎
同			同 大立龜吉
同			同公爵 一條實輝
航海士	（兼分隊士）少尉 兼子昱	（兼分隊士）少尉 佐藤皐藏	少尉 木山信吉
分隊士			少尉 加治嘉太郎
同			同 井出謙治
同			同 野村勉
同			同 田所廣海
同			同 ×淺尾重行

職名			
分隊士			少尉 山口銈
機関長	大機関士 平部貞一	機関少監 山本安次郎	機関少監 深見鐘三郎
大機関士 水雷主機兼務			中島與曾八
大機関士		船橋善彌	鈴木三郎
同		（後備）眞田義一	
少機関士		野中英太郎	平野伊三郎
同			山賀代三
軍醫長	大軍醫 臼井宏	大軍醫〇俵鋼次郎	軍醫少監 山本景行
大軍醫			鈴木重治
少軍醫			
主計長	大主計 川口秀武	大主計 櫻孝太郎	大主計 片桐酉次郎
大主計			
少主計	村田鎔之助		伊藤爲之助
少尉候補生	×橋口戸次郎		蜂須賀虎磨
同			平井德藏
同			島内桓太

第一遊撃隊（承前）

職名／艦名	高千穂	秋津洲	浪速
艦長	大佐 野村貞	（心得）少佐 上村彦之亟	大佐 東郷平八郎
副長	少佐 細谷資氏	同 中溝德太郎	少佐 石井猪太郎
砲術長	大尉 築山清智	大尉 服部雄吉	大尉 廣瀬勝比古
水雷長	同 小橋篤藏	同 志賀直藏	同 小花三吾
航海長	同 山澄太郎三	同 林三子雄	同 有馬良橘
分隊長	同 高橋助一郎	同子爵 吉井幸藏	同 中村貞邦
同	同 八代六郎	同 ×永田廉平	同 人見善五郎
同	同 今井兼胤	同 高松公冬	同 水町元
同	同子爵 小笠原長生	（心得）少尉 大野仁助	（心得）少尉 岡田啓介
航海士	少尉 森山慶三郎	同 狹間先太	同 志津田定一郎
分隊士	同 荒西鏡次郎	同 有馬律三郎	同 鈴木多吉
同	同 山岡豐一	同 野中經彦	同 吉岡範策
同	同 芳賀玄昱	同 高久文五郎	同 增田敬五郎
同	同 榊原忠三郎	同 本田親民	同 佐野常羽
同	同 德田道藏	同 森弘長一	同 湯淺安次郎
同			
機關長	機關少監 吉見直養	機關少監 横山正恭	機關少監 山本直德
大機關士 水雷主機兼務	岡本鷹雄	山田英之助	坂本方吉
大機關士		津久井平八	櫻田順三
同	少機關士 馬場惟夫	杉定	
少機關士	金田小太郎		淵岡純一郎
同	鶴内實太郎		藁谷年實
軍醫長	大軍醫 藤田甫	大軍醫 牧虎文	大軍醫 石川絢
大軍醫	小谷野格治		外山亢馬
少軍醫		山科巖	
主計長	大主計 中尾章三	大主計 土谷鐵次郎	大主計 武内録彌

大主計	小主計	少尉候補生	同	同	同
	桑島敬直	木村金彌	永島粂藏	岩田秀雄	佐々木高志
	高島良策	千綿義孝	向菊太郎	篠崎直介	
	田中信吉	原胤雄	小倉寛一郎	松永熊雄	

（別表第四ノ一）明治二十八年一月三十日威海衛総攻撃参加艦及士官人名（A）

職名／艦名	艦長	副長	砲術長	水雷長	航海長	分隊長	同	同	航海士	分隊士	同	同	同	機關長	水雷主機兼務	少機關士	同	軍醫長	大少軍醫	主計長	大少主計	少尉候補生	同
筑波	大佐 三善克已	大尉 瀧川具和			同 井内金太郎	同 和田賢助	同 谷雅四郎	同 竹内次郎	少尉 秋山眞之	少尉 若林欽	同 田中茂藏	同 堀江長吉		大機關士 佐藤龜太郎	大機關士 鈴木富三	少機關士 黒川巳太郎	同 岩崎敬雄	大軍醫 村上典表	少軍醫 根來祐春	大主計 細井彌三郎	少主計 小池越藏	四元堅助	堀江鶴彦
鳥海	少佐 細谷資氏				大尉 室田習三	同 淺井正次郎	同 内田良隆		少尉 九津見雅雄					大機關士 山上徹				大軍醫 竹内直與		大主計 長谷川清吉			
赤城	少佐 早崎源吾				大尉 佐藤鐵太郎	同 佐々木廣勝	同 松岡修藏		少尉 兼子昱					大機關士 平部貞一				大軍醫 臼井宏		大主計 川口秀武	少主計 村田鏗之助		
摩耶	少佐 橋元正明				大尉 上村經吉	同 松本有信	同 中村虎之助		少尉 西尾雄治郎					大機關士 沖貞				大軍醫 羽太伊之		大主計 伴正重	少主計 吉田武夫		

（B）

聯名／艦名	船長	副長	砲術長	水雷長	航海長	分隊長	同
愛宕	少佐 井上良智				大尉 橋本又吉郎	同 安田八束	同 朝倉耕一郎
大島	少佐 迎敦忠				大尉 加藤權太郎	同 藤井較一	同 東郷吉太郎
武藏	大佐 伊東常作	少佐 吉井幸藏			大尉 東郷靜之助	同 西紳六郎	同 中島市太郎
葛城	大佐 小田亨	少佐 大井上久磨			大尉 柴準一	同 栗田伸樹	同 廣瀨順太郎

同	航海士	分隊士	同	同	同	機關長	水雷主機兼務	少機關士	同	軍醫長	大少軍醫	主計長	大少主計	少尉候補生
	少尉 臼井兼太郎					大機關士 坂本鉦五郎				大軍醫 藤森朝五郎		大主計 齋藤鋼太郎	少主計 內田小三郎	
	少尉 堀輝房					大機關士 近藤兵吉				大軍醫 岡本覺太郎		大主計 中島泰藏		
大尉 布目滿造	同 廣瀨弘毅	少尉 水科三十郎	同 鈴木岩藏	少尉 田代愛次郎	大機關士 關重忠	少機關士 山崎道之助		同 中村正之	同 平野勝彥	大軍醫 木戶龍仙	少軍醫 山口猪之吉	大主計 樋口芳三郎	少主計 澁谷政次	相羽恒三
大尉 竹下勇	少尉 井原頼一	少尉 小山田仲之丞	同 千秋恭二郎	同 原要三郎	大機關士 齋藤利昌	同 鹽田誠太郎		少機關士 貞永勘五郎	同 筧得太郎	大軍醫 中島彝雄	少軍醫 執行友次	大主計 野村金次郎	少主計 佐野鹿三郎	中里重次

(C)

職名／艦名	艦長	副長	砲術長	水雷長	航海長	分隊長	同	同	航海士	分隊士	同	同	同	機關長	水雷主機兼務	少機關士	軍醫長	大少軍醫	主計長	大少主計	少尉候補生	同
大和	大佐 上村正之丞	少佐 中山長明			大尉 上村翁輔	同 中川藤次郎	同 西垣富太	同 川浪安勝	少尉 並木寅之助	同 岡崎安一	同 吉田盆次郎	同 川原袈裟太郎	大機關士 伊東茂治	少機關士 河井義次郎		少機關士 丹羽武五郎	大軍醫 富松柳三郎	少軍醫 宮川兵市	大主計 平井七三郎		正木義太	加藤壯太郎
天龍	大佐 世良田亮	大尉 中野信陽			同 荒畑岩次郎	同 深川喜文	同 林喜久人	同 片岡榮太郎	少尉 下平英太郎	同 河田勝治	同 堀內三郎	同 南里團一	大機關士 倉橋半造	少機關士 永谷千萬吉		同 高野泰吉	大軍醫 淺野勝太郎	少軍醫 藤井保太郎	大主計 秋山麟吉	少主計 松村駒太郎	八戸三輪次郎	
海門	大佐 矢部興功	大尉 成川揆			同 山口九十郎	同 今橋安就	同 山本竹次郎	同 山口彌吉	少尉 平賀德太郎	同 土屋芳樹	同 大宮彭次郎	同 伊集院兼誠	大機關士 秋田啓太郎	少機關士 大橋省		同 石原庸三郎	大軍醫 石尾正亨	少軍醫 吉村敬次郎	大主計 吉富與兵衞	少主計 遠藤和平	金丸清緝	

（別表第四ノ二）明治二十八年一月三十日威海衛總攻撃特別任務艦船及乘組士官人名（A）

職名＼艦名	八重山	磐城	天城	山城丸
艦長	大佐 平山藤次郎	少佐 柏原長繁	少佐 梨羽時起	大佐 三浦功
副長	大尉 有川貞白			
砲術長				大尉 西山保吉
水雷長	同 久保田彦七			
航海長	同 森義臣	大尉 茶山豐也	大尉 秀島成忠	同 有森元吉
分隊長	同 小椋元吉	同 成田勝郎	同 佐久間秀三郎	同 三上兵吉
同	同 大澤喜七郎	同 伊木壯二郎	同 廣渡顯一	同 山口泰二郎
同	同 香月輝彦			
航海士	少尉 奥田貞吉	少尉 相本豐太郎	少尉 平原文三郎	少尉 高橋鍒吉
分隊士	同 菅哲一郎		少尉 久保來復	
同	同 石井增喜		同 猪山綱太郎	同 山崎金一
同	同 福田昌輝			同 末次直次郎
同				
機關長	機關少監 矢部有	大機關士 森永賴太郎	大機關士 小栗道孝	機關少監 近藤格
水雷主機兼務	大機關士 入澤敏雄			
大機關士	同 島田龜吉			大機關士 瀬戸菊次郎
少機關士	少機關士 池田新吉		少機關士 田中安吉	
軍醫長	大軍醫 久保周介	大軍醫 山岸朔五郎	大軍醫 船橋清信	大軍醫 長井又藏
大少軍醫	少軍醫 木下林之助		少軍醫 鈴木次郎	少軍醫 梶原景清
主計長	大主計 奈良眞留	大主計 中濱慶三郎	大主計 淸水宇助	大主計 富田慶二
大少主計	少主計 海老原靖	少主計 不二樹幾之助	少主計 加木甚三郎	少主計 齋藤衛太郎
少尉候補生				
同				
少機關士候補生				

（B）

職名＼艦名	近江丸	金剛	高雄
艦長	大佐 屋形惟善	大佐 片岡七郎	大佐 澤良渙
副長		少佐 岩崎達人	少佐 矢島功
砲術長	大尉 牟田寛六	大尉 山下源太郎	
水雷長		同 宇敷甲子郎	大尉 坂元常英
航海長		同 江頭安太郎	同 中川重光
分隊是	同 荒川規志	同 井手麟六	同 奥宮衞
同	同 森越太郎	同 北野勝也	同 市原卯之助
同		同 松井健吉	同 財部彪
航海士	少尉 土屋林次郎	少尉 中吉忠太	少尉 塚本善五郎
分隊士		少尉 大瀧道助	少尉 幸田鉎太郎
同	少尉 松永光敬	同 萱野勇七	同 峯逸平
同	同 石川長恒	同 野村吉藏	同 鍵和田專太郎
同		同 高橋雄一	

機關長	機關少監 高田籌雄	大機關士 渡邊壽太郎	大機關士 田邊男外鐵
水雷主機兼務		同 中島市右衛門	同 江連磋磨橋
大機關士	大機關士 清水門之助	少機關士 坂本武一	少機關士 上野辰之助
同			同 松島純次郎
少機關士			
軍醫長	大軍醫 矢部辰三郎	大軍醫 壹岐幸存	大軍醫 佐竹達
大少軍醫	少軍醫 横井太郎	少軍醫 手塚愼次郎	少軍醫 矢野清史
主計長	大主計 末森鹿之助	大主計 細淵朝正	大主計 安東折枝
大少主計	少主計 武井金次郎	少主計 古賀武四郎	少主計 山崎彦之進
少尉候補生		内藤收次	館辰三郎
同		二宮恒生	足立六藏
少機關士候補生		野口勇太郎	富安良一

(別表第四ノ三) 明治廿八年二月四日威海衛襲撃参加水雷艇及士官准士官人名

指揮官	艇名	艇長官姓名	水雷艇隊附 海軍少尉	水雷艇隊附 海軍上等兵曹	水雷艇隊附 海軍機關師
司令 少佐 餅原平二	第十三號	大尉 佐伯胤貞	大久保朝德	新納具方	川畑正次郎
	小鷹	同 長井群吉	山崎金一	長島清山	村山常次郎
	第二十三號	同 小田喜代藏	伊東祐保	木村嘉藏	小田功巳之次郎
	第十二號	同 土屋光金	富士本梅次郎	心得 笹村英助	遠山治兵衛
	第七號	同 秀島七三郎	白石直介	川島釘作	心得 大西鐵藏
	第十一號	同 笠間直	齋藤半六	黒田竹次郎	大谷幸兵衛
司令 少佐 藤田幸右衛門	第二十一號	大尉 吉岡良一	谷村愛之助	杉野重恭	心得 秋山保太郎
	第八號	同 羽喰政次郎	澤崎寛猛	加藤保太	中山清五郎
	第九號	同 眞野嚴次郎	嘉村秀一郎	藤田休太郎	中妻之宗
	第十四號	大尉 貴島喜太郎	荒川仲吾	折尾芳藏	三富喜三郎
	第十九號	同 岩村團次郎	大山鷹之助	秀山卯太郎	村井精作
	第十八號	同 磯部謙	竹村伴吾	藤井宗恂	望月鐵二郎
司令大尉 今井兼昌	第六號	大尉 鈴木貫太郎	篠原利七	上崎辰二郎	椎名鐵藏
	第五號	同 石田一郎	吉田辰男	小野榮槌	水谷辰吉
	第十號	同 中村松太郎	青山芳得	立山岩次郎	山田龜槌
	第二十二號	同 福島春長	鈴木虎十郎	坂本半八	楠久三郎

(別表第五) 明治廿八年三月澎湖島出征艦隊編制主要職員

聯合艦隊司令長官	海軍中將	伊東祐亨
參謀長	海軍大佐	出羽重遠
參謀	陸軍砲兵中佐	伊藤祐義
同	海軍少佐	島村速雄
同	陸軍歩兵大尉	橋本勝太郎
同	海軍大尉	正戸爲太郎
機關長	海軍機關大監	湯地定監
軍醫長	海軍軍醫大監	三田村忠國
祕書	海軍大主計	藤田經孝

常備艦隊司令官 海軍少將 東郷平八郎
參謀 海軍大尉 伊地知季珍
同 同 釜屋忠道
祕書 海軍大主計 三村鎮次郎

本隊	艦名／艦長	
	松島	艦長 海軍大佐 威仁親王
	嚴島	同 有馬新一
	橋立	同 日高壯之丞
	千代田	同 内田正敏

第一游撃隊	艦名／艦長	
	吉野	艦長 海軍大佐 河原要一
	浪速	同 片岡七郎
	高千穂	同 野村貞
	秋津洲	同 上村彦之丞

第四水雷艇隊

艇名	艇長
司令海軍少佐 鏑木誠	
二十五號	海軍大尉 森義太郎
二十四號	同 矢島純吉
十五號	同 中山鋌次郎
十六號	同 大迫市熊
十七號	同 三戸與十郎
二十號	同 河瀨早治
母艦 近江丸	艦長海軍大佐 尾形惟善

附屬艦船

西京丸	艦長 海軍少佐 東郷正路
相模丸	同 森川植
元山丸（工作艦）	監督將校 海軍大尉 戸津川虎雄 工作主幹 海軍大技士 松尾鶴太郎 同 山崎甲子次郎
神戸丸（病院供給兼艦）	監督將校 海軍大尉 武部岸郎 海軍々醫大監 吉田貞準
運送船	鹿児島丸、金州丸、小倉丸、新發田丸、豐橋丸、

混成枝隊長 陸軍歩兵大佐 比志島義輝
後備歩兵第一聯隊長 同 同
第一大隊長 同 少佐 岩崎之紀
第二大隊長 同 岩元貞英
後備歩兵第十二聯隊
第二大隊長 陸軍歩兵少佐 高橋種生
臨時山砲中隊長 同 砲兵大尉 荒井信雄
臨時彈藥縱列長 同 少尉 小堀藤太
臨時敷設水雷隊司令 海軍少佐 遠藤增藏

（別表第六ノ二） 明治三十三年五月（北清事變）各國北京派遣陸戰隊兵數

國別	士官	水兵	備考
日本	二	二四	（指揮官愛宕分隊長海軍大尉原胤雄）
英國	三	七九	
米國	三	五三	外に砲二門
伊國	二	三九	
佛國	三	七五	
露國	二	七二	外に砲二門
獨國	一	五一	
澳國	五	三〇	

（別表第六ノ二）日本常備艦隊並指揮官

常備艦隊司令長官　海軍中將　東郷平八郎（旗艦常磐）
同　司令官　同　少將　出羽重遠（同　吉野）
同　司令官　同　少將　有馬新一（日　高砂）

艦名	艦長	艦名	艦長	艦名	艦長
常磐	海軍大佐　中山長明	笠置	海軍大佐　永峯光孚	筑紫	（心得）海軍中佐　松枝新一
吉野	同　酒井忠利	秋津洲	（心得）海中佐　荒木亮一	赤城	同　上原伸次郎
高砂	同　瀧川具和	愛宕	同　竹内平太郎	八重山	同　梶川良吉
須磨	同　島村速雄	高雄	同　成田勝郎	明石	同　太田盛實

（別表第六ノ三）明治三十三年六月二十七日　在太沽沖碇泊列國軍艦

日本	露國	英國	佛國	獨逸	米國	伊國	墺國
秋津洲	シソイベリーキ	アルゼリン	シルプリーツ	イルチス	ニューヨーク	エルバ	ゼンタ
笠置	ドミトリドンスコイ	センチユリオン	ジャンバール	カイザリンオーガスタ		カラプリア	
吉野	ロシア	オルランド	デカルト	ゲフイオン			
高砂	シヅーチ	エンヂミオン	ダントルカストー	ハンサ			
須磨	カレエツ	オーロラ	リオン	ヘルタ			
常磐	ペトロポーロウスク	バルフオア					
愛宕	ナヴアリン	アラクリチー					
鎮中	アドミラルコルニロフ	テリブル					
鎮遠	ガイダマーク形一						
陽炎	驅逐艦二						
叢雲							
不知火							
隼							
龍田							

備考、此の外に上海漢口方面に在りし日本軍艦高雄、筑紫、赤城、八重山、明石。

（別表第六ノ四）列國聯合陸戰隊豫定員數

國別	北京現在員	天津現在員	必要なれば直に上陸せしめ得る員數	増發し得る員數
澳國	三〇	—	七〇	—
佛國	七五	六六	三〇	一週間以内に更に三十人
獨國	五〇	三〇	七五	軍艦に電報せば二百人
英國	七九	二二九	四六一	—

伊國	四〇	四〇	二〇	—
日本	二三	七二	三〇	—
露國	七五	三〇	二五〇	旅順口より多人數を増發し得
米國	五六	一一〇	—	一週間以内に二十五人
合計	四二八	五六七	九三六	—

（別表第六ノ五）列國分遣隊員數

國別	員數
日本國	35
英國	75
露國	50
佛國	75
伊國	50

（別表第六ノ六）太沽砲臺攻略ノ際、我陸戰隊ノ死傷者

即死	海軍中佐	服部雄吉
	一等水兵	北田久吉
	三等水兵	末廣平四郎
負傷後死亡	一等水兵	松本熊吉
	三等水兵	品川喜作
重傷	一等兵曹	手島種吉
輕傷	二等水兵	清家龜吉
	同	高林壽藏
	同	柴田淸吉

（別表第七ノ一）第一回旅順口閉塞隊編制表

（註）氏名下の括弧内は現職、以下同じ。

△閉塞用船　天津丸（排水量 四、三二五噸 速力 一一・九三海里）
　總指揮官（兼務）　海軍中佐　有馬良橘（第一艦隊參謀）
　機關長　海軍大機關士　山賀代三（初瀨分隊長）
　上等兵曹　上信音藏外下士卒十四名

△閉塞用船　報國丸（排水量 二、四〇〇噸 速力 一一・五〇海里）
　指揮官　海軍少佐　廣瀨武夫（朝日水雷長兼分隊長）
　機關長　海軍大機關士　栗田富太郎（敷島分隊長）
　下士卒　十四名

△閉塞用船　仁川丸（排水量 二、八〇〇噸 速力 一一・〇〇海里）
　指揮官　海軍大尉　齋藤七五郎（第一艦隊參謀）
　機關長　海軍大機關士　南澤安雄（霞乘組）
　下士卒　十四名

△閉塞用船　武陽丸（排水量 一、三〇〇噸 速力 一三海里）

指揮官　海軍大尉　正木義太（高砂砲術長）
機關長　海軍中機關士　大石親徳（初瀬分隊長心得）
下士卒　十二名

△閉塞用船　武州丸（排水量　一、六九〇噸　速力　一一海里）
指揮官　海軍中尉　鳥崎保三（特別運送船監督官）
機關長　海軍少機關士　杉政人（常磐乘組）
下士卒　十二名

（別表第七ノ二）　第二回旅順口閉塞隊編制表

△閉塞用船　千代丸（排水量　三、七七八噸　速力　一一・七五海里）
總指揮官（兼務）　海軍中佐　有馬良橘
指揮官附　海軍中尉　鳥崎保三
機關長　海軍大機關士　山賀代三
下士卒　十五名

△閉塞用船　福井丸（排水量　四、〇〇〇噸　速力　一一海里）
指揮官　海軍少佐　廣瀬武夫
指揮官附　海軍上等兵曹　杉野孫七
機關長　海軍大機關士　栗田富太郎
下士卒　十五名

△閉塞用船　彌彦丸（排水量　四、〇〇〇噸　速力　一〇海里）
指揮官　海軍大尉　齋藤七五郎
指揮官附　海軍中尉　森初次
機關長　海軍大機關士　小川英雄（中機關士大石親徳負傷、之に代る）
下士卒　十三名

△閉塞用船　米山丸（排水量　三、七四五噸　速力　一二海里）
指揮官　海軍大尉　正木義太
指揮官附　海軍中尉　島田初藏
機關長　海軍少機關士　杉政人
下士卒　十三名

（別表第七ノ三）　第三回旅順口閉塞隊編制表

△一番船　新發田丸（排水量　四、二〇〇噸　速力　一三海里）
總指揮官　海軍中佐　林三子雄（鳥海艦長）
指揮官　海軍大尉　遠矢勇之助（初瀬分隆長）
指揮官附　海軍中尉　中村良三（扶桑分隊長）
機關長　海軍機關少監　河井義次郎（八雲分隊長）
下士卒　二十名

△二番船　小倉丸（排水量　三、三四〇噸　速力　一三海里）

指揮官　海軍少佐　福田昌輝（春日丸分隊長）
指揮官附　海軍中尉　松島景龜（春日丸乗組）
機關長　海軍大機關士　富安良一（初瀬分隊長）
下士卒　十九名

△三番船　朝顔丸（排水量　三、五五〇噸　速力　一一・六五海里）
指揮官　海軍大尉　向菊太郎（松島航海長）
指揮官附　海軍中尉　糸山貞次（平遠分隊長心得）
機關長　海軍大機關士　清水雄莵（松島分隊長）
下士卒　十五名

△四番船　三河丸（排水量　二、三二〇噸　速力　一〇海里）
指揮官　海軍大尉　匝瑳胤次（赤城航海長）
指揮官附　海軍中尉　大西良輔（明石乗組）
機關長　海軍中機關士　豊田稔（扶桑分隊長心得）
下士卒　十五名

△五番船　遠江丸（排水量　二、三八〇噸　速力　一〇・四〇海里）
指揮官　海軍少佐　本田親民（富士分隊長）
指揮官附　海軍中尉　森永尹（高砂分隊長心得）
機關長　海軍大機關士　竹内三千三（吉野分隊長）
下士卒　十五名

△六番船　釜山丸（排水量　二、九二〇噸　速力　一一海里）
指揮官　海軍大尉　大角岑生（濟遠航海長）
指揮官附　海軍中尉　井出光輝（橋立乗組）
機關長　海軍中機關士　德永斌（宮古分隊長心得）
下士卒　十五名

△七番船　江戸丸（排水量　一、八五〇噸　速力　一二・四三海里）
指揮官　海軍大尉　高柳直夫（秋津洲砲術長）
指揮官附　海軍中尉　永田武次郎（千代田分隊長心得）
機關長　海軍中機關士　與倉守之助（秋津洲分隊長心得）
下士卒　十五名

△八番船　長門丸（排水量　二、一二〇噸　速力　一三海里）
指揮官　海軍少佐　田中銑郎（海門副長）
指揮官附　海軍中尉　山口毅一（海門分隊長心得）
機關長　海軍中機關士　藤井五郎（橋立分隊長心得）
下士卒　十九名

△九番船　小樽丸（排水量　三、〇〇〇噸　速力　一一・七海里）
指揮官　海軍大尉　野村勉（筑紫分隊長）
指揮官附　海軍中尉　笠原三郎（筑紫分隊長心得）
機關長　海軍大機關士　岩瀬正（明石分隊長）
下士卒　十五名

△十番船　佐倉丸（排水量　三、七〇〇噸　速力　一二海里）

指揮官　海軍大尉　白石葭江（浅間分隊長）

指揮官附　海軍中尉　高橋静（鎮遠分隊長心得）

機関長　海軍大機関士　寺島貞太郎（浅間分隊長）

下士卒　十七名

△十一番船　相模丸（排水量　二、一〇八噸　速力　一一海里）

指揮官　海軍大尉　湯浅竹次郎（厳島砲術長）

指揮官附　海軍中尉　山本親之（厳島分隊長心得）

機関長　海軍大機関士　矢野研一（須磨分隊長）

下士卒　二十一名

△十二番船　愛國丸（排水量　一、六五〇噸　速力　一三海里）

指揮官　海軍大尉　犬塚太郎（笠置分隊長）

指揮官附　海軍中尉　内田弘（須磨分隊長心得）

機関長　海軍中機関士　青木好次（春日丸分隊長心得）

下士卒　二十一名

―――○―――

（八）艦船類別標準沿革一覧

明治六年八月二十四日海軍省達甲第百七十一號（九月一日ヨリ施行）海軍概則並俸給制（明治十九年七月十三日廢止）

軍艦・運送船・類別標準

軍艦　乗組人員　一等　四百五十五人以上。二等　三百十五人以上。三等　百七十人以上。四等　百人以上　五等　六十五人以上。六等　四十人以上。七等　三十九人以下。

右一等乃至三等ヲ大艦、四等五等ヲ中艦、六等以下ヲ小艦ト唱フ。

（除外例）

一、皇艦ノ等級ハ臨時海軍卿ノ決議ニ付ス。二、装銕軍艦ハ乗組人員ニ關セズ三等以上ニ列シ、其艦ノ大中小ニ由リ一等二等三等ヲ分ツ。三、大尉艦長タルトキハ六等以上四等以下ノ艦ト雖モ小艦ト唱フ。

運送船　四等　八百噸以上。五等　五百噸以上。六等　二百噸以上。七等　右以下。

（編者註）皇艦ナル語ハ His Majesty's Ship, ノ義ニ採リ、當時帝國軍艦ニ對シテ一般ニ之ヲ使用セラレタリシガ、本則除外例ニ見ユル皇艦ハ、單ニ天皇乗御ノ場合、即チ御召艦ヲ指セルモノナリ。明治維新海軍建制ノ初メ、艦船ヲ類別スル概ネ外國語（Sloop, Schooner, Gunboat, Gunvessel, Despatch-boat, Corvette, Frigate等）ノ儘之ヲ呼稱シ、或ハ間々甲鐵艦・鐵甲船等ノ字ヲ用キシモノアリテ我國語ノ一定セルモノナシ。十六年ニ至リ巡洋艦（當時或ハ巡航艦トモ云ヘリ）ノ成語出デ、尋デ砲艦、報知艦（後、通報艦ト改ム）海防艦等ノ稱呼現ハレ、三十一年ニ及ビ艦艇類別ノ標準ヲ制定セラレタリ。役務又ハ狀態ニ應ジ艦船ヲ區別スル本海軍概則並俸給制中、常備艦、豫備艦、艤装艦修復艦、測量艦、航海練習艦、繋泊練習艦等ノ名稱見ユ、蓋シ其以前既ニ使用セラレタルナリ。最等ハ時代ニ由リテ變更増減アリ、例セバ役務ノ有無ヲ以テ在役艦船ト豫備艦船トヲ分チ、製造中ノモノヲ未成艦船ト唱ヘ、練習艦ニ砲術・水雷術・運用術等ノ科別ヲ冠シ、艦隊編入ノ軍艦ハ軍艦ソレ自體ノ役務別ニヨラズシテ某艦隊軍艦某ト稱シ、又警備ニ服スルモノハ警備艦（艇）ト呼ブノ類ナリ。今其沿革ヲ叙スルハ煩雜ノ嫌アルヲ以テ本表之ヲ省略セリ

明治二十三年八月十二日海軍省達第二百九十一號海軍艦船籍條例中ノ規定（明治二十九年四月二十七日廢止）

第一種　戰鬪航海ノ役務ニ堪フル軍艦、第二種　水雷艇、第三種　戰鬪航海ノ役務ニ堪ヘザル軍艦、第四種　運送船、曳船、小蒸氣船、第五種　倉庫船、荷船、雜船。

（編者註）　水雷艇ハ最初水雷船ト稱セリ。明治十三年英國ニ注文シ、横須賀造船所ニ於テ組立テ、十四年竣工セシ一隻ヲ嚆矢トシ、十七年尙ホ三隻竣工シ、其排水量ハ各四十噸ナリシガ、二十一年ニ至リ二百三噸ノモノヲ製出セリ、小鷹是レナリ。是ニ於テ本條例中ニ水雷艇ニ關スル規定ヲ見タリ。

明治二十六年十月十九日海軍省達第百五號水雷艇類別（明治三十一年三月二十一日廢止）

水雷艇　一等　七十噸以上、二等　二十噸以上七十噸未滿、三等　二十噸未滿ニシテ艦船ニ搭載スベキモノ。

明治二十九年三月二十九日勅令第七十一號（三十日官房、四月一日ヨリ施行）海軍艦船條例中ノ規定

第一種軍艦　戰鬪ノ役務堪ニフル軍艦ヲ謂フ。第二種軍艦　戰鬪ノ役務ニ堪ヘザルモ常務ヲ帶ビ航行シ得ル軍艦ヲ謂フ。水雷艇　魚形水雷使用ノ主旨ニ從ヒ特種ノ構造ヲ有シ戰鬪ノ役務ニ堪フル艇ヲ謂フ。雜役船舟　軍艦水雷艇及ビ之ニ裝置セル小蒸汽船、端舟ヲ除クノ外總テ他ノ船舶舟艇ヲ謂フ。

明治三十一年三月二十一日海軍省達第三十四號軍艦及水雷艇類別等級標準（明治三十三年六月二十二日廢止）

軍艦　戰艦　一等　一萬噸以上、二等　一萬噸未滿、巡洋艦　一等　七千噸以上、二等　七千噸未滿三千五百噸以上、三等　三千五百噸未滿、海防艦　一等　七千噸以上、二等　七千噸未滿三千五百噸以上、三等　三千五百噸未滿、砲艦　一等　千噸以上、二等千噸未滿、通報艦、水雷母艦。

水雷艇　驅逐艇　一等　百二十噸以上、二等　百二十噸未滿七十噸以上、三等　七十噸未滿二十噸以上、四等　二十噸未滿。

（編者註）　水雷母艦ノ稱始メテ定マル。驅逐艇ハ最初水雷艇驅逐艇又ハ水雷驅逐艇ト稱シ、明治三十年英國ニ注文シ三十一年竣工セルモノヲ嚆矢トス、叢雲是レナリ。

明治三十三年六月二十二日海軍省達第百二十一號艦艇類別標準

軍艦　戰艦　一等　一萬噸以上、二等　一萬噸未滿、巡洋艦　一等　七千噸以上、二等　七千噸未滿三千五百噸以上、三等　三千五百噸未滿、海防艦　一等　七千噸以上、二等　七千噸未滿三千五百噸以上、三等　三千五百噸未滿、砲艦　一等　千噸以上、二等　千噸未滿、通報艦、水雷母艦、驅逐艦。

水雷艇　一等　百二十噸以上、二等　百二十噸未滿七十噸以上、三等　七十噸未滿二十噸以上、四等　二十噸未滿

（編者註）　驅逐艇ヲ水雷艇ノ類別中ヨリ除キ之ヲ驅逐艦ト改メ軍艦ノ類別中ニ入レタリ

明治三十八年十二月十一日勅令第二百五十八號（十二日官報）海軍艦船條例中改正（大正五年五月十七日廢止）

軍艦　驅逐艦　水雷艇　潛水艇　運送船　病院船　工作船　雜役船舟

（編者註）　驅逐艦ヲ軍艦ノ類別中ヨリ除キ獨立セシメタリ

潛水艇ハ米國ニ注文シ、明治三十七年横須賀造船廠ニ於テ組立テ、翌三十八年竣工セルモノヲ嚆矢トス。

明治三十八年十二月十二日海軍省達第百八十一號改定艦艇類別標準

軍艦　戰艦、巡洋艦、一等　七千噸以上、二等　七千噸未滿三千五百噸以上、三等　三千五百噸未滿、海防艦　三千五百噸未滿、砲艦　一等　千噸以上、二等　千噸未滿、通報艦、水雷母艦、驅逐艦。

水雷艇　一等　百二十噸以上、二等　百二十噸未滿七十噸以上、三等　七十噸未滿二十噸以上、四等　二十噸未滿、潛水艇。

大正元年八月二十八日海軍省達第十一號改定艦艇類別標準

軍艦　戰艦、巡洋戰艦、巡洋艦　一等　七千噸以上、二等　七千噸未滿、海防艦　一等　七千噸以上、二等　七千噸未滿、砲艦　一等　八百噸以上、二等　八百噸未滿。

驅逐艦　一等　千噸以上、二等　千噸未滿六百噸以上、三等　六百噸未滿。

水雷艇　一等　百二十噸以上、二等　百二十噸未滿、潛水艇。

（編者註）　巡洋戰艦ノ稱始メテ定マル。

大正五年五月十七日軍令海第六號（十八日官報）艦船令中ノ規定

軍艦、驅逐艦、水雷艇、潜水艇、敷設船、工作船、運送船、雜役船。

軍艦、驅逐艦、水雷艇、潜水艇ヲ艦艇ト總稱シ、敷設船、工作船、運送船ヲ特務船ト總稱ス。

（編者註）水雷母艦、航空隊母艦ノ呼稱ハ艦船役務ノ條下ニ之ヲ規定セリ航空隊母艦ノ稱定マル

大正五年八月四日海軍省達第百十七號艦艇類別標準中改正

軍艦　戰艦、巡洋戰艦、巡洋艦、　一等　七千噸以上、　二等　七千噸未滿、海防艦　一等七千噸以上、二等　七千噸未滿、砲艦　一等　八百噸以上、　二等　八百噸未滿。

驅逐艦　一等　千噸以上、二等　千噸未滿六百噸以上、三等　六百噸未滿。

水雷艇　一等　百二十噸以上、二等　百二十噸未滿。

潜水艇　一等　水上六百噸以上、二等　水上六百噸未滿。

（編者註）此改正ハ大正元年八月二十八日改定ノ標準中ニ於テ、單ニ潜水艇ノ等級ヲ追加セシニ過ギザルモ、今閲覽ノ便ヲ圖リ其更訂ヲ施シタル全貌ヲ揭グ、以下本表中此類皆之ニ倣フ。

大正八年三月十九日軍令海第一號（二十日官報、四月一日ヨリ施行）改定艦船令中ノ規定

軍艦、驅逐艦、潜水艦、水雷艇、敷設船、工作船、運送船、雜役船。

大正八年三月十九日軍令海第一號（二十日官報、四月一日ヨリ施行）改定艦船令中ノ規定

軍艦、驅逐艦、潜水艦、水雷艇、敷設船、工作船、運送船、雜役船。

軍艦、驅逐艦、潜水艦、水雷艇ヲ艦艇ト總稱シ、敷設船、工作船、運送船ヲ特務船ト總稱ス

（編者註）水雷母艦、航空母艦ノ呼稱ハ艦船役務ノ條下ニ之ヲ規定セリ。本令ニ於テ潜水艇ヲ潜水艦ト改メ、又役務別ニヨル稱呼中、航空隊母艦ヲ航空母艦ト改ム。

大正八年三月二十日海軍省達第二十六號（四月一日ヨリ施行）艦艇類別標準中改正

軍艦、戰艦、巡洋戰艦、巡洋艦、一等　七千噸以上、二等　七千噸未滿、海防艦、一等　七千噸以上、二等　七千噸未滿、砲艦　一等　八百噸以上、二等　八百噸未滿。

驅逐艦　一等　千噸以上、二等　千噸未滿六百噸以上、三等　六百噸未滿。

潜水艦　一等　水上千噸以上、二等　水上千噸未滿五百噸以上、三等　水上五百噸未滿。

水雷艇　一等　百二十噸以上、二等　百二十噸未滿。

大正九年三月三十日軍令海第一號（三十一日官報、四月一日ヨリ施行）艦船令中改正

軍艦、驅逐艦、潜水艦、水雷艇、特務艦、特務艇、雜役船。

軍艦、驅逐艦、潜水艦、水雷艇ヲ艦艇ト總稱シ、特務艦、特務艇ヲ特務艦艇ト總稱ス

特務艦ヲ工作艦、運送艦ニ、特務艇ヲ敷設艇、掃海艇、潜水艦母艇ニ區分ス

（編者註）本令ニ於テ敷設船ヲ軍艦中ニ入レ敷設艦ト改メ、工作船、運送船ヲ特務艦トシ工作艦、運送艦ト改ム敷設艇、掃海艇、潜水艦母艇ノ稱ハ雜役船中ノ區分ニ於テ既ニ存スル所ナリシガ、玆ニ特務艇トシテ規定ヲ見タリ。

大正九年四月一日海軍省達第三十七號艦艇類別標準中改正

軍艦、戰艦、巡洋戰艦、　巡洋艦　一等　七千噸以上、二等　七千噸未滿、航空母艦、水雷母艦、敷設艦、海防艦、一等　七千噸以上、二等　七千噸未滿、砲艦、一等　八百噸以上、二等　八百噸未滿。

驅逐艦　一等　千噸以上、二等　千噸未滿六百噸以上、三等　六百噸未滿。

潜水艦　一等　水上千噸以上、二等　水上千噸未滿五百噸以上、三等　水上五百噸未滿。

水雷艇　一等　百二十噸以上、二等　百二十噸未滿。

大正九年四月一日海軍省達第三十九號特務艦艇類別標準

特務艦　工作艦、運送艦、特務艇　敷設艇　一等　八百噸以上、二等　八百噸未滿四百噸以上、　三等　四百噸未滿、掃海艇　一等　五百噸以上、二等　五百噸未滿、潜水艦母艇。

大正十年八月二日軍令海第四號（三日官報）艦船中改正

軍艦、驅逐艦、潜水艦、水雷艇、特務艦、特務艇、雜役船。

軍艦、驅逐艦、潜水艦、水雷艇ヲ艦艇ト總稱シ、特務艦、特務艇ヲ特務艦艇ト總稱ス

特務艦ヲ工作艦、運送艦、碎氷艦ニ、特務艇ヲ敷設艇、掃海艇、潜水艦母艇ニ區分ス

（編者註）本令ニ於テ特務艦ノ區分中ニ碎氷艦ヲ加ヘラレタリ

大正十年八月三日海軍省達第百五十三號特務艦艇類別標準中改正

特務艦　工作艦、運送艦、碎氷艦、特務艇　敷設艇　一等　八百噸以上、二等　八百噸未滿四百噸以上、三等

四百噸未満、掃海艇　一等　五百噸以上、二等　五百噸未満、潜水艦母艇。

（編者註）碎氷艦大泊ノ建造始メテ成ル、是レ蓋シ我海軍ニ於ケル碎氷艦ノ嚆矢ナリ

大正十一年三月三十一日軍令海第一號（四月一日官報）艦船令中改正

軍艦　驅逐艦　潜水艦　水雷艇　特務艦　特務艇　雜役船

軍艦、驅逐艦、潜水艦、水雷艇ヲ艦艇ト總稱シ、特務艦、特務艇ヲ特務艦艇ト總稱ス

特務艦ヲ工作艦、運送艦、碎氷艦、測量艦ニ、特務艇ヲ敷設艇、掃海艇、潜水艦母艇ニ區分ス

（編者註）本令ニ於テ特務艦ノ區分中ニ測量艦ヲ加ヘラレタリ

大正十一年四月一日海軍省達第四十九號特務艦艇類別標準中改正

特務艦　工作艦・運送艦・碎氷艦・測量艦

特務艇　敷設艇　一等　八百噸以上、二等　八百噸未満四百噸以上、三等　四百噸未満、掃海艇　一等　五百噸以上、二等　五百噸未満、潜水艦母艇。

（編者註）測量艦ハ從來軍艦中ノ類別タル海防艦等ヲ以テ此任務ニ服セシメアリシガ、玆ニ至リ特務艦中ノ類別ニ此名稱ヲ設ケテ軍艦外ト爲セリ。

大正十一年十一月三十日軍令海第三號（十二月一日官報）艦船令中改正

軍艦、驅逐艦、潜水艦、水雷艇、特務艦、特務艇、雜役船。

軍艦、驅逐艦、潜水艦、水雷艇ヲ艦艇ト總稱シ、特務艦、特務艇ヲ特務艦艇ト總稱ス

特務艦ヲ工作艦・運送艦・碎氷艦・測量艦・練習特務艦ニ、特務艇ヲ敷設艇・掃海艇・潜水艦母艇ニ區分ス

（編者註）本令ニ於テ特務艦ノ區分中ニ練習特務艦ヲ加ヘラレタリ

大正十一年十二月一日海軍省達第二百十一號特務艦艇類別標準中改正

特務艦　工作艦・運送艦・碎氷艦・測量艦　練習特務艦、特務艇　敷設艇　一等　八百噸以上、二等　八百噸未満四百噸以上、三等　四百噸未満、掃海艇　一等　五百噸以上、二等　五百噸未満　潜水艦母艇。

大正十二年六月二十九日軍令海第三號（三十日官報）艦船令中改正

軍艦、驅逐艦、潜水艦、掃海艇、水雷艇、特務艦、特務艇、雜役船。

軍艦、驅逐艦、潜水艦、掃海艇、水雷艇ヲ艦艇ト總稱シ、特務艦、特務艇ヲ特務艦艇ト總稱ス

特務艦ヲ工作艦、運送艦、碎氷艦、測量艦、練習特務艦ニ、特務艇ヲ敷設艇、掃海特務艇、潜水艦母艇ニ區分ス

（編者註）本令ニ於テ掃海艇ヲ特務艇中ノ區分ヨリ離シテ獨立セシメ　之ヲ潜水艦ノ次ニ列シ、新ニ掃海特務艇ナル名稱ヲ設ケテ之ヲ特務艇中ノ區分ニ置キタリ。

大正十二年六月三十日海軍省達第百五十四號艦艇類別標準中改正

軍艦　戰艦　巡洋戰艦、巡洋艦　一等　七千噸以上、二等　七千噸未満、航空母艦、水雷母艦、敷設艦、海防艦、一等　七千噸以上、二等　七千噸未満、砲艦　一等　八百噸以上、二等　八百噸未満。

驅逐艦　一等　千噸以上、二等　千噸未満六百噸以上、三等　六百噸未満

潜水艦　一等　水上千噸以上、二等　水上千噸未満五百噸以上、三等　水上五百噸未満、掃海艇。

水雷艇　一等　百二十噸以上、二等　百二十噸未満。

大正十二年六月三十日海軍省達第百五十五號特務艦艇類別標準中改正

特務艦、工作艦、運送艦、碎氷艦、測量艦、練習特務艦。

特務艇　敷設艇　一等　八百噸以上、二等　八百噸未満四百噸以上、三等　四百噸未満、掃海特務艇　一等　五百噸以上、二等　五百噸未満、潜水艦母艇。

大正十二年九月二十九日軍令海第九號（十月一日官報）艦船令中改正

軍艦　驅逐艦、潜水艦、掃海艇、水雷艇、特務艦、特務艇、雜役船。

軍艦、驅逐艦、潜水艦、掃海艇、水雷艇ヲ艦艇ト總稱シ、特務艦、特務艇ヲ特務艦艇ト總稱ス

特務艦ヲ工作艦、運送艦、碎氷艦、測量艦、標的艦、練習特務艦ニ、特務艇ヲ敷設艇、掃海特務艇、潜水艦母艇ニ區分ス

（編者註）本令ニ於テ特務艦中ノ一區分トシテ標的艦ナル名稱ヲ新設セリ

大正十二年十月一日海軍省達第二百六號特務艦艇類別標準中改正

特務艦、工作艦、運送艦、碎氷艦、測量艦、標的艦、練習特務艦。

特務艇　敷設艇　一等　八百噸以上、二等　八百噸未滿四百噸以上、三等　四百噸未滿、掃海特務艇　一等　五百噸以上、二等　五百噸未滿、潜水艦母艇。

大正十三年一月十五日軍令海第一號(十七日官報)艦船令中止改正

軍艦、驅逐艦、潜水艦、掃海艇、特務艦、特務艇、雜役船。

軍艦、驅逐艦、潜水艦、掃海艇ヲ艦艇ト總稱シ、特務艦、特務艇ヲ特務艦艇ト總稱ス

特務艦ヲ工作艦、運送艦、碎氷艦、測量艦、標的艦、練習特務艦ニ、特務艇ヲ敷設艇、掃海特務艇、潜水艦母艇ニ區分ス

(編者註) 本令ニ於テ水雷艇ヲ削除セラレタリ。我海軍ガ水雷艇ヲ採用セルハ明治十三年ニ在リ、爾來明治三十七年迄約二十有五年間ニ亙リ建造セルモノ大小八十九隻ヲ算ス、而シテ其後ハ之レガ建造ヲ見ザリシガ玆ニ至リテ水雷艇ナル名稱ハ我艦船種類別中ヨリ全ク之ヲ削除セラレタルナリ

右大正十三年一月軍令第一號ヲ以テ艦船令中改正ニ由リ、艦艇類別標準中、水雷艇ニ關スル部分ハ自然消滅ニ歸ス

大正十三年十一月二十七日軍令海第四號(二十九日官報、十二月一日ヨリ施行)艦船令中改正

軍艦、驅逐艦、潜水艦、掃海艇、特務艇、特務艦、雜役船

軍艦、艦逐艦、潜水艦、掃海艇ヲ艦艇ト總稱シ特務艦、特務艇ヲ特務艦艇ト總稱ス

艦艇及特務艦艇ノ類別標準ハ別表ニ依ル

大正十三年十一月二十七日軍令海第四號(二十九日官報、十二月一日ヨリ施行)艦船令中改正、新設別表、艦艇特務艦艇類別標準

○艦　艇

一、軍艦　1、戰艦　2、巡洋戰艦　3、巡洋艦　一等　七千噸以上、二等　七千艦未滿、4、航空母艦、5、潜水母艦　6、敷設艦　7、海防艦　一等　七千噸以上、二等　七千噸未滿　8、砲艦

一等　八百噸以上　二等　八百噸未滿、

二、驅逐艦　一等　千噸以上、二等　千噸未滿六百噸以上、三等　六百噸未滿。

三、潜水艦　一等　水上千噸以上、二等　水上千噸未滿五百噸以上、三等　水上五百噸未滿。

四、掃海艇。

○特務艦艇

一、特務艦　1、工作艦　2、運送艦　3、碎氷艦　4、測量艦　5、標的艦　6、練習特務艦

二、特務艇　1、敷設艇　一等　八百噸以上、二等　八百噸未滿四百噸以上、三等　四百噸未滿、2、掃海特務艇　一等　五百噸以上、二等　五百噸未滿。3、潜水艦母艇

(編者註) 本令ニ於テ從來ノ水雷母艦ノ名稱ハ潜水母艦ト改マレリ、類別標準ハ從來海軍省達ヲ以テ規定セシガ玆ニ至リテ之ヲ軍令ノ規定ニ移サレタルナリ。類別ノ上ニ點付セル番號ハ單ニ一覽ニ便センガ爲メ編者ノ施シタル數字ニ過ギズ、本令ニ於テハ系線畫ヲ設ケ其欄內ニ類別ヲ配列セルモ此表ハ便宜其要綱ノミヲ掲ゲタリ以下之ニ倣フ

昭和二年三月二日軍令海第一號(三日官報)艦船令中改正、別表、艦艇特務艦艇類別標準

○艦　艇

一、軍艦　1、戰艦　2、巡洋戰艦　3、巡洋艦　一等　七千噸以上、二等　七千噸未滿　4、航空母艦　5、潜水母艦　6、敷設艦　7、急設網艦　8、海防艦　一等　七千噸以上、二等　七千噸未滿　9、砲艦　一等　八百噸以上、二等　八百噸未滿。

二、驅逐艦　一等　千噸以上、二等　千噸未滿六百噸以上、三等　六百噸未滿

三、潜水艦　一等　水上千噸以上、二等　水上千噸未滿五百噸以上、三等　水上百噸未滿

四、掃海艇

○特務艦艇

一、特務艦　1、工作艦　2、運送艦　3、碎氷艦　4、測量艦　5、標的艦　6、練習特務艦

二、特務艇　1、敷設艇　一等　八百噸以上　二等　八百噸未滿　四百噸以上　三等　四百噸未滿
　2、捕獲網艇　3、掃海特務艇　一等　五百噸以上　二等五百噸未滿　4、潜水艦母艇
（編者註）本令ニ於テ急設網艦、捕獲網艇ノ名稱ヲ新設シタリ

○昭和五年艦船令中改正ニヨリ水雷艇復活ス。同時ニ艦艇類別標準中改正左ノ如シ。
巡洋戰艦ヲ戰艦トシ、海防艦及ビ砲艦ノ等級區分ヲ止メ、練習戰艦及ビ練習巡洋艦ノ類別ヲ加フ。
尙ホ巡洋艦ノ一、二等ヲ八吋砲搭載ノ有無ニ由リ區分ス。

○昭和九年五月三十一日軍令海第四號ヲ以テ改正セラレタル艦船令中ノ艦船種別、艦艇類別標準及特務艦艇類別標準ハ現行ノモノニシテ左記ノ通ナリ。

艦船種別

軍艦
驅逐艦
潜水艦
水雷艇
掃海艇
（以上）艦艇ト總稱ス

特務艦
特務艇
（以上）特務艦艇ト稱ス

雜役船

艦艇及ビ特務艦艇類別標準

軍艦　戰艦、巡洋艦　一等　最大備砲口徑一五・五糎ヲ超ユルモノ、　二等　最大備砲口徑一五・五糎以下ノモノ、　航空母艦　水上機母艦、　潜水母艦、　敷設艦、　海防艦、　砲艦、　練習戰艦、　練習巡洋艦、
驅逐艦　一等　排水量（基準）千噸以上ノモノ　二等　排水量（基準）千噸未滿ノモノ
潜水艦　一等　水上排水量（基準）千噸以上ノモノ　二等　水上排水量（基準）千噸未滿ノモノ
水雷艇、　掃海艇
特務艦艇　特務艦、　工作艦、　運送艦、　碎氷艦、　測量艦、　標的艦、　練習特務艦。
　特務艇　敷設艇、　掃海特務艇、　潜水艦母艇、

（二）　艦船、兵器及び機關に關する起源

一、大船建造公許せらる——嘉永六年九月（西暦一八五三年）
一、洋式造船の始——安政元年（一八五四）
　幕府浦賀にて鳳凰丸を建造す、帆走運送船、木製バーク型、長さ一三二呎、幅三〇呎なり。
一、日章旗を日本船舶旗として採用す——安政元年（一八五四）
一、洋式軍艦の鼻祖「觀光」——安政二年（一八五五）
　和蘭より幕府に軍艦「スームビング」を獻ず、「觀光」是れなり
　同艦品川入港のとき初めて日の丸軍艦旗を掲揚す
一、外國に註文したる第一艦到着——安政四年（一八五七）
　幕府より和蘭に建造を託せる軍艦「咸臨」到着（初めの名は「ジッパン」）第二艦朝陽（初め名は「エド」）は其の翌年來着
一、內國にて初めて軍艦を建造す——文久二年（一八六二）
　石川島造船所（當時官立）にて「千代田形」の建造に着手す
一、横須賀造船所創立——慶應元年（一八六五）
　勘定奉行小栗上野介の意見により創立、所長は佛國人「ベルニー」氏、明治九年四月より總て日本人の手に移る
一、最初の甲鐵艦購入——明治元年（一八六八）
　米國より購入の「東《あつま》」は我國甲鐵艦の嚆矢なり、船體木造にして甲鐵帶あり
一、造船材料として初めて「チーク」材輸入——明治三年（一八七〇）
一、最初の船渠竣工——明治四年（一八七一）
　横須賀に第一號船渠竣工す

一、我が國官立造船所にて建造の第一艦――明治六年（一八七三）
横須賀造船所にて「清輝」を起工す三筩二聯成還動横置機械及び高圓罐を備ふ
一、克式後装旋條砲採用――明治八年（一八七五）
「清輝」に装備す
一、海軍省より初めて軍艦を英國に註文す――明治八年（一八七五）
左記三艦なり
「扶桑」 船體は鐵材にて甲鐵帶を装す
「金剛」 船體は鐵骨木皮にして甲鐵帶を装す
「比叡」 右金剛の姉妹艦なり
一、内國建造の軍艦初めて歐洲に渡航――明治十一年（一八七八）
「清輝」歐洲に航す、艦長井上良馨少佐
一、水雷艇第一號（ヤーロー型）組立着手――明治十三年（一八八〇）
横須賀に於て組立、明治十四年竣工す、最初の兵装は外装水雷なり
一、安式十吋砲及探照燈装備――明治十六年（一八八三）
英國より購入の筑紫に初めて安式十吋砲及探照燈を装備す
一、最初の鋼鐵製艦「浪速」「高千穗」起工――明治十七年（一八八四）
英國にて起工、「浪速」は明治十九年二月竣工、本邦人のみにて回航、同年六月品川に來着す、
回航委員長井上良馨大佐、高速巡洋艦の嚆矢なり
一、内國建造最初の鐵製艦「摩耶」起工――明治十八年（一八八五）
一月小野濱にて起工、二軸推進及び罐室密閉、强壓通風装置を採用したる第一艦なり
同艦は鳥海、赤城の姉妹艦なり
一、初めて軍艦を佛國に註文す――明治十七年（一八八四）
「畝傍」を註文し、明治十九年竣工、本邦への回航途次「シンガポール」出發後行衞不明となる
一、内國建造最初の鋼鐵製艦「八重山」起工――明治二十年（一八八七）
横須賀にて起工す、明治二十三年三月竣工
一、カネー式三十二拇砲採用――明治二十年（一八八七）三景艦（嚴島、松島、橋立）に搭載す
一、横須賀にて初めて大艦を建造す――明治二十一年（一八八八）
排水量四千二百噸の「橋立」を起工す
一、直立推進機械及汽車罐採用――明治二十二年（一八八九）
小野濱にて建造の「大島」に装備す、直立三聯成機械なり。又「ヘブリュー」式十二拇砲を採用し、
同艦に装備す
一、安式十二糎速射砲採用――明治二十二年（一八八九）
横須賀にて建造中の「八重山」に搭載す
一、軍艦旗改正――明治二十二年十一月三日（一八八九）現行の旭章旗に改正せらる（それまでは「日の
丸」）
一、シーメンス・マルチン爐新設――明治二十三年（一八九〇）
横須賀に五噸の爐を設備す
一、初めて魚雷を製造す――明治二十四年（一八九一）
米式十四吋魚雷を横須賀軍港内田浦に於て製造す
一、初めて褐色六稜火薬を海軍造兵廠（東京）にて造る――明治二十五年（一八九二）
一、初めて六吋（十五拇）速射砲及び紐狀無煙火薬を採用す――明治二十五年（一八九二）
「吉野」に之を装備す

一、鋼にて主機氣筒蓋を造る――明治二十五年(一八九二)
　「秋津洲」用たり。
一、下瀬火藥採用――明治二十六年(一八九三)
一、保式十四吋魚雷及びB・S式距離測定器採用――明治二十六年(一八九三)
　「吉野」以降之を使用す
一、最初の甲鐵戰艦「富士」「八島」起工――明治二十七年(一八九四)
　英國に註文起工す排水量一萬二千五百噸初めて安式四十口徑十二吋砲を裝備す
一、呉海軍造船廠にて初めて軍艦を建造す――明治二十七年(一八九四)
　五月軍艦宮古起工、明治三十二年三月竣工、本艦に初めて低圓罐及鋼製焰管を採用す
一、保式十八吋魚雷及び水中發射管を軍艦「富士」「八島」に採用す――明治二十七年(一八九四)
一、十二糎速射砲々身架を呉造兵廠にて製造す――明治二十九年(一八九六)
一、初めて驅逐艦を英國に註文す――明治三十年(一八九七)
　「叢雲」級四隻を「ソーニクロフト」社に、「雷」級四隻を「ヤーロー」社に註文し、明治三十二年横須賀着、何れも水管罐を裝備す
一、初めて我が軍艦に電燈艦飾《イルミネーション》を行ふ――明治三十年六月(一八九七)
　軍艦「富士」スピトヘッドにて裝飾す
一、佛國「ベルヴィル」式水管罐採用――明治三十一年(一八九八)
　「千代田」の罐換裝に當り本式を採用す
一、八吋砲裝備――明治三十一年(一八九八)
　「高砂」に裝備す
一、佛國「ノルマン」式水管罐採用――明治三十一年(一八九八)
　横須賀にて起工の「千早」に採用す
一、初めて大艦に水管罐採用――明治三十一年(一八九八)
　「ベルヴィル」式水管罐を英國にて建造中の戰艦「敷島」に裝備す
一、直立四汽筩機械及び「ニクロース」式水管罐採用――明治三十四年(一九〇一)
　横須賀にて建造の「新高」及び呉にて建造の「對馬」に裝備す
一、初めて無線電信を軍艦に裝備す――明治三十三年(一九〇〇)
　「敷島」に裝備す
一、伊集院信管採用――明治三十三年(一九〇〇)
一、初めて內地にて驅逐艦を建造す――明治三十五年(一九〇二)
　横須賀造船廠にて「春雨」を起工す
一、宮原式水管罐採用――明治三十五年(一九〇二)
　「橋立」の罐換裝に當り本式を採用す、內國製水管罐を裝備したる初めなり
一、八吋速射砲を呉造兵廠にて完成す――明治三十五年(一九〇二)
一、魚雷附屬用の「オブリー」式魚雷直進器及び遠距離魚雷採用――明治三十五年(一九〇二)
一、馬公及び大湊修理工場竝に呉造兵廠製鋼部開始――明治三十五年(一九〇二)
一、各鎭守府所在地の海軍工廠成立――明治三十六年(一九〇三)
一、艦本式水管罐採用――明治三十六年(一九〇三)
　横須賀工廠にて起工の「音羽」に之を裝備す
一、八幡製鐵所熔鑛爐作業開始――明治三十七年(一九〇四)

一、初めて潜水艦を採用す――明治三十七年(一九〇四)
米國ホルランド型を購入し横須賀工廠にて組立
一、佐世保工廠及び舞鶴工廠に於て初めて驅逐艦を起工す――明治三十八年(一九〇五)
佐世保工廠にて「夕暮」、舞鶴工廠にて「追風」を起工す
一、初めて內國にて裝甲艦を起工す――明治三十八年(一九〇五)
戰艦「薩摩」を横須賀工廠にて、又巡洋艦「筑波」を呉工廠にて起工す、初めて十二吋砲及び裝甲鈑を呉にて造り且つ宮原式混焼水管罐を裝備す、(此年英國に「ドレッドノート」起工)
一、佐世保にて初めて巡洋艦を起工す――明治三十八年(一九〇五)
巡洋艦「利根」起工
一、川崎型潜水艦起工――明治三十八年(一九〇五)
川崎造船所にて改良米國型の潜水艦を起工す
一、米國「カーチス・タルビン」採用――明治三十九年(一九〇六)
呉にて建造の「伊吹」に之を裝備す
一、英國式C型潜水艦起工――明治三十九年(一九〇六)二隻は英國にて、三隻は呉にて起工す
一、近代的軍艦を始めて私立造船所に註文す――明治三十九年(一九〇六)「淀」を川崎造船所に、同四十年(一九〇七)初代「最上」を三菱長崎造船所に註文す
一、英國「パーソンス・タルビン」採用――明治四十年(一九〇七)
三菱長崎造船所にて建造の初代「最上」に裝備す
一、三軸推進最初の軍艦は「最上」なり――明治四十年(一九〇七)
一、保式二十一吋水中發射管採用――明治四十一年(一九〇八)
呉工廠建造の「生駒」に裝備す
一、重油專焼の第一艦――明治四十二年(一九〇九)
舞鶴にて起工の驅逐艦「海風」に重油專焼罐を採用す
一、航空機を海軍に採用す――明治四十二年(一九〇九)十一月
一、四軸「パーソンス」式「タルビン」採用――明治四十三年(一九一〇)
長崎三菱造船所にて起工の巡洋艦「矢矧」に裝備す
一、四三式二十一吋噴霧裝置付魚雷完成――明治四十三年(一九一〇)
一、世界に率先し十四吋砲を採用す――明治四十四年(一九一一)
英國「ヴィッカース」社に注文起工の「金剛」及內地建造の其の姉妹艦に裝備す
一、四四式二十一吋加熱裝置付魚雷完成――明治四十四年(一九一一)
一、內地私立造船所に於て裝甲艦を起工す――明治四十五年(一九一二)
巡洋戰艦「榛名」を神戶川崎造船所にて、又同「霧島」を長崎三菱造船所にて起工す
一、「ブラウン・カーチス・タルビン」採用――明治四十五年(一九一二)
一、齒車減速裝置採用――大正四年(一九一五)
戰艦「伊勢」及び「日向」に齒車減速裝置付の獨立巡航「タルビン」を裝備す
一、鎭海修理工場設置――大正四年(一九一五)
一、十六吋砲採用――大正六年(一九一七)
呉に於て建造中の戰艦「長門」に裝備す
一、「オール・ギヤード・タルビン」採用――大正六年(一九一七)
戰艦 長門」(呉)並に巡洋艦「天龍」(横須賀)及び「龍田」(佐世保)に裝備す(括弧內は建造工廠所在地なり)

一、技本式「タルビン」採用——大正七年(一九一八)、「球磨」級巡洋艦に裝備す

一、花國式L型潜水艦起工——大正七年(一九一八)、神戸三菱造船所にて建造

一、五千五百噸型輕巡洋艦起工——大正七年(一九一八)、第一艦「球磨」を佐世保に起工す

一、海軍火藥廠設立——大正八年(一九一九)

明治四十年平塚に創立せられたるものを海軍にて買收す

一、「スペリー」式探照燈採用——大正八年(一九一九)軍艦「龍田」に裝備す

一、三聯裝魚雷發射管採用——大正八年(一九一九)、軍艦「龍田」に裝備す

一、初めて航空母艦を建造す——大正八年(一九一九)

「鳳翔」と命名せられ、船體は淺野造船所にて起工、艤裝は横須賀工廠にて完成す

一、「スペリー」式「スタビライザー」採用——大正九年(一九二〇)、航空母艦「鳳翔」に裝備す

一、八八艦隊の建造計畫決定し建艦に着手す——大正九年(一九二〇)

本計畫は大正十二年華府會議の結果中止す

一、千噸以上の潜水艦起工——大正十年(一九二一)、伊號五十一潜水艦呉工廠にて起工せらる

一、所謂八吋砲巡洋艦出現——大正十一年(一九二二)、巡洋艦「加古」同年十一月神戸川崎造船所にて起工、八吋砲(二十糎砲)六門を裝備す、所謂「八吋巡洋艦」の嚆矢なり

一、一萬噸級巡洋艦建造——大正十三年(一九二三)、第一艦「妙高」を横須賀工廠にて起工す、二〇三耗砲十門を裝備す

一、初めて聯裝砲及び三聯裝發射管を驅逐艦に裝備す——大正十五年(一九二六)

「吹雪」級基準排水量一七〇〇噸に裝備

一、電孤熔接採用——昭和四年(一九二九)

九月舞鶴にて起工の驅逐艦「夕霧」の船體部軟鋼材に初めて電孤熔接を採用す

一、水雷艇建造を復活す——昭和六年(一九三一)

一、八千五百噸の新式二等巡洋艦最上(二代)、三隈成る。昭和十年(一九三五)

(ホ) 御召艦一覽表

年月日	場所及び摘要	御召艦又は御乘艦	備考
明治元—一一—二八	濱御殿行幸軍艦御試乘	富士山艦、武藏丸	
〃 四—一一—二	品川沖にて海軍操練天覽	龍驤	
〃 〃—一一—二一 二三	横須賀造船所行幸	龍驤	
〃 五—四—二八	浦賀行幸	龍驤	
〃 自五—二三 至七—一三	西國御巡幸	龍驤	
〃 一〇—二五	横濱海軍操練天覽	龍驤	魯國皇子御同伴
〃 六—一二—一七	横須賀造船所行幸	蒼龍丸	
〃 八—三—五	横須賀軍艦清輝進水式行幸	龍驤	
〃 九 七—一六 七—二〇	奥羽地方御巡幸(青森より還幸)	明治丸	青森、函館、宮古、釜石 横濱
〃 一〇—一—二四 七—三〇	大和竝に京都行幸	高雄丸	横濱、神戸間
〃 一一—七—一〇	横濱にて艦隊天覽	金剛、比叡、扶桑	
〃 一二—一二—一八	横濱行幸、海軍操練天覽		
〃 一三—七—二一 七—二三	山梨縣、三重縣、京都府行幸	扶桑(初代)	神戸、横濱間
〃 一四—五—一八 一九	觀音崎行幸	迅鯨(初代)	横濱御乘艦
〃 自八—二九 至九—七	山形、秋田、北海道御巡幸	扶桑・迅鯨(初代)	青森、小樽間 函館、室蘭間
〃 一六—一二—二四	横濱にて筑紫天覽	迅鯨(初代)	
〃 一八—四—一〇	福岡縣下行幸	山城丸	横濱御乘船

〃	一八—七—二六	山口、廣島、岡山縣下行幸	横濱丸（三菱汽船）	横濱御乗船
〃	一九—一一—二六	浪速、高千穗兩艦及び長浦	浪速	横濱御乗艦
〃	二〇—一—二五	京都行幸啓（兩陛下）	浪速	
〃	二一—一〇—一五	横須賀行幸啓（兩陛下）	浪速	高雄進水式 横濱御乗艦
〃	二三—二—二四	横須賀軍艦八重山に行幸	八重山	
〃	二三—三—二八	吳、佐世保、江田島、海陸軍聯合大演習	高千穗	
〃	二三—四—一八	神戸海軍觀艦式	高千穗	
〃	二七—四—一七	横須賀軍港に於て「松島」「吉野」「千代田」天覽		
〃	二七—一〇—二	吳軍港にて黄海海戰に臨みたる軍艦天覽	軍艦松島、西京丸、比叡	廣島大本營より宇品—吳往復第一吳丸に御乗船
〃	二九—一一—二五	横須賀軍港にて水雷艇の航行及諸艦の砲操法天覽	軍艦鎭遠	
〃	三一—一一—一九	陸軍大演習御統裁の爲、大阪府下へ行幸中常備艦隊へ行幸	軍艦富士	神戸にて御乗艦
〃	三三—四—二八／三〇	明石附近にて海軍對抗演習天覽	軍艦淺間	
〃	三六—四—一〇	神戸港沖觀艦式	軍艦淺間	京都大阪府兵庫縣下へ行幸の節
〃	三八—一〇—二三	横濱港沖凱旋觀艦式	軍艦淺間	
〃	四〇—一二—二七	横須賀軍港にて軍艦筑波千歲御親閲	軍艦筑波	
〃	四一—一一—一八	神戸港沖觀艦式	軍艦淺間	陸軍大演習御統裁の爲、奈良縣下へ行幸の節
大正	元—一一—一二	横濱港沖海軍大演習觀艦式	軍艦筑摩	
〃	二—一一—一〇	横須賀軍港恒例觀艦式	軍艦香取	
〃	四—六—五	横須賀軍港軍艦榛名、霧島及新造驅逐艦御親閲	軍艦榛名、霧島	
〃	四—一二—四	横濱港にて特別觀艦式	軍艦筑波	
〃	五—一〇—二五	横濱港にて恒例觀艦式	軍艦筑波	
〃	五—一一—八／一一	陸軍特別大演習御統裁の爲、福岡縣下へ行幸	軍艦榛名	神戸、佐世保間
〃	八—七—一九	横須賀軍港にて、第一第二特務艦隊御親閲	軍艦出雲	
〃	八—一〇—二三／二五	海軍特別大演習御統裁の爲	軍艦攝津	横濱及東京灣外
〃	八—一〇—二八	横濱港にて海軍特別大演習觀艦式	軍艦攝津	
昭和	二—七—二八／八—一〇	聯合艦隊演習へ	軍艦山城	横須賀軍港にて御乗艦、佐伯灣奄美大島方面、小笠原諸島
〃	二—一〇—二〇／二五	海軍特別大演習御統裁	軍艦陸奥	横須賀軍港にて御乗退艦
〃	二—一〇—三〇	横濱港にて海軍特別大演習觀艦式	軍艦陸奥	
〃	三—一二—四	横濱港にて大禮特別觀艦式	軍艦榛名	
〃	四—五 自五—二八 至六—四 自六—七 至六—九	大阪—神戸へ（八丈島、大島、紀州田邊、串本へ御立寄）	軍艦那智 同長門 驅逐艦灘風	
〃	五—一〇—一八／二七	神戸港にて海軍特別大演習御統裁竝觀艦式及海軍兵學校へ	軍艦霧島 同 羽黒	海軍兵學校へ行幸の節、軍艦羽黒
〃	五—一一—一九／二一	宇野港より横須賀軍港まで陸軍特別大演習御統裁の爲、岡山縣下より還幸の節	軍艦霧島	
〃	六—一一—自八 至一一 自一九 至三一	陸軍特別大演習御統裁の爲熊本縣下へ	軍艦榛名	横須賀軍港より佐世保軍港まで 鹿兒島港より横須賀軍港まで
〃	八—八—一六／二一	海軍特別大演習御統裁の爲	軍艦比叡	本邦南方海面
〃	八—八—二五	横港港沖にて海軍特別大演習觀艦式	軍艦比叡	

（へ）觀艦式沿革竝に參加艦艇一覽

觀艦式《グランド・レビュウ》とは、一般的に云へば多數の艦船が式場たる豫定の錨地に碇泊し、その前を君主又は大統領の乗艦か通過し、各艦船の威容を親閲する、恰も陸軍の觀兵式に似たる最も莊嚴なる儀式である。

我國に於ては大演習直後に行はれる觀艦式と、昭和三年御大禮の盛儀として行はれたやうな國家の大典の際の觀艦式との二種類あるが、孰れも準備のため早くから事務委員が任命され、觀艦式指揮官は前者の場合は聯合艦隊司令長官に命ぜらるゝを例とし、後者の場合は將官が別に特命されるのである。

西暦一三四一年、英國王エドワード三世が、自ら艦隊を率ゐて英佛戰爭に出征したとき、艦隊の威容を親閲したことがあつたが、これが觀艦式の歴史的起源をなすものと認められる。然しながら今日各國で行はれて居る觀艦式の樣式は、明治三十年(西暦一八九七年)、英國でヴイクトリア女王卽位後六十年を祝ふために行はれた觀艦式から始まつたものである。

我國に於ける觀艦式は、回を重ぬること十六回であるが、回顧すれば寔に感慨無量である、明治元年天保山沖で行はれた天覽―觀艦式は、肥前藩の電流丸、肥後藩の萬里丸、久留米藩の千歳藩、長州藩の華陽丸、藝州藩の萬年丸、薩州藩の三邦丸と云ふ各藩の船が六隻參列し、明治天皇は陸岸の叡覽所に行幸あらせられ、電流丸にて海軍總督聖護院宮が指揮される各船を御親閲遊ばれた。參加船數合計六隻、排水量合計僅に二千四百五十二噸で、現在の新式一小巡洋艦の排水量にも足らぬ底のものであつた。然るに六十五年後の昭和八年には、排水量に於て三百四十六倍、隻數に於て二十七倍する艨艟が、長さ六浬、幅二浬半の海面に亘つて碇泊參列し、且つ空には百六十臺の飛行機の參加する光輝ある大觀艦式が擧行されたのである。次に今日まで行はれたる觀艦式の概要を一覽表として掲げ、猶、參考のため明治三十八年凱旋觀艦式及び昭和三年以降の觀艦式々場圖並昭和八年特別大演習觀艦式御次第書を附加へて置く。

觀艦式一覽表

年月日	場所	名稱	御召艦	參加艦船 隻數	參加艦船 噸數	同航空機	外國軍艦
明治 元―三―二六	天保山沖	天覽	―	六	二、四五二	―	
〃 二三―四―一八	神戸沖	海軍觀兵式	高千穗	一九	三二、三二八	―	
〃 三三―四―三〇	神戸沖	大演習觀艦式	淺間	四九	一二九、六〇一	―	
〃 三六―四―一〇	神戸沖	大演習觀艦式	淺間	六一	二一七、一七六	―	
〃 三八―一〇―二三	横濱沖	凱旋觀艦式	淺間	一六六	三二四、一五九	―	
〃 四一―一一―一八	神戸沖	大演習觀艦式	淺間	一二三	四〇四、四六〇	―	
大正 元―一一―一二	横濱沖	大演習觀艦式	筑摩	一一五	四六〇、八二五	飛行機 二	
〃 二―一一―一〇	横須賀沖	恒例觀艦式	香取	五七	三五三、九六五	飛行機 四	
〃 四―一二―四	横濱沖	特別觀艦式	筑波	一二四	五九八、八四八	飛行機 九	
〃 五―一〇―二五	横濱沖	恒例觀艦式	筑波	八四	四七二、二五四	飛行機 四	
〃 八―七―九	横須賀沖	御親閲式	出雲	二六	八六、〇一三	―	
〃 八―一〇―二八	横濱沖	大演習觀艦式	攝津	一一一	六二四、一八〇	飛行機 一二	
昭和 二―一〇―三〇	横濱沖	大演習觀艦式	陸奥	一五八	六六四、二九二	飛行機 八〇 飛行機 一	
〃 三―一二―四	横濱沖	大禮特別觀艦式	榛名	一八六	七七八、八九一	飛行機 一三〇 飛行機 二	米一、英三、佛一、蘭一、伊一
〃 五―一〇―二六	神戸沖	特別大演習觀艦式	霧島	一六五	七〇三、二九五	飛行機 七二	
〃 八―八―二五	横濱沖	大演習觀艦式	比叡	一六一	八四七、七六六	飛行機 一六〇	

昭和八年特別大演習觀艦式御次第書

一、期　日　八月二十五日

二、式場海面　横濱沖

三、御召艦供奉艦左の如し

御召艦　比叡

供奉艦　鳥海　愛宕　高雄　摩耶

四、式場に於ける參列艦船の錨地別圖の如し

五、當日横濱沖在泊の軍艦、驅逐艦、掃海艇及特務艦は滿艦飾を行ひ潛水艦は艦飾を行ふ

六、午前八時五十分横濱驛着御
横濱驛着御のとき海軍大臣、特別大演習觀艦式指揮官、横須賀鎭守府司令長官奉迎す
七、横濱港御召棧橋より御召艇に乘御
御召棧橋着御のとき海軍軍令部長及敕任官たる中央審判部員奉迎す
御召艇棧橋を離れたるとき供奉艦及參列艦は御召艦に倣ひ皇禮砲を行ふ
海軍大臣、海軍軍令部長は御召艇に陪乘し、特別大演習觀艦式指揮官、横須賀鎭守府司令長官は供奉し横須賀海軍港務部長は御先導す
八、御召艦に乘御のとき同艦は海軍禮式令第六十三條、供奉艦は同令第六十五條の敬禮を行ふ
九、御召艦に乘御の後、皇族御對謁次で海軍大臣、特別大演習觀艦式指揮官、横須賀鎭守府司令長官、御召艦艦長、御召艦に在る陪觀の敕任官以上の者、東京市長、横濱市長及本邦駐劄外國大公使館附海軍武官に謁を賜ふ
十、午前九時四十分　御召艦浮標を離れ式場に進む
此の時參列艦船の乘員は海軍禮式令第六十五條の敬禮を行ふべき位置に就き、其の諸艦は特別大演習觀艦式指揮官の旗艦に倣ひ皇禮を行ふ
十一、供奉艦は逐次出港午前九時三十分迄に横濱築港防波堤附近に於て待機し御召艦の出港を俟て御親閱序列に入る
十二、御親閱の順路別圖の如く其の序列左の如し（御先導）鳥海、（御召艦）比叡、（供奉）愛宕、高雄、摩耶
十三、御親閱中特別大演習觀艦式指揮官は玉座の側に在りて參列艦長、司令以上の指揮官の官氏名其は他必要なる事項を奉上す
十四、飛行機隊は空中分列を行ふ
十五、參列艦船は御召艦其の附近を通過の際逐次海軍禮式令第六十五條の敬禮を行ふ
十六、陪觀者は御召艦、供奉艦、長門、加賀、日向及榛名に在りて陪觀す
十七、御親閱終つて御召艦及供奉艦は豫定の位置に投錨す
十八、御召艦投錨後、大演習關係諸員中重なるものを召され謁を賜ふ（既に謁を賜はりたる者を除く）
次で大演習に關する御講評
次に　勅語を賜ふ
十九、午後零時十分頃賜饌の爲め長門、加賀、鳥海、愛宕及高雄に皇族を御差遣あらせらる
二十、午後零時四十分頃比叡、長門、加賀、鳥海、愛宕及高雄に於て大演習關係高等官及陪觀者（摩耶、日向及榛名に於ける陪觀者を除く）に午餐を賜ふ
二十一、午後二時　御召艦拔錨、横濱港内に向ふ
此の時供奉艦及參列艦は特別大演習觀艦式指揮官の旗艦に倣ひ皇禮砲を行ひ、且諸艦船は海軍禮式令第六十五條の敬禮を行ふ
二十二、午後二時五十分　御召艇に乘御
此の時御召艦は海軍禮式令第六十四條其の他の艦船は同令第六十五條の敬禮を行ひ、御召艇御召艦を離れたるとき供奉艦及參列艦は御召艦に倣ひ皇禮砲を行ふ
御上陸の際御召艇に陪乘する者、御先導を爲す者及び供奉する者第七號に同じ
御召棧橋に御上陸　發御
御召棧橋發御の際、海軍軍令部長、觀艦式參列の司令長官、司令官、參謀長及勅任官たる統監部員奉送す
二十三、横濱驛發御のとき海軍大臣、特別大演習觀艦式指揮官、横須賀司令長官奉送す
二十四、横須賀鎭守府より派遣の海軍儀仗隊一個大隊を御召棧橋附近に配置す
二十五、觀艦式當日夜間横濱沖在泊の軍艦は電燈艦飾を行ふ
二十六、服裝　武官は軍裝（略綬佩用）文官は通常服、服制ある者は相當服（略綬佩用）

（參考）關係海軍禮式令各條大要

第六十三條は　天皇軍艦に臨御のときの敬禮にして乘員は上甲板各所定の位置にて奉迎し、喇叭（又は軍樂）「君ガ代」一回を吹奏す
乘御の短艇近接するとき祝聲（萬歲三回）を唱ふ
第六十四條は　還御のときの敬禮にして奉送に關し前條に準じ規定せられたるものなり（萬歲三回）
第六十五條は　軍艦乘御の艦船と遇ひたるときの所謂登舷禮式にして、乘員は上甲板以上各所定の位置に就き敬禮し、其他第六十三條に準じ規定せられたるものなり（萬歲三回）

明治三十八年 凱旋観艦式艦艇配置圖

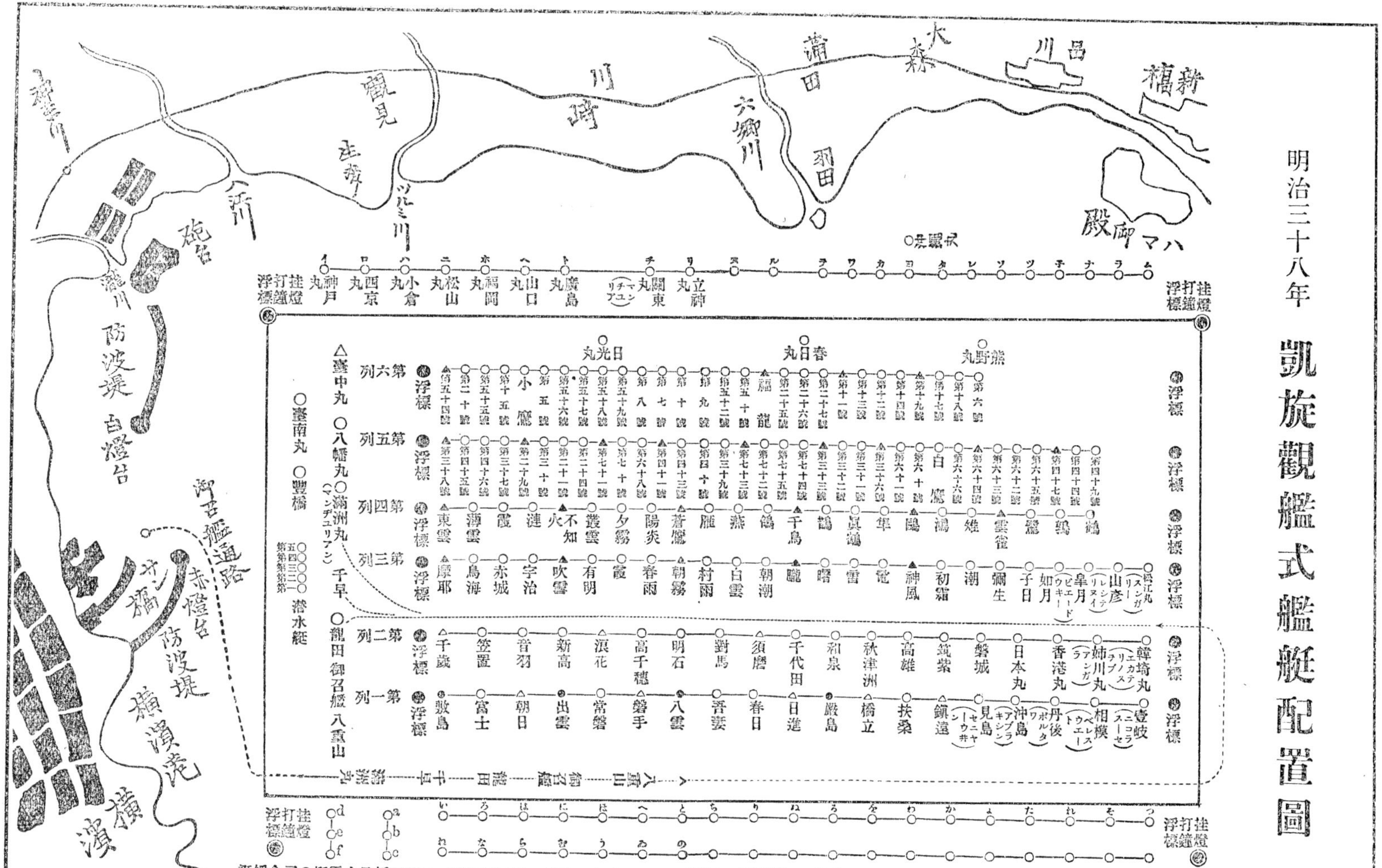

(一)第一列ト第二列。第二列ト第三列トノ間隔ハ各六百米突トシ第三列ヨリ第六列ニ至ル各列ノ間隔ハ三百米突トス

(二)第一列第二列各艦ノ距離ハ四百米突第三列第四列各艦(艇)ノ距離ハ三百米突第五列第六列各艇ノ距離ハ二百米突トス

(三)●は司令長官旗△は司令官旗艦△は驅逐艦及水雷艇の司令艦艇

(四)いろはは英米國軍艦及特に許されたる外國陪觀船

(五)a b cは英國驅逐艦

(六)イロハは海軍用船及特に許されたる陪觀船

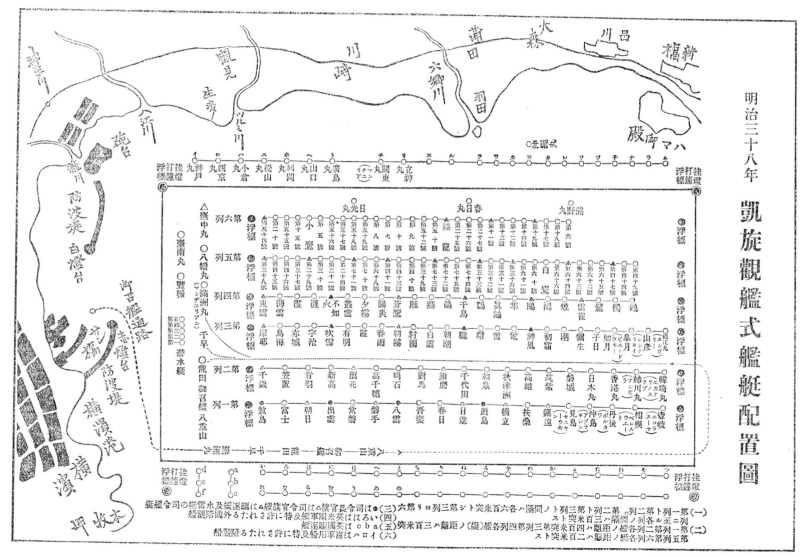

昭和三年　大禮特別觀艦式式場圖（其ノ一）

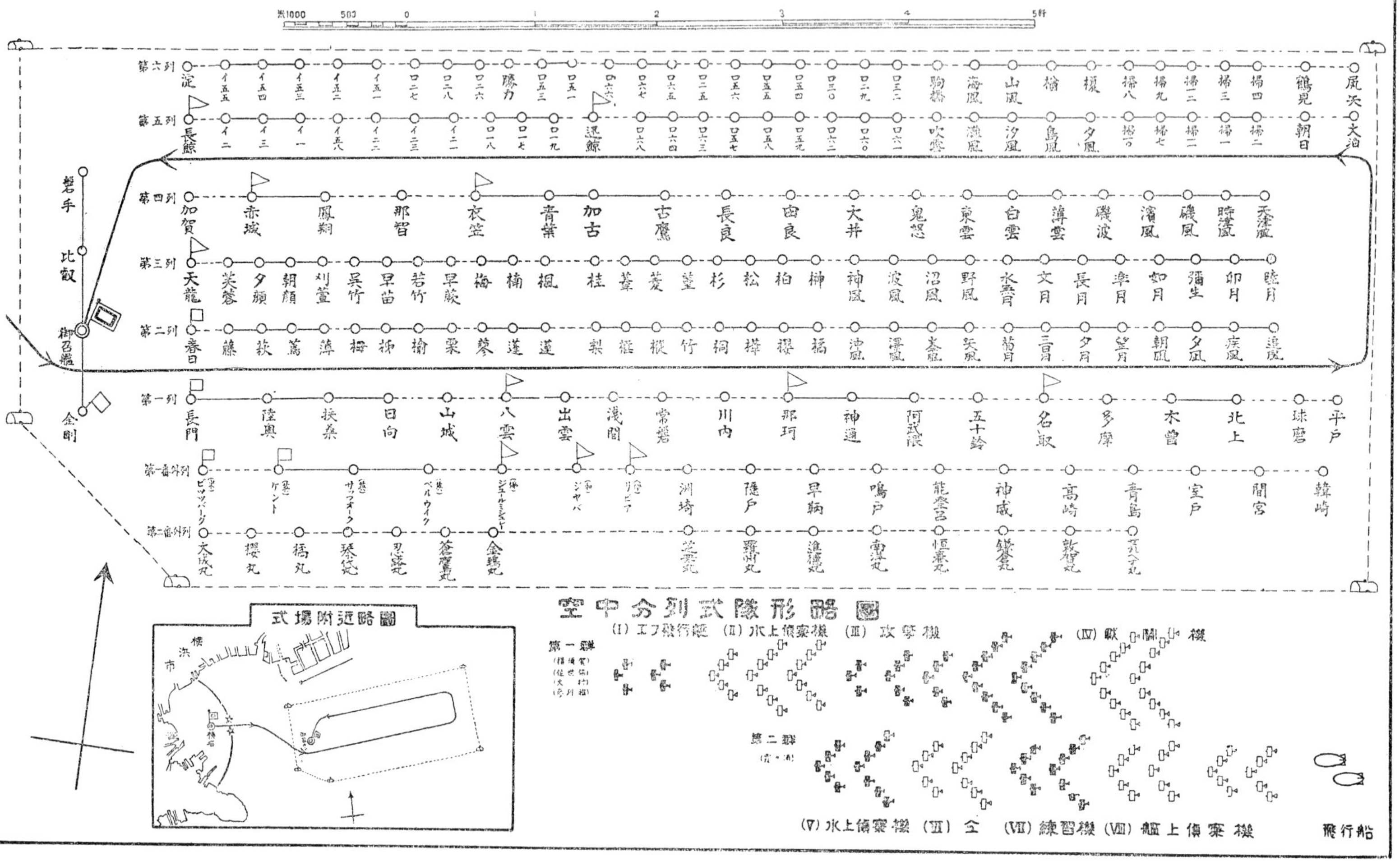

昭和三年

大禮特別觀艦式式場圖（其ノ二）

艦種	艦名	排水量	列	圖
戰艦	陸奥	32,725	一	①
	長門			
	日向	29,980		②
	山城	29,326		③
	扶桑			
	5隻(6隻ノ内)			
巡洋戰艦	榛名	29,330	御召艦	
	比叡	26,330	供奉艦	
	金剛			
	3隻(4隻ノ内)			
一等巡洋艦	那智	10,000	四	④
	青葉	7,100		⑤
	衣笠			
	古鷹			
	加古			
	5隻(13隻ノ内)			
二等巡洋艦	神通	5,195	一	⑥
	川内			
	那珂			
	阿武隈	5,170	一	⑦
	鬼怒		四	
	由良			
	名取		一	
	五十鈴			
	長良		四	
	木曽	5,100	一	⑧
	大井		四	
	北上		一	
	多摩			
	球磨			
	天龍	3,230	三	⑨
	平戸	4,400	一	⑩
	7隻(21隻ノ内)			
航空母艦	赤城	26,900	四	⑪
	加賀			略
	鳳翔	4,470		⑫
	3隻(5隻ノ内)			
潜水母艦	長鯨	5,160	五	⑬
	迅鯨			
	駒橋	1,125	六	⑭
	韓崎	9,570	外二	⑮
	4隻(全部)			

艦種	艦名	排水量	列	圖
敷設艦	勝力	1,540	六	⑯
	常磐	9,240	一	⑰
	2隻(5隻ノ内)			
海防艦	春日	7,080		⑱
	磐手	9,180	供奉艦	
	出雲			仝
	八雲	9,010	一	⑲
	淺間	9,240		⑰
	5隻(10隻ノ内)			
砲艦	淀	1,320	六	⑳
	1隻(13隻ノ内)			

艦種	艦名—排水量	列	圖
一等驅逐艦	磯波 白雲 薄雲	四	㉑（略全型）
	東雲 吹雪—1,700	五	
	夕月 望月 三日月	二	
	菊月 長月 文月	三	
	水無月 皐月 卯月		
	彌生 如月 睦月 —1,315		
	夕凪 朝凪 疾風 追風	二	
	神風—1,270	三	
	沼風 波風 野風	三	㉒
	夕風 汐風 灘風	五	
	島風 矢風 沖風	二	
	澤風 峯風—1,215		
	時津風 天津風 濱風	四	㉓
	磯風—1,105		
	山風 海風—1,030	六	㉔
	39隻(69隻ノ内)		
二等驅逐艦	刈萱 芙蓉 夕顔	三	㉕（略全型）
	早蕨 早苗 吳竹		
	若竹—820		
	蓼 蓬 菫 葦 菱	三	
	蓮 蔦 藤 薄 萩	二	
	栂 柿 竹 梨 栗		
	楡 榧 樅—770		
	樫 檜—770	六	
	杉 松 柏 楠	三	
	梅 桂 楓 榊		
	桐 樺—595	二	
	橘 櫻—530		㉖
	39隻(50隻ノ内)		

艦種	艦名—排水量	列	圖
掃海艇	一・二・三・四號-615	五—六	㉗
	七・八・九・一〇・一一		㉘
	一二號—320		
	10隻(12隻ノ内)		
一等潜水艦	伊號一・二・三-1,970		㉙
	二一・二二・二三	五	省略
	—1,150		
	五一・五二—1,400	六	
	五三・五四・五五		
	五八—1,650	五	
	12隻(26隻ノ内)		

艦種	艦名—排水量	列	圖
二等潜水艦	呂號一七・一八	五	省略
	一九・二五—740	六	㉛
	二六・二七・二八		
	—750		
	二九・三〇・三二	六	省略
	—665		
	五一・五三・五四	五—六	
	五五……五九		
	—900		
	六〇…六八—393		㉚
	27隻(46隻ノ内)		

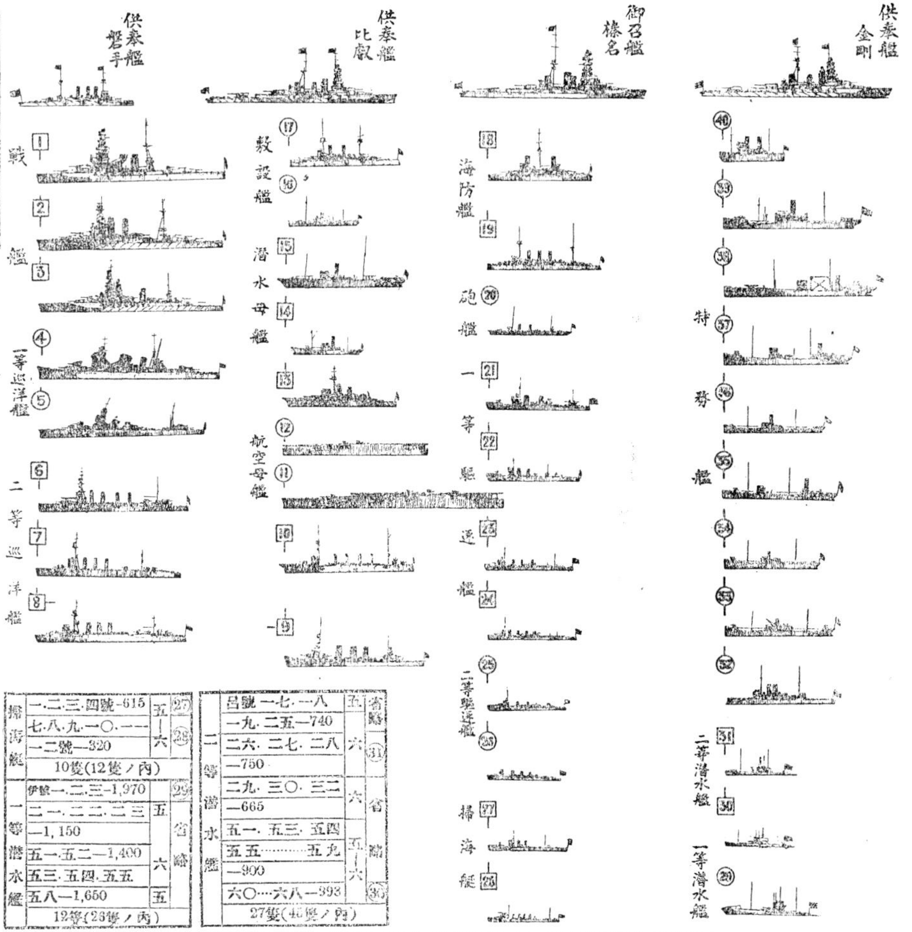

特務艦	艦名	朝日	高崎	青島	洲埼	室戸	能登呂	鶴見	尻矢	隠戸	早鞆	鳴戸	神威	間宮	大泊
	排水量	11,441	5,181	7,542	8,800	8,215	14,050						17,000	15,820	2,330
	圖	㉜	㉝	㉞	㉟	㊱	㊲						㊳	㊴	㊵

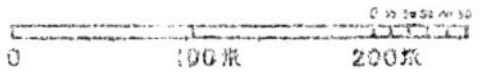

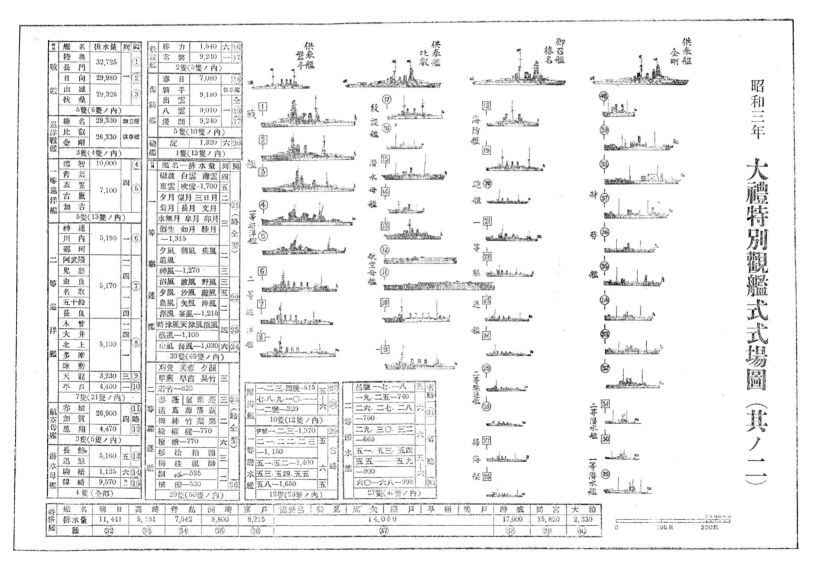

昭和五年　特別大演習式場圖

觀艦式參列艦船

種別	隻數	排水量（噸）
戰艦	五	一五四、七五〇
巡洋戰艦	二	五五、六六〇
巡洋艦	二三	一三九、六五五
航空母艦	三	六一、二七〇
潜水母艦	三	一九、八五〇
敷設艦	四	一四、〇九五
海防艦	二	一〇、三〇〇
驅逐艦	六六	七七、三三五
潜水艦	三六	四五、〇〇四
掃海艇	一〇	七、二九〇
特務艇	二	、九〇〇
特務艦	八	三一、二八五
特設巡洋艦	一	五、九六一
總計	一六五隻	七〇三、二九五噸

空中分列參加飛行機

艦上機	五二基
水上機	二〇基

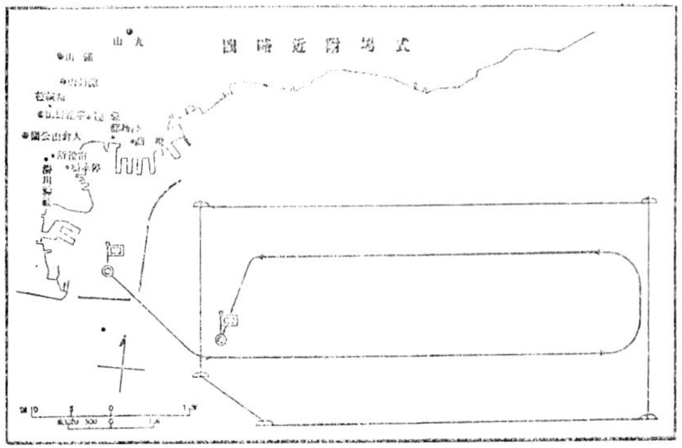

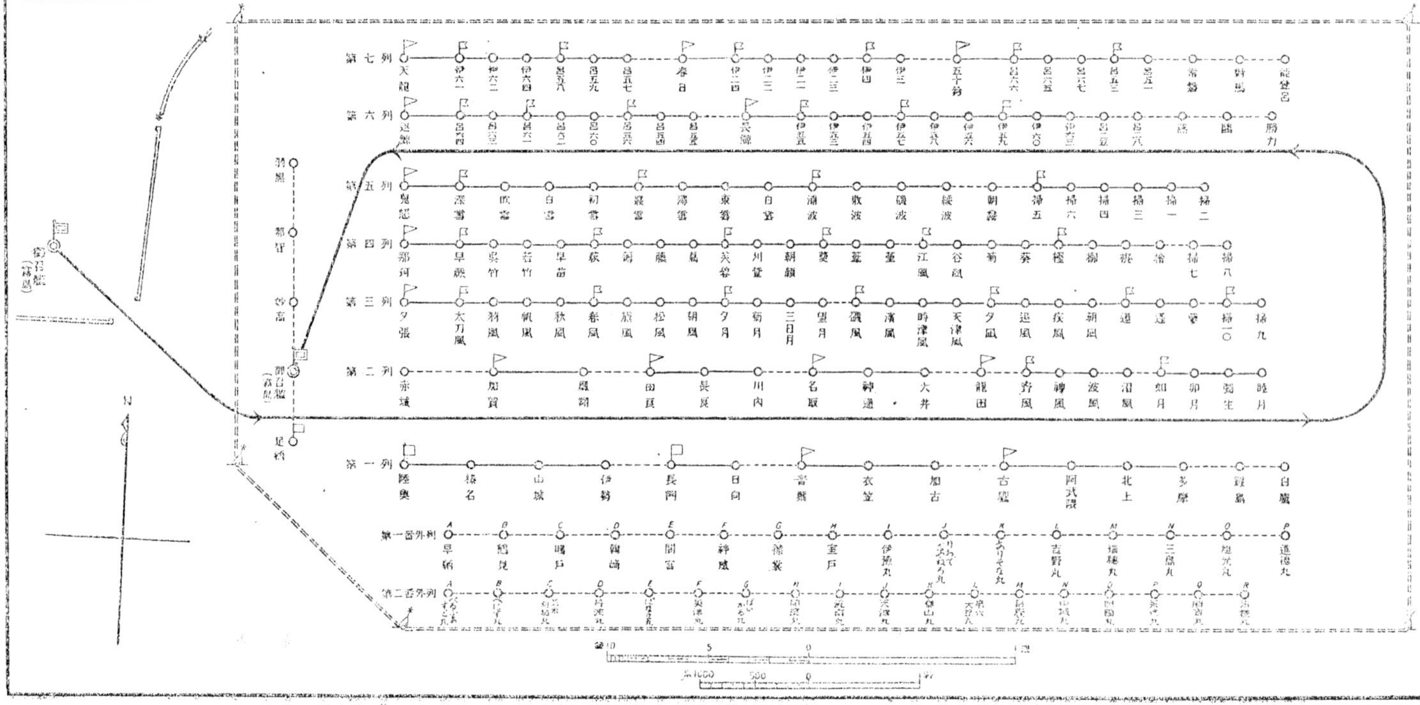

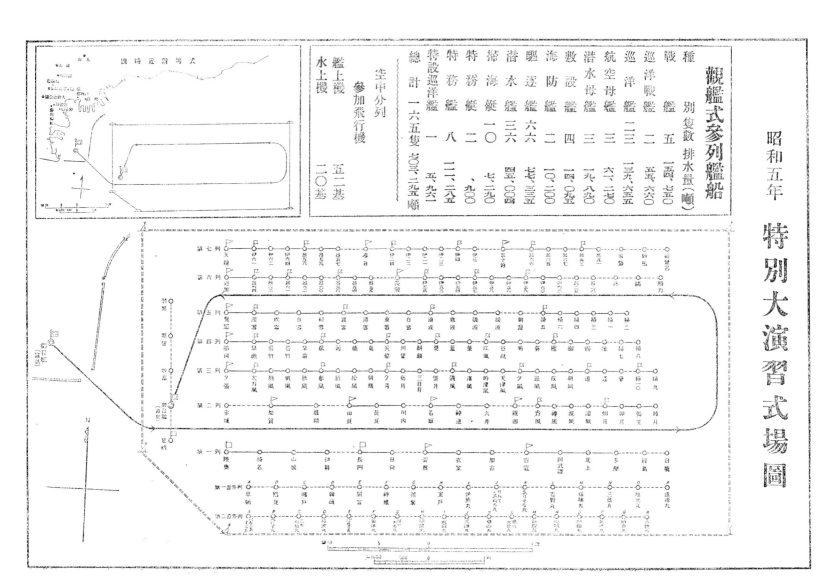

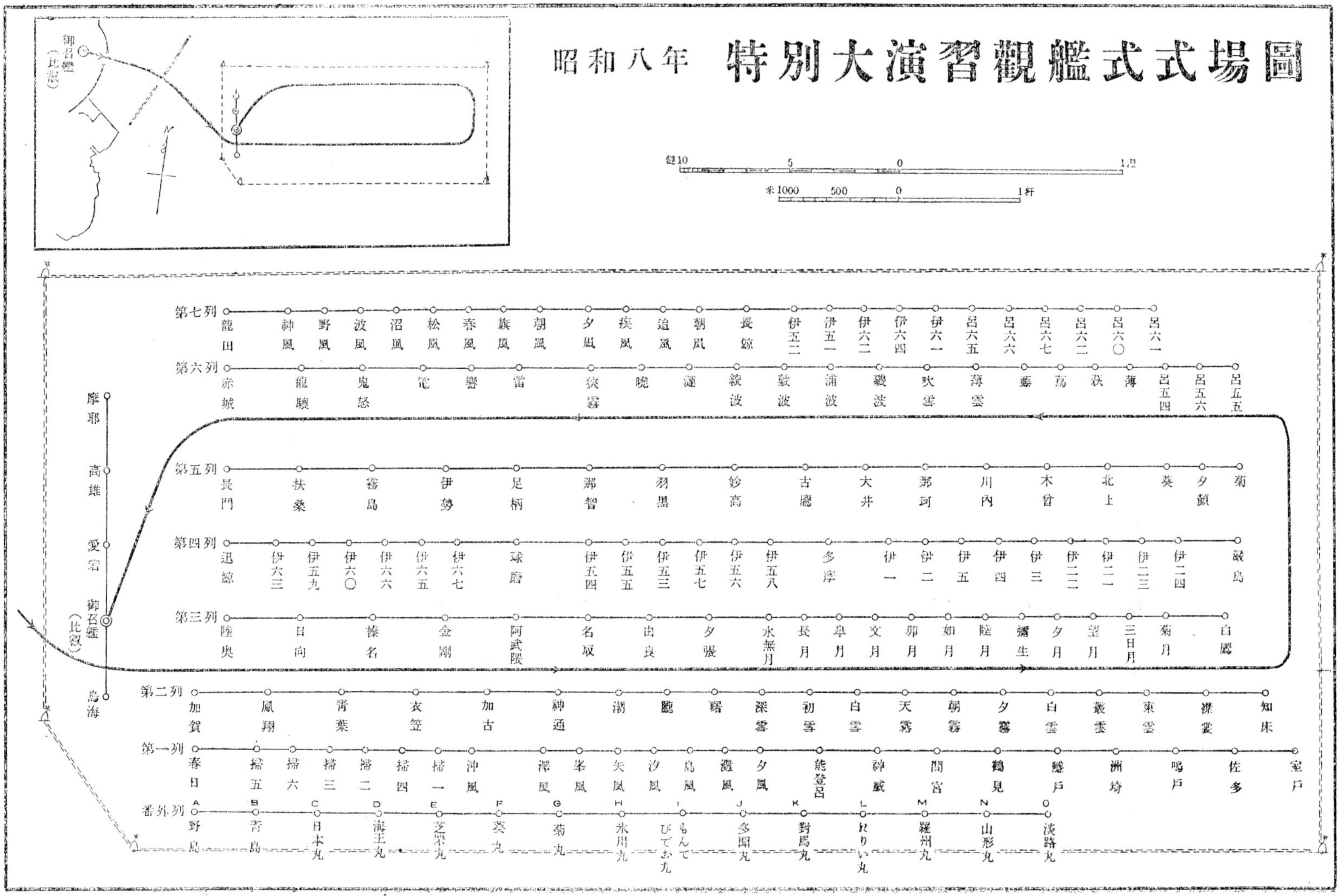
昭和八年　特別大演習観艦式式場圖
御召艦（比叡）
鏈10　5　0　1浬
米1000　500　0　1粁
摩耶
高雄
愛宕
御召艦（比叡）
鳥海
第七列　龍田　神風　野風　波風　沼風　松風　春風　旗風　朝風　夕風　疾風　追風　朔風　長鯨　伊五二　伊五一　伊六二　伊六四　伊六一　呂六五　呂六六　呂六七　呂六二　呂六〇　呂六一
第六列　赤城　龍驤　鬼怒　電　響　雷　狹霧　曉　漣　綾波　敷波　浦波　磯波　吹雪　薄雲　藤　蔦　萩　蓬　呂五四　呂五六　呂五五
第五列　長門　扶桑　霧島　伊勢　足柄　那智　羽黒　妙高　古鷹　大井　那珂　川内　木曾　北上　葵　夕顔　菊
第四列　迅鯨　伊六三　伊五九　伊六〇　伊六六　伊六五　伊六七　球磨　伊五四　伊五五　伊五三　伊五七　伊五六　伊五八　多摩　伊一　伊二　伊五　伊四　伊三　伊二二　伊二一　伊二三　伊二四　嚴島
第三列　陸奥　日向　榛名　金剛　阿武隈　名取　由良　夕張　水無月　長月　皐月　文月　卯月　如月　睦月　彌生　夕月　望月　三日月　菊月　白鷹
第二列　加賀　鳳翔　青葉　衣笠　加古　神通　潮　朧　曙　深雪　初雪　白雪　天霧　朝霧　夕霧　白雲　叢雲　東雲　襟裳　知床
第一列　春日　掃五　掃六　掃三　掃二　掃四　掃一　沖風　澤風　峯風　矢風　汐風　島風　灘風　夕風　能登呂　神威　間宮　鶴見　隱戸　洲埼　鳴戸　佐多　室戸
番外列　A 野島　B 靑島　C 日本丸　D 海王丸　E 芝罘丸　F 葵丸　G 菊丸　H 氷川丸　I もんてびでお丸　J 多聞丸　K 對馬丸　L れりい丸　M 羅州丸　N 山形丸　O 淡路丸

二、附録

(イ) 維新前後の艦船

米艦の來訪により鎖國の眠を醒されたる德川幕府は遂に宇内の大勢に應ずるため海軍の整備を企てたるも、獨力完備を期する能はず、諸雄藩をして之れに當らしめたる狀況なりしかば、幕末維新の際には、或は幕府に或は諸藩に屬する軍艦あり、時に幕府に屬し、又諸藩に復歸するもの等ありて、艦籍著しく錯雜す。されど今參考のため維新當時の所屬艦船名を掲ぐれば左の如し。

一、明治維新前の幕府の軍艦

觀光　咸臨　朝陽　蟠龍　富士山　回天　開陽　東《あつま》
千代田形　翔鶴　計九隻

二、明治維新前後諸藩の軍艦

靜岡藩　蟠龍　回天　開陽　千代田形　第二回天
佐賀藩　電流　甲子　皐月　孟春　日進
　　　　延年
山口藩　第一丁卯　第二丁卯　雲揚　鳳翔
鹿兒島藩　春日　乾行
熊本藩　萬里　龍驤
秋田藩　陽春
松江藩　八雲　計廿一隻

三、軍務官所管軍艦　慶應三年(一八六七)——明治三年(一八六九)

(イ)直轄軍艦
和泉　河内　攝津　武藏　東　朝陽
富士山　觀光　千代田形　計九隻

(ロ)所管諸藩軍艦
佐賀藩　電流　延年　皐月　甲子　孟春
鹿兒島藩　春日　乾行
山口藩　第一丁卯　第二丁卯
熊本藩　萬里
松江藩　八雲
秋田藩　陽春　計十二隻

以上の外に内海御召艦として「蒼龍丸」(さうりゆう)あり、明治二年十一月横須賀造船所に於て起工同五年五月二十三日進水、同年八月二日竣工す。木造外車汽船にして二檣、帆装を兼有す。排水量一五二噸、馬力五二、乗組員三八人なりしと云ふ。

明治六年十月海軍省に下附せられ、同八年は兵學校の所属となり、同十九年四月除籍せらる。

(ロ) 艦船名付與標準

一、海軍艦船の命令は豫め案を具して奏聞し御治定を仰ぐこと明治維新以來の慣例なり。明治十八年内閣建制以來同二十四年迄は帷幄上奏の形式を執り、其後は侍従長を經由し海軍大臣より奏聞し御治定を仰ぎ、期に及びて命名の手續を行ふ。

二、明治三十年三月、水雷艇の命名は自今之を海軍大臣に御委任あらせらるゝの御沙汰あり、同三十五年五月には驅逐艦の命名に就き右同様の御沙汰あり、其後大正十年一月に戰艦、巡洋戰艦、巡洋艦以外の艦船の命名も亦右同様、自今海軍大臣にて取扱ひ得る様の御沙汰あり、故に現在にては戰艦、巡洋艦の命名に關しては海軍大臣は從前の手續に依り奏聞して御治定を仰ぎ、其他の艦船名に就きては總て右御委任の下に海軍大臣に於て直ちに命名し其都度御屆申上ぐることに相成り居れり。

三、明治三十八年以來艦名選定の標準に關し種々の立案ありしも夫れ等を嚴守されたるにあらず、幾多の例外あるを免れず、要するに現今に於ける軍艦名は新たに選名に係る者は(一)戰艦は國の名、(二)大巡洋艦は山の名、(三)輕巡洋艦は概して川の名、(四)砲艦は名所古蹟の名、(五)大驅逐艦は天象氣象に因み、(六)小驅逐艦は植物の名、(七)水雷艇は鳥の名を命じたるもの多し。

四、又廢艦に歸したる艦名の襲用は明治三十八年に規定せられたるものあり。又の其の梗概を述ぶればたとへば舊軍艦にして秋津洲、八島、扶桑等の如き特種の名稱のもの、旅順、黄海、日本海海戰等にて戰功ありしもの、海軍創設以來功ありしもの等に就て爲すものとし、以上の軍艦にても坐礁沈沒等其終を善くせざりしものは三年經過後にあらざれば襲名せしむることを得ざるものとす云々となつてゐるやうである。

五、艦艇の名は平假名文字にて其の艉《とも》に記される。驅逐艦及び水雷艇等は艉の外、兩舷側中央部に片假名文字にて記される。其の文字の形狀大小及び取付け位置は圖面を以て訓令される。

六、潜水艦はイ、ロ、ハにより等級を區別し、夫れに亞刺比亞數字を附記して艦番號を示す。其の位置は司令塔の兩舷側なり。

七、驅逐艦、潜水艦、水雷艇其他の艇にて其の艏部兩舷側に數字を記しあるは各其の屬する隊番號なり。

(ハ) 艦艇の識別線に就て

往時軍艦塗粧の白色時代には、同型姉妹艦の識別のために外舷に赤又は青等の線を上甲板に沿ひ艏艉に亘りて施されたり、塗色鼠色となりて以來、同隊に屬する同型艦又は同型に近き艦艇は識別のため煙突に一條、二條、三條等の白線を塗つた。現在では艦隊に編入せられたときのみ同型艦は、其の屬する戰隊により或は第一煙突、或は第二煙突に、一番艦は幅約三尺の白線一本、二番艦は二本、三番艦は三本四番艦は倍幅のもの一本と普通幅のもの一本を塗つてある。驅逐艦は一隊(三隻又は四隻)の各艦揃つて第一煙突、又は第二煙突に軍艦と同じ様の識別線を付けて一番隊、二番隊等の識別とする。

軍艦も驅逐艦も艦隊から脱けると識別線は消される、即ち識別線は艦艇に固有のものでは無いからである。

（終）

幕末以降 帝國軍艦寫眞と史實（大尾）

昭和十年十一月十五日印刷
昭和十年十一月二十日發行

複製不許

（幕末以降）帝國軍艦寫眞と史實奧附

定價金五圓

編輯兼發行者　東京市大森區北千束町六百七十五番地　廣瀨彥太

印刷者　東京市神田區美土代町十六番地　島連太郎

印刷所　東京市神田區美土代町十六番地　三秀舍

發行所　東京市芝區榮町十三番地水交社構内
財團法人　海軍有終會
電話（芝）一四五七番
振替口座東京三四一〇二番

大賣捌所　東京市日本橋通二丁目
丸善株式會社
振替口座東京第五番

海軍有終会編『幕末以降 帝国軍艦写真と史実』解題

一ノ瀬俊也

海軍有終会について

まず本書の発行元である海軍有終会と、その設立趣旨について述べる。同会は一九一三（大正二）年一〇月に設立された、離現役海軍士官の団体（財団法人）である。その目的は彼らが在郷士官として「海軍進歩ノ現状ヲ知ル」ことにあった。当初は「有終会」と称し、雑誌『有終』を刊行するなどの事業を行った(1)。

しかし大正末から昭和にかけて、有終会は在郷士官の海軍知識向上以外に、一般国民への宣伝活動も行っていくようになる。その背景には海軍の意向があった。海軍は第一次大戦後の軍縮を求める世論の高まりに対抗し、みずからの存在意義を説明するため国民宣伝活動に注力していった。一九二三年、海軍は海軍軍事普及委員会を設立、一九三二（昭和七）年に同委員会を海軍省海軍軍事普及部に拡大して、各種の広報普及活動を行っていく。

昭和期のこの動きは、満洲事変後の海軍当局が国民宣伝の必要性をより痛感したことに由来する。それは当時、陸軍が在郷軍人会という国民組織の動員による国防思想普及運動に成功していたからであった。海軍も自己の指導下に国民的組織を持つことの必要性を認識したのであるが、ここで目をつけたのが、有終会と海軍協会という二つの民間団体であった。

海軍協会(2)は一九一七年、いわゆる八八艦隊の実現などの海軍軍拡を目指し、在郷海軍軍人や新聞記者などの民間人、財界人などによって設立された民間団体である。当初は会の国民的組織化が目指されていたものの、ワシントン海軍軍縮会議以降は海軍政策が軍拡から軍縮に転じたことで目標を見失ったため、活動の中心を海軍・海運のＰＲ事業においていった。

海軍省は三二年、海軍協会の会長に斎藤実という大物を据えて国民組織としての勢力拡大をはかった。そして「有終会の専門性と、海軍協会の国民的組織としての性格に着目して、両者を有機的に組み合わせることで（具体的には前者に後者を指導させることによって）宣伝の効果を高める工夫を凝らしていた(3)」のであった。

以上のように、昭和期の海軍有終会は海軍省の強い影響下で、国民に海軍知識の普及活動を期待されていた民間団体といえる。本書がその一環として一九三五年に公刊されたのは、軍令部次長加藤隆義の序に「国民海事思想の啓発に裨益する事蓋し甚大」（一頁）とあることからも明白である。

ちなみに本書が刊行された一九三五年末には、第二次ロンドン海軍軍縮会議が一二月九日に始まり、翌年一月一五日に日本が同会議を脱退して新条約の不成立が確定している。

本書にこめられたメッセージとは

海軍有終会は海軍の広報宣伝団体として、実に多種多様な一般向けの書籍、パンフレット類を刊行していた。そのなかには『軍縮会議に対する我主張の根拠』（一九三四年）のように、ワシントン・ロンドン両条約の定める軍備保有比率を維持しようとする米英への対抗を声高に叫んだものもある。本書もまた海軍の意を体し、海軍軍拡や優秀な軍艦保有の重要性を国民に絶叫するメッセンジャーとして刊行されたのかというと、実はそうではない。本書のプロパガンダ性の薄さは、同じ海軍有終会の手による一般的かつ総合的な対国民海軍宣伝書『海軍要覧』との内容比較により明確になると考えるので、以下論じてみたい。

『海軍要覧』は（海軍）有終会により一九二〇年以降、おおむね二年に一回刊行されていた、外国の海軍年鑑に相当する書物である。その昭和一〇年版は読者の国民に向かい、カネがないなら「「キングコング」の様な軍艦を一隻作つたらどうだらう。亜米利加がいくら強いと云つても、「キングコング」一匹に対しては手も足も出まい」（三九頁）などと巨大戦艦の建造をわかりやすく提案していた。しかし、一九三五年段階における宣伝書としての同書の特徴は、戦艦とともに航空軍備の役割も強調していたことである。

『海軍要覧 昭和十年版』は海軍軍縮における比率主義（各国が戦艦などの各艦種を一定の比率に従い整備すべきという、ワシントン・ロンドン条約で取られた考え方）を批判し、次のような喩え話をする。一般国民向けを意識して米英と日本の海軍軍拡を「侠客の喧嘩」になぞらえ、現状の各国海軍軍備は次のような状態にあるという。

甲組　日本刀十本、薙刀十本、短刀十本、槍十本、短銃十挺
乙組　日本刀六本、薙刀六本、短刀六本、槍六本、短銃六挺

甲組が米英、乙が日本を指すのはいうまでもない。これでは乙組はとうてい勝てない、だが仮に乙組が武器の総数を三〇個に押さえられたとしても、短銃二五挺、日本刀五本とすればどうだろう。短銃を最新式の「ブローニング」（米製）でなく南部式（日本製）で揃えたとしても、乙組の「勝ち得る見込みも多くなる」というのである（同頁）。

この一文は、貧乏国日本は文字通りの「飛び道具」である飛行機を拡大して米英に対抗すべきである、というかなり踏み込んだプロパガンダとして読める。おそらく海軍内の航空畑の人間が書いたのだろう。しかし本書には、軍艦の専門書を謳っている点は考慮すべきであるにしても、海軍航空戦力の拡大を訴える箇所はほとんどない。

以上より、本書は今でいえば軍艦マニアというべき人たちが、軍艦それ自体を愛でるために作られた本といえるのではなかろうか。このことは海軍の宣伝政策を考えるうえで二つの留意

すべき点をわれわれに教える。一点は、本書をもって海軍宣伝政策の典型例としてはならないこと、もう一点は、当時の海軍が露骨な勢力拡大のみを国民に訴えていたわけではなかった、ということである。

「史書」としての本書と、あえて書いていないこと

どの国の軍隊も、自己の輝かしい歴史を宣伝材料として使う。『海軍要覧 昭和十年版』は二〇センチ主砲搭載、排水量一万トン巡洋艦について、日露戦時の装甲巡洋艦筑波級と現時の妙高級[4]を比較し、「艦の長さ約六割を増大し〔中略〕速力が五割も増加した、兵器に於て主砲は一（二）倍半に増し、〔魚雷〕発射管は三倍増となつた、而かも兵器は単に数量のみならず、その実質に於て著しく進歩した」（二〇二頁）と海軍軍備の進展を誇る。まさに日本海軍の輝かしい歴史――「史実」が一つの宣伝材料となっている。

本書も表題に「史実」と言う言葉を使うなど、歴史の面からの宣伝を意図しているが、『海軍要覧』とは違い、過去と現在の艦艇の性能やデータを直接比較したり、解説を加えるようなことはしていない。そのかわり幕末以来の艦艇を一覧としてすべて写真付きで掲載することで、いちいち他人に説明されなくてもわかっているマニアの読者が、好きな艦種の進歩や変化の跡を自由に読み取らせる作りになっている。本書は静かなプロパガンダの書といえる。とはいえ本書は、当然ながら完全に正確な「史実」や事実のみで構成されているわけではない。当然ながらあえて書かれないこと、隠されていることもある。

本書が刊行される前、海軍では艦艇の事故が相ついでいた。三四年三月の水雷艇友鶴の転覆事故、その翌年九月、演習中の第四艦隊が台風に遭遇して新鋭の特型駆逐艦二隻初雪・夕霧が艦首を切断されるなどの大被害を蒙った、第四艦隊事件などである。自己の原因は対米英劣勢を補うために各艦の無理な重武装や重量軽減を試みた結果、船体がトップヘビー、強度不足となったことにある。

本書は、友鶴については「大暴風のため遭難転覆せしも其の後修理を加へ復旧せり」と注記している（第一編二七五頁）が、乗組員に多数の犠牲を出した前記の駆逐艦二隻については何も書いていない（同二五一頁）。冒頭で「記事及び写真は成るべく最近（昭和十年十一月）までのものを掲記するに努めたり」（四頁）と断っているにもかかわらずである。注記の不在は、事件が海軍部内に与えた衝撃の大きさを物語るともいえる。

また長門戦艦型が完成時から実際の速力や全長（それぞれ二六・五ノット、二一六メートル）を秘匿し、それより低い二三ノット、二〇一メートルの数字を公表していたことは、阿川弘之の小説『軍艦長門の生涯』などによって知られているが、本書もまた低い方の数字を載せている。

したがって、本書から読み取れるのは今日的な意味での厳密な「史実」ではなく、当時の軍

艦マニアが知り得た各種のデータとその限界である。長門型戦艦は完成当初、ライバルの米国戦艦より高速であるかわりに装甲は薄かった[5]が、そのような機密事項は決して公表されるはずもなかったのである。

　また過去の「史実」についても、意図的にぼかされたらしい箇所がある。本書は日清戦争初頭、清国兵を乗せて航行中の英国輸送船・高陞号の撃沈について「清兵は先を争ふて海に投じた。我浪速〔巡洋艦〕は直ちに第一第二のカッターを降しこれを救助せしめた」とあたかも清兵の命を救ったように書いているが、このとき実際に救助された船員・清兵は船長を含む英国人乗員三名のみであった。残りの乗員は一二四五名が外国艦に救助されるなどして命拾いしたが、英人四名を含む八七一名が海没死している[6]。

本書における「史実」のプロパガンダ性について

　しかしながら本書は、海軍の向かうべき方向性のみならず、その「史実」の面においてもプロパガンダ的な性格は薄い。いい換えれば、過去の「史実」を歴史の教訓として軍拡宣伝に使う姿勢をとっていないのである。

　たとえば、本書は日清戦争について「我が海軍が概観劣弱なる兵力を提げて敢然優勢なる彼〔清国〕に当るに至れる所以は、〔中略〕実は苦辛惨憺十余年、彼れの定遠・鎮遠の艦体を貫通して一挙に之を水中に葬むるに足るの巨砲の我れに存せること」であったとする。だが、実戦では巨砲は期待を裏切り命中せず、戦勝をもたらしたのは「断然列国に先んじて採用した速射砲」の威力であった（「第二編　主なる海戦の概要」九・一〇頁）。これは、米英海軍に比較して劣勢である日本海軍が打ち勝つには巨砲を積んだ戦艦が必要である、という当時の軍拡メッセージとは正反対であり、歴史的教訓と呼べる代物ではない。本書刊行の前年に世界一の「巨砲」を擁する、それこそ「キングコング」のごとき大和型戦艦の設計が極秘裏にスタートしていたことを思えば、一つの皮肉にすらなっている。

　本書の描く「史実」にプロパガンダ性が薄いのは、当時の海軍によるその他の国民宣伝と比較した場合にも感じとれる。

　たとえば前出の『海軍要覧　昭和十年版』には「戦争は敵の戦意を破摧しさへすればよいのであるから、情況に依りては単に海軍力の撃滅、制海権の獲得だけで屈敵の目的を達し得ることもあり得る」（四六九頁）と書いてある。これは艦隊決戦で敵の戦意を奪えば戦争に勝てる、だから艦隊決戦とその平素からの準備は大事だという、国民へのメッセージである。ならば本書も日露戦争の日本海海戦の箇所あたりで艦隊決戦の重要性を熱く語ってもよさそうなものだが、そうした記述は見うけない。日露戦争時の旅順港閉塞作戦や軍神広瀬中佐は、本書では賛美されるどころか、ほとんど登場すらしない。この点は、本書が政治談義や美談を必ずしも好むわけではない軍艦マニア向けのものである、という見方を補強する。

このように、本書は昭和一〇年の段階における海軍の対国民宣伝を考える上で、きわめてユニークな存在といえる。国民に対する一方的な絶叫だけが、昭和戦時期の軍事宣伝だったのではない(7)。

註

(1) 林美和「海軍軍事普及部の広報活動に関する一考察―海軍省パンフレットを中心に―」(『呉市海事歴史科学館研究紀要』六、二〇一二年)六六頁。

(2) 以下、海軍協会については土田宏成「一九三〇年代における海軍の宣伝と国民的組織整備構想」(『国立歴史民俗博物館研究報告』一二六、二〇〇六年)を参照した。

(3) 土田前掲論文、五九頁。

(4) 今日、日本海軍の艦艇の型は「〇〇級」ではなく「〇〇型」と表記するのが一般的だが、『海軍要覧 昭和十年版』は前者を用いている。

(5) 石橋孝夫「最初の純日本式戦艦誕生」(『〔歴史群像〕太平洋戦史シリーズ一五 長門型戦艦』学習研究社、一九九七年)。

(6) 原田敬一『戦争の日本史一九 日清戦争』(吉川弘文館、二〇〇八年)七〇・七一頁。

(7) 本書の解説からは外れるが、海軍有終会はのちの一九四三年に水田信利『揺籃時代の日本海軍』を刊行している。この本は幕末日本に海軍技術を伝習したオランダ人ファン・カッテンディーケの日本滞在日記の邦訳である。当時オランダは敵国であったが、海軍有終会は「今は今、昔は昔である」「当時和蘭が後進海軍を導くために偉材を派遣して呉れたことに対しても感謝しなければならぬ」(「はしがき」一三頁)と述べている。こうした同会の出版活動や歴史叙述における、いわば文化的側面を『幕末以降 帝国軍艦写真と史実』は体現している。

(埼玉大学教授)

本書の原本は、昭和十年（一九三五）に海軍有終会より刊行されました。

幕末以降 帝国軍艦写真と史実〈新装版〉

二〇一八年(平成三十)十二月十日　新装版第一刷発行

編　者　海軍有終会《かいぐんゆうしゅうかい》

発行者　吉　川　道　郎

発行所　株式会社 吉川弘文館

郵便番号一一三―〇〇三三

東京都文京区本郷七丁目二番八号

電話〇三―三八一三―九一五一(代表)

振替〇〇一〇〇―五―二四四

http://www.yoshikawa-k.co.jp/

印刷＝藤原印刷株式会社

製本＝誠製本株式会社

装幀＝河村　誠

ISBN978-4-642-03882-9